普通高等教育"十三五"规划教材

机械设计课程设计

主　编　银金光　余江鸿

副主编　陈义庄　邹培海　李历坚

　　　　邓英剑　江湘颜

主　审　李　光

U0352401

北　京

冶金工业出版社

2023

内 容 提 要

本书是为培养高等学校机械类、近机械类宽口径专业学生的综合设计能力和创新能力而编写的。

全书分为3篇，共23章。第1篇机械设计课程设计指导（第1~10章），以常见的减速器为例，系统地介绍了机械传动系统的设计内容、方法和步骤等；第2篇设计资料（第11~20章），介绍了课程设计中常用的标准、规范及设计所需资料等；第3篇减速器零、部件的结构及参考图例（第21~23章），介绍了减速器零、部件的常用结构及有关参考图例。

本书为高等院校机械类、近机械类各专业的教学用书，也可供有关专业师生和工程技术人员参考。

图书在版编目（CIP）数据

机械设计课程设计/银金光，余江鸿主编 . —北京：冶金工业出版社，2018.1（2023.1重印）

普通高等教育"十三五"规划教材

ISBN 978-7-5024-7708-0

Ⅰ.①机… Ⅱ.①银… ②余… Ⅲ.①机械设计—课程设计—高等学校—教材 Ⅳ.①TH122-41

中国版本图书馆 CIP 数据核字（2018）第 012892 号

机械设计课程设计

出版发行 冶金工业出版社	电　话　(010)64027926
地　址　北京市东城区嵩祝院北巷39号	邮　编　100009
网　址　www.mip1953.com	电子信箱　service@ mip1953.com

责任编辑　高　娜　美术编辑　吕欣童　版式设计　孙跃红
责任校对　石　静　责任印制　窦　唯
三河市双峰印刷装订有限公司印刷
2018年1月第1版，2023年1月第6次印刷
787mm×1092mm 1/16；15.5印张；374千字；236页
定价39.00元

投稿电话　(010)64027932　投稿信箱　tougao@cnmip.com.cn
营销中心电话　(010)64044283
冶金工业出版社天猫旗舰店　yjgycbs.tmall.com
（本书如有印装质量问题，本社营销中心负责退换）

前　言

本书是根据教育部关于进一步深化本科教学改革、全面提高教学质量的若干意见和《高等教育面向 21 世纪教学内容和课程体系改革计划》等有关文件的精神，为适应当前高等学校教学改革的需要编写而成的。其主要特点为：

（1）本书集教学指导、设计资料、参考图册于一体，力求内容精练，资料新颖，图文并茂，以便于教学和工程设计。

（2）在编写过程中，参阅了大量国内外的相关同类教材、相关的技术标准和其他的文献资料，充分吸取了各高等院校近几年的课程设计教学改革的成功经验。

（3）本书摘录了最常用的设计资料和精选了难易程度不同的若干套课程设计题目，可供不同专业学生的选用。

（4）适用学时和课程多样化，既适用于机械类专业学时 2~3 周的机械设计课程设计，又适用于近机械类专业学时 1~2 周的机械设计基础课程设计。

（5）本书全部采用了最新的国家标准和技术规范，以及标准术语和常用术语，并给出了必要的新、旧标准对照，以适应当前机械设计工作的需要。

本书由银金光、余江鸿任主编。第 1~6 章由银金光编写，第 7~12 章由余江鸿编写，第 13~14 章由邹培海编写，第 15~16 章由李历坚编写，第 17~18 章由江湘颜编写，第 19~20 章由邓英剑编写，第 21~23 章由陈义庄编写。本书由李光教授任主审，在审稿过程中，提出了许多宝贵意见和建议。在编写过程中，还得到了多位专家的指导和帮助，如邱显焱、刘扬、米承继、汤迎红、李硕、吴吉平和栗新等，在此一并致以衷心的感谢。

由于编者水平所限，书中难免会有不妥之处，诚请广大读者批评指正。

编　者
2017 年 10 月

目　　录

第1篇　机械设计课程设计指导

第2篇　设计资料

第3篇　减速器零、部件的结构及参考图例

第1篇

机械设计课程设计指导

1 概　述

1.1　课程设计的目的

机械设计课程设计是为机械类专业和近机械类专业学生在学完机械设计或机械设计基础课程之后所设置的一个重要的实践性教学环节，也是为培养学生机械设计与创新能力、分析与综合运用能力而进行的一次较为全面的训练，让学生在设计中学习和应用先进的设计方法和手段。本课程主要目的有如下几点：

（1）培养学生理论联系实际的设计思想，训练大学生综合运用机械设计课程和其他先修课程的基础理论并结合生产实际进行分析和解决工程实际问题的能力，培养学生的机械零部件设计、结构设计和创新设计的能力。

（2）通过对通用机械零件、常用机械传动或简单机械的设计，使学生掌握一般机械设计的程序和方法，树立正确的工程设计思想，培养独立、全面、科学的工程设计能力。

（3）在课程设计的过程中对学生进行设计基本技能的训练，培养学生查阅和使用标准、规范、手册、图册及相关技术资料的能力以及计算、绘图、数据处理、计算机辅助设计等方面的能力。

1.2　课程设计的内容和任务

机械设计课程设计通常选择一般用途的机械传动系统或简单机械来进行。目前采用较广的是以齿轮减速器为主体的机械传动系统。这是因为齿轮减速器包括了机械设计或机械设计基础课程中的大部分零、部件，具有典型的代表性。现以图 1-1 所示的带式输送机传动系统为例来说明设计的内容。

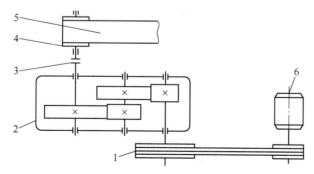

图 1-1　带式输送机传动系统及简图

1—V 带传动；2—减速器；3—联轴器；4—滚筒；5—输送带；6—电动机

一般来说，课程设计主要包括以下内容：

(1) 机械传动系统总体方案的分析和拟定；

(2) 电动机的选择；

(3) 传动系统的运动和动力参数的计算；

(4) 传动零件的设计计算；

(5) 轴的设计计算；

(6) 轴承及其组合部件设计计算；

(7) 键联接及联轴器的选择和验算；

(8) 润滑与密封设计；

(9) 箱体结构及有关附件的设计；

(10) 装配图及零件图的设计与绘制；

(11) 设计计算说明书的整理和编写；

(12) 总结和答辩。

在课程设计中，一般要求每个学生完成以下几项工作：

(1) 机械传动系统的总体设计，传动零件的设计计算，主要零部件的结构设计等；

(2) 减速器装配图 1 张（A1 号或 A0 号图纸）；

(3) 零件工作图 2~3 张（如齿轮、轴或箱体等）；

(4) 设计计算说明书 1 份（约 6000~8000 字）。

对于不同的专业，由于培养目标及学时数不同，选题和设计内容及分量应有所不同。第 2 章选列了若干套课程设计的题目，可供设计时选用。另外，鼓励和提倡每个学生都要有自己的设计方案和独立的设计内容，要有创新设计的概念。

1.3　课程设计的一般方法和步骤

学生在接受课程设计任务书后，应认真阅读设计任务书，明确其设计要求，分析设计的原始数据和工作条件，复习机械设计或机械设计基础课程的有关内容，准备好设计所需的图书、资料和用具，拟定课程设计工作计划。

机械设计课程设计与其他机械产品的一般设计过程相似。首先根据设计任务书提出的设计的原始数据和工作条件，从方案设计开始，通过总体设计、部件和零件的设计计算，最后以工程图纸和设计计算说明书作为设计结果。由于影响设计的因素很多，加之机械零件的结构尺寸不可能完全由计算来确定，因此课程设计还需借助画草图、初选参数或初估尺寸等手段，采用边计算、边画图、边修改的方法逐步完成。在课程设计中，强调以学生独立工作为主，教师只对设计的原则问题和疑难问题进行指导。

下面以常用的齿轮减速器为例，介绍课程设计的基本步骤。

(1) 设计准备（约占总学时的 5%）。研究设计任务书，分析设计题目，明确设计内容、条件和要求；通过减速器装拆实验、观看录像、参观实物或模型、查阅资料及调研等方式了解设计对象；复习有关课程内容，拟定设计计划；准备设计用具等。

(2) 机械传动系统的总体设计（约占总学时的 5%）。分析或拟定机械传动系统的总体方案；选择电动机类型、功率和转速；计算传动系统的总传动比并分配各级传动比；计算各轴的转速、功率和转矩等。

（3）各级传动零件的设计计算（约占总学时的 5%）。设计计算齿轮传动、蜗杆传动、带传动、链传动等传动零件的主要参数和尺寸。

（4）减速器装配底图设计（约占总学时的 35%）。装配底图的设计构思；装配底图的初步绘制；装配底图的检查、修改和完善等。

（5）减速器装配工作图的绘制（约占总学时的 25%）。绘制正式装配工作图的视图；标注尺寸和配合；编写技术要求、技术特征、明细表、标题栏等。

（6）零件工作图的绘制（约占总学时的 10%）。分别绘制齿轮、轴或箱体等的零件工作图。

（7）设计计算说明书的编写（约占总学时的 10%）。写明整个设计的主要计算和一些技术说明。

（8）设计总结和答辩（约占总学时的 5%）。对设计工作进行总结，进行答辩准备。

1.4　课程设计的注意事项

在进行课程设计时，应注意如下几方面的问题：

（1）培养良好的工作习惯。在课程设计中，必须树立严肃认真、一丝不苟、刻苦钻研、精益求精的工作态度。在设计过程中，应主动思考问题，认真分析问题，积极解决问题。

（2）端正对设计的认识。机械设计是一项复杂、细致、具有创造性的劳动，任何设计都不可能凭空想象出来，机械设计是一个"设计—评价—再设计（修改）"渐进与优化的过程，这个过程需要借鉴前人长期积累的资料、经验和数据，以提高设计质量、加快设计进度。但是不能盲目机械地抄袭资料，要从实际设计要求出发，充分利用已有的技术资料和成熟的技术，并勇于创新，敢于提出新方案，合理选用已有的经验数据，不断地完善和改进自己的设计，创造性地进行工作。同时，鼓励运用现代设计方法，进一步提高设计质量和水平。

（3）掌握正确的设计方法。注意掌握设计进度，按预定计划完成阶段性的目标。在底图设计阶段，注意设计计算与结构设计画图交替进行，采用"边计算、边画图、边修改"的正确设计方法。另外，在整个设计过程中应注意保存和积累设计资料和计算数据，及时检查和整理设计结果，并记录在专用的草稿本上，保持记录的完整性，以便后阶段设计计算说明书的编写。

（4）注重标准和规范的采用。为了提高设计质量和降低设计成本，必须注意采用各种标准和规范，这也是评价设计质量的一项重要指标。在设计中，应严格遵守和执行国家标准、部颁标准及行业规范，尽量选择标准件和通用件，提高零件的互换性和工艺性，同时也可减少设计工时、节省设计时间。对于非标准的数据，也应尽量修整成标准数列或选用优先数列。

（5）注意强度计算与结构、工艺等要求的关系。在设计过程中，需要综合考虑多种因素，采取多种办法进行分析、比较和选择来确定方案、尺寸和结构。理论计算只是为确定零件尺寸提供了一个方面（如强度、刚度、耐磨性等）的依据，有些经验公式（如齿轮轮缘尺寸的计算公式）也只是考虑了主要因素的要求，所求得的是近似值。所以，在设计时要根据具体情况作适当的调整，全面考虑强度、刚度、结构和加工工艺等方面的要求。

2 课程设计题目选例

　　课程设计题目（又称为设计任务书）的选择应考虑使设计尽可能涵盖机械设计或机械设计基础课程所学过的基本内容和能够涉及机械设计的众多其他问题，同时还应考虑使设计具有一定的创新余地，既要有一定的综合性，又要有适当的难度。课程设计题目可以由指导教师根据教学要求给出，也可以在保证教学基本要求不变的前提条件下由学生自选题目。总之，所选题目应有利于激发学生的创新意识和全面增强学生的工程设计能力。

　　以下列出部分机械设计课程设计的题目，可供设计时选用。

2.1　带式输送机传动系统设计

　　带式输送机如图 2-1 所示，主要用于完成如砂、灰、谷物、煤粉等散状物料的输送。

2.1.1　带式输送机传动系统设计（1）

　　（1）设计要求。设计带式输送机传动系统时，要求该系统中含有单级圆柱齿轮减速器及 V 带传动。

　　（2）传动系统参考方案（见图 2-2）。带式输送机由电动机驱动，电动机 1 通过 V 带传动 2 将动力传入单级圆柱齿轮减速器 3，再通过联轴器 4，将动力传至输送机滚筒 5，带动输送带 6 工作。

图 2-1　带式输送机

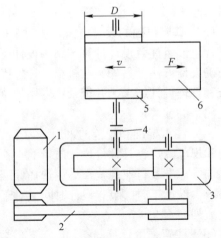

图 2-2　带式输送机传动系统简图
1—电动机；2—V 带传动；3—单级圆柱齿轮减速器；
4—联轴器；5—滚筒；6—输送带

　　（3）原始数据。设输送带最大有效拉力为 F，输送带工作速度为 v，输送机滚筒直径

为 D，其具体数据见表 2-1。

表 2-1 设计的原始数据

分组号	1	2	3	4	5	6	7	8	9	10
F/N	1600	1800	2000	2200	2300	2500	2700	2800	2900	3000
$v/m \cdot s^{-1}$	1.5	1.5	1.4	1.5	1.6	1.6	1.7	1.6	1.7	1.7
D/mm	380	400	380	400	400	420	400	400	380	400

（4）工作条件。带式输送机在常温下工作、单向运转；空载起动，工作载荷平稳；两班制（每班工作 8h），要求减速器设计寿命为 8a，大修期为 3a，每年按 300d 计算；大批量生产；输送带工作速度 v 的允许误差为 ±5%；三相交流电源的电压为 380/220V。

2.1.2 带式输送机传动系统设计（2）

（1）设计要求。设计带式输送机传动系统时，要求该系统中含有单级圆柱齿轮减速器及链传动。

（2）传动系统参考方案（见图 2-3）。带式输送机由电动机驱动，电动机 1 通过联轴器 2 将动力传入单级圆柱齿轮减速器 3，再通过链传动 4，将动力传至输送机滚筒 5，带动输送带 6 工作。

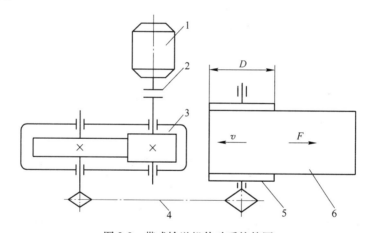

图 2-3 带式输送机传动系统简图

1—电动机；2—联轴器；3—单级圆柱齿轮减速器；4—链传动；5—滚筒；6—输送带

（3）原始数据。设输送带最大有效拉力为 F，输送带工作速度为 v，输送机滚筒直径为 D，其具体数据见表 2-2。

表 2-2 设计的原始数据

分组号	1	2	3	4	5	6	7	8	9	10
F/N	1400	1600	1800	2000	2200	2400	2600	2700	2800	3000
$v/m \cdot s^{-1}$	1.4	1.4	1.5	1.6	1.5	1.5	1.6	1.7	1.7	1.5
D/mm	360	380	400	400	400	420	400	400	420	400

（4）工作条件。带式输送机在常温下工作、单向运转；起动载荷为名义载荷的 1.25 倍，工作时有中等冲击；三班制（每班工作 8h），要求减速器设计寿命为 8a，大修期为 2a，每年按 300d 计算；中批量生产；输送带工作速度 v 的允许误差为 ±5%；三相交流电源的电压为 380/220V。

2.1.3　带式输送机传动系统设计（3）

（1）设计要求。设计带式输送机传动系统时，要求该系统中含有两级圆柱齿轮减速器。

（2）传动系统参考方案（见图 2-4）。带式输送机由电动机驱动。电动机 1 通过联轴器 2 将动力传入两级圆柱齿轮减速器 3，再通过联轴器 4，将动力传至输送机滚筒 5，带动输送带 6 工作。

（3）原始数据。设输送带最大有效拉力为 F，输送带工作速度为 v，输送机滚筒直径为 D，其具体数据见表 2-3。

（4）工作条件。带式输送机在常温下工作、单向运转；空载起动，工作载荷较平稳；单班制（每班工作 8h），要求减速器设计寿命为 10a，大修期为 3a，每年按 300d 计算；大批量生产；输送带工作速度 v 的允许误差为 ±5%；三相交流电源的电压为 380/220V。

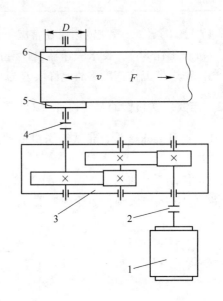

图 2-4　带式输送机传动系统简图
1—电动机；2，4—联轴器；3—两级圆柱齿轮减速器；
5—滚筒；6—输送带

表 2-3　设计的原始数据

分组号	1	2	3	4	5	6	7	8	9	10
F/N	2000	2200	2300	2500	2500	2700	2900	3000	3300	3600
$v/m \cdot s^{-1}$	1.2	1.0	1.2	1.0	1.4	1.3	1.2	1.2	1.2	1.3
D/mm	360	280	300	280	360	300	300	320	320	300

2.1.4　带式输送机传动系统设计（4）

（1）设计要求。设计带式输送机传动系统时，要求该系统中含有 V 带传动及两级圆柱齿轮减速器。

（2）传动系统参考方案（见图 2-5）。带式输送机由电动机驱动。电动机 1 通过 V 带传动 2 将动力传入两级圆柱齿轮减速器 3，再通过联轴器 4，将动力传至输送机滚筒 5，带动输送带 6 工作。

（3）原始数据。设输送带最大有效拉力为 F，输送带工作速度为 v，输送机滚筒直径

为 D，其具体数据见表2-4。

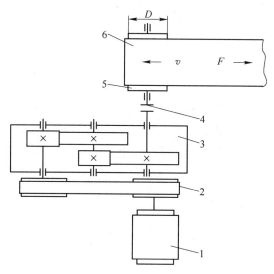

图2-5　带式输送机传动系统简图

1—电动机；2—V带传动；3—两级圆柱齿轮减速器；4—联轴器；5—滚筒；6—输送带

表2-4　设计的原始数据

分组号	1	2	3	4	5	6	7	8	9	10
F/N	4000	4500	5000	5500	6000	6500	7000	7500	8000	8500
$v/\text{m}\cdot\text{s}^{-1}$	0.45	0.48	0.45	0.48	0.5	0.5	0.55	0.55	0.6	0.65
D/mm	335	350	380	400	400	420	400	420	400	450

（4）工作条件。带式输送机在常温下工作、单向运转；空载起动，工作载荷有轻微冲击；两班制（每班工作8h），要求减速器设计寿命为8a，大修期为2a，每年按300d计算；中批量生产；输送带工作速度 v 的允许误差为±5%；三相交流电源的电压为380/220V。

2.1.5　带式输送机传动系统设计（5）

（1）设计要求。设计带式输送机传动系统时，要求该系统中含有单级蜗杆减速器。

（2）传动系统参考方案（见图2-6）。带式输送机由电动机驱动。电动机1通过联轴器2将动力传入单级蜗杆减速器3，再通过联轴器4，将动力传至输送机滚筒5，带动输送带6工作。

（3）原始数据。设输送带最大有效拉力为 F，输送带工作速度为 v，输送机滚筒直径为 D，其具体数据见表2-5。

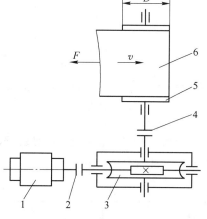

图2-6　带式输送机传动系统简图

1—电动机；2，4—联轴器；

3—单级蜗杆减速器；

5—滚筒；6—输送带

表 2-5　设计的原始数据

分组号	1	2	3	4	5	6	7	8	9	10
F/N	2200	2300	2400	2500	2600	2700	2800	3000	3200	3400
$v/\text{m}\cdot\text{s}^{-1}$	1.2	1.0	0.90	0.80	0.75	0.70	0.80	0.60	0.75	0.70
D/mm	360	360	340	340	320	320	340	320	320	340

（4）工作条件。带式输送机在常温下工作、单向运转；空载起动，工作载荷有中等冲击；两班制（每班工作 8h），要求减速器设计寿命为 10a，大修期为 2a，每年按 300d 计算；中批量生产；输送带工作速度 v 的允许误差为 ±5%；三相交流电源的电压为 380/220V。

2.1.6　带式输送机传动系统设计（6）

（1）设计要求。设计带式输送机传动系统时，要求该系统中含有圆锥-圆柱齿轮两级减速器。

（2）传动系统参考方案（见图 2-7）。带式输送机由电动机驱动。电动机 1 通过联轴器 2 将动力传入圆锥-圆柱齿轮两级减速器 3，再通过联轴器 4，将动力传至输送机滚筒 5，带动输送带 6 工作。

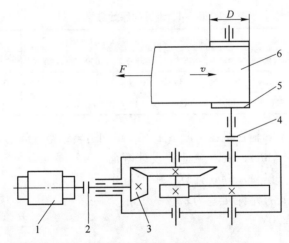

图 2-7　带式输送机传动系统简图

1—电动机；2，4—联轴器；3—圆锥-圆柱齿轮两级减速器；5—滚筒；6—输送带

（3）原始数据。设输送带最大有效拉力为 F，输送带工作速度为 v，输送机滚筒直径为 D，其具体数据见表 2-6。

表 2-6　设计的原始数据

分组号	1	2	3	4	5	6	7	8	9	10
F/N	2000	2200	2400	2600	2800	3000	3200	3400	3600	3800
$v/\text{m}\cdot\text{s}^{-1}$	1.4	1.6	1.2	1.5	1.3	1.8	1.6	1.4	1.2	1.3
D/mm	350	340	320	320	340	350	320	300	300	360

（4）工作条件。带式输送机在常温下工作、单向运转；空载起动，工作载荷有中等冲击；单班制（每班工作8h），要求减速器设计寿命为8a，大修期为3a，每年按300d计算；大批量生产；输送带工作速度v的允许误差为±5%；三相交流电源的电压为380/220V。

2.2 螺旋输送机传动系统设计

螺旋输送机如图2-8所示，主要用于完成如砂、灰、谷物、煤粉等散状物料的输送。

（1）设计要求。如图2-9所示，要求根据下述的原始数据和工作条件，自行拟定螺旋输送机合适的传动系统的总体方案，并进行分析与评价。

图 2-8 螺旋输送机

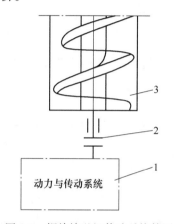

图 2-9 螺旋输送机传动系统简图
1—动力与传动系统；2—联轴器；3—螺旋输送机

（2）原始数据。设螺旋输送机主轴功率为P，主轴转速为n，其具体数据见表2-7。

表 2-7 螺旋输送机原始数据

分组号	1	2	3	4	5	6	7	8	9	10
P/kW	2	3	3	3.5	3.5	4	4	4.5	4.5	5
n/r·min^{-1}	100	100	80	80	60	60	40	40	30	30

（3）工作条件。螺旋输送机由电动机驱动，常温下工作、单向转动；起动载荷为名义载荷的1.25倍，工作时有中等冲击；单班制（每班工作8h），要求减速器设计寿命为10a，大修期为3a，每年按300d计算；中批量生产；螺旋输送机主轴转速n的允许误差为±5%；三相交流电源的电压为380/220V。

2.3 链式输送机传动系统设计

链式输送机如图2-10所示，主要用于完成如大颗粒物料、机械零件、箱体等块状物体的输送。

（1）设计要求。如图2-11所示，要求根据下述的原始数据和工作条件，自行拟定链式输送机合适的传动系统的总体方案，并进行分析与评价。

图 2-10　链式输送机

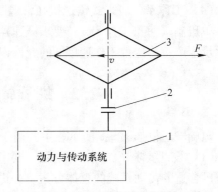

图 2-11　链式输送机传动系统简图

1—动力与传动系统；2—联轴器；3—链式输送机

（2）原始数据。设输送链牵引力为 F，输送链工作速度为 v，链轮分度圆直径为 D，其具体数据见表 2-8。

表 2-8　螺旋输送机原始数据

分组号	1	2	3	4	5	6	7	8	9	10
F/kN	2.5	2.5	2.5	3	3.5	4	4	4.5	5	5
$v/\text{m} \cdot \text{s}^{-1}$	0.6	0.7	0.9	0.5	0.4	0.5	0.6	0.55	0.5	0.6
D/mm	270	270	270	260	260	260	280	280	280	280

（3）工作条件。链式输送机由电动机驱动，常温下工作、单向运转；空载起动，工作载荷有中等冲击；单班制（每班工作 8h），要求传动系统设计寿命为 10a，大修期为 2a，每年按 300d 计算；中批量生产；输送链工作速度 v 的允许误差为 ±5%；三相交流电源的电压为 380/220V。

2.4　卷扬机传动系统设计

卷扬机如图 2-12 所示，主要用于建筑工地、矿山等提升物料或矿石。

（1）设计要求。如图 2-13 所示，要求根据下述的原始数据和工作条件，自行拟定卷扬机合适的传动系统的总体方案，并进行分析与评价。

图 2-12　卷扬机

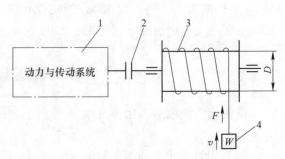

图 2-13　卷扬机传动系统简图

1—动力与传动系统；2—联轴器；3—卷扬机；4—重物

（2）原始数据。设卷扬机钢丝绳的牵引力为 F，钢丝绳的牵引速度为 v，卷筒直径为 D，其具体数据见表 2-9。

表 2-9　卷扬机原始数据

分组号	1	2	3	4	5	6	7	8	9	10
F/kN	12	12	12	10	10	10	8	8	7	7
$v/\text{m·s}^{-1}$	0.3	0.4	0.5	0.5	0.4	0.3	0.5	0.4	0.4	0.3
D/mm	500	460	450	450	480	500	450	480	460	500

（3）工作条件。卷扬机由电动机驱动，常温下工作、双向运转；空载起动，工作载荷有中等冲击；二班制（每班工作 8h），要求传动系统设计寿命为 10a，大修期为 2a，每年按 300d 计算；大批量生产；钢丝绳的牵引速度 v 的允许误差为 ±5%；三相交流电源的电压为 380/220V。

2.5　混凝土搅拌机传动系统设计

混凝土搅拌机如图 2-14 所示，主要用于建筑工地进行混凝土的搅拌作业。

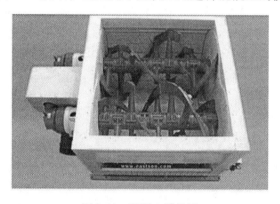

图 2-14　混凝土搅拌机

（1）设计要求。如图 2-15 所示，要求根据下述的原始数据和工作条件，自行拟定混凝土搅拌机合适的传动系统的总体方案，并进行分析与评价。

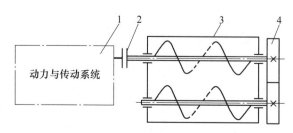

图 2-15　混凝土搅拌机传动系统简图
1—动力与传动系统；2—联轴器；3—混凝土搅拌机；4—开式齿轮传动

（2）原始数据。设混凝土搅拌机的主轴输入功率为 P，主轴转速为 n，其具体数据见表 2-10。

表 2-10　搅拌机原始数据

分组号	1	2	3	4	5	6	7	8	9	10
P/kW	5	5	5	6	6	6	8	8	8	8
$n/\text{r} \cdot \text{min}^{-1}$	300	280	260	300	280	260	300	280	260	240

（3）工作条件。搅拌机由电动机驱动，常温下工作、单向运转；空载起动，工作载荷有中等冲击；二班制（每班工作 8h），要求传动系统设计寿命为 8a，大修期为 3a，每年按 300d 计算；中批量生产；主轴转速 n 的允许误差为 ±5%；三相交流电源的电压为 380/220V。

传动系统的总体设计

传动系统的总体设计，主要包括拟定传动方案、选择电动机、确定总传动比和分配各级传动比以及计算传动系统的运动和动力参数等内容。

3.1 拟定传动方案

机器通常是由原动机、传动系统和工作机3个部分所组成的。

传动系统是将原动机的运动和动力传递给工作机的中间装置，通常具有减速（或增速）、变更运动形式或运动方向，以及将运动和动力进行传递与分配的作用。可见，传动系统是机器的重要组成部分。传动系统的质量和成本在整台机器中占有很大比重。例如在汽车中，制造传动零部件所使用的劳动量约占整台汽车劳动量的50%。因此，传动系统设计的好坏，对整部机器的性能、成本以及整体尺寸的影响都是很大的。所以，合理地设计传动系统是机械设计工作的一个重要组成部分。

传动方案通常可以用机构简图来表示。它反映运动和动力传递路线与各部件的组成和联接关系。

合理的传动方案首先应满足工作机的性能要求，其次是满足工作可靠、结构简单、尺寸紧凑、传动效率高、使用维护方便、工艺性和经济性好等要求。很显然，要同时满足这些要求肯定是比较困难的，因此，要通过分析和比较多种传动方案，选择其中最能满足众多要求的合理传动方案，作为最终确定的传动方案。

图3-1所示为带式运输机的4种传动方案，下面进行分析和比较。

方案（a）采用两级圆柱齿轮减速器，这种方案结构尺寸小，传动效率高，适合于较差环境下长期工作。

方案（b）采用V带传动和单级闭式齿轮传动，这种方案外廓尺寸较大，有减振和过载保护作用，V带传动不适合恶劣的工作环境。

方案（c）采用单级闭式齿轮传动和单级开式齿轮传动，成本较低，但使用寿命较短，也不适用于较差的工作环境。

方案（d）是单级蜗杆减速器，此种方案结构紧凑，但传动效率低，长期连续工作不经济。

以上4种方案虽然都能满足带式运输机的要求，但结构尺寸、性能指标、经济性等方面均有较大差异，要根据具体的工作要求来选择合理的传动方案。

分析和选择传动机构的类型及其组合是拟定传动方案的重要一环。选择传动方案时，应综合考虑各方面要求并结合各种机构的特点和适用范围加以分析。为了便于选择机构类型，现将常用传动机构的主要性能和应用列于表3-1。

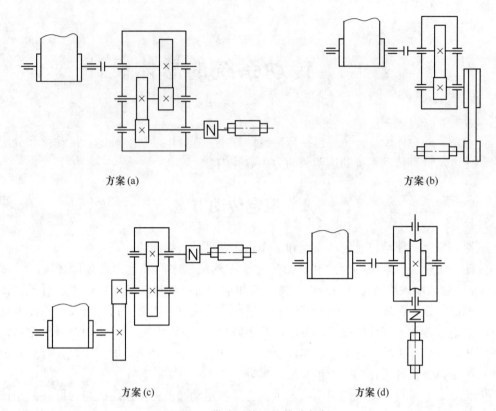

方案(a)　　　　　　　　　　　　　方案(b)

方案(c)　　　　　　　　　　　　　方案(d)

图 3-1　带式运输机的传动方案

表 3-1　常用传动机构的主要性能和应用

传动机构	普通 V 带传动	链传动	普通齿轮传动		蜗杆传动	行星齿轮传动
常用功率/kW	中（≤100）	中（≤100）	大（最大50000）		小（≤50）	中（最大3500）
单级传动比 常用值 （最大值）	2~4 （7）	2~5 （6）	圆柱 3~5 （8）	圆锥 2~3 （5）	7~40 （80）	3~87 （500）
传动效率	中	中	高		低	中
许用线速度 /m·s^{-1}	≤25~30	≤40	6 级直齿≤18 6 级非直齿≤36 5 级直齿≤100		≤15~35	6 级直齿≤18 6 级非直齿≤36 5 级直齿≤100
外廓尺寸	大	大	小		小	小
传动精度	低	中	高		高	高
工作平稳性	好	较差	一般		好	一般
自锁能力	无	无	无		有	无
过载保护作用	有	无	无		无	无
使用寿命	短	中	长		中	长
缓冲吸振能力	好	中	差		差	差
制造、安装精度	低	中	高		高	高

传动机构	普通 V 带传动	链传动	普通齿轮传动	蜗杆传动	行星齿轮传动
润滑条件	不需要	中	高	高	高
环境适应性	不能与油、碱和酸等接触	好	一般	一般	一般
成本	低	中	中	高	高

合理安排和布置传动顺序也是拟定传动方案中的一个重要环节。除考虑各级传动机构所适应的速度范围外，还应考虑下述几点：

（1）齿轮传动。具有承载能力大、效率高、允许速度高、尺寸紧凑、寿命长等特点，因此在传动系统中一般应首先采用齿轮传动。由于斜齿圆柱齿轮传动的承载能力和平稳性比直齿圆柱齿轮传动好，故在高速级或要求传动平稳的场合，常采用斜齿圆柱齿轮传动。

（2）带传动。具有传动平稳、吸振等特点，且能起过载保护作用。但由于它是靠摩擦力来工作的，在传递同样功率的条件下，当带速较低时，传动结构尺寸较大。在设计时，为了减小带传动的结构尺寸，应将其布置在高速级。

（3）锥齿轮传动。当其尺寸太大时，加工困难，因此应将其布置在高速级，并限制其传动比，以控制其结构尺寸。

（4）蜗杆传动。具有传动比大、结构紧凑、工作平稳等优点，但其传动效率低，尤其在低速时，其效率更低，且蜗轮尺寸大，成本高。因此，它通常用于中小功率、间歇工作或要求自锁的场合。为了提高传动效率、减小蜗轮结构尺寸，通常将其布置在高速级。

（5）链传动。由于工作时链条速度和瞬时传动比呈周期性变化，运动不均匀、冲击振动大，因此为了减小振动和冲击，应将其布置在低速级。

（6）开式齿轮传动。由于润滑条件较差和工作环境恶劣，磨损快，寿命短，故应将其布置在低速级。

根据上述各种传动机构的特点和对传动方案的要求，结合设计任务书的工作条件，就可以拟定出传动系统的多种传动方案，然后对初步拟定的多种方案进行分析比较，从中选出较合理的方案。此时选出的方案，并不一定是最后方案，最后方案还有待于各级传动比得到合理分配后才能决定。当传动比不能合理分配时，还必须修改原方案。

3.2　减速器的类型、特点及应用

在工程上，减速器的类型很多。按传动件类型的不同，可分为圆柱齿轮减速器、圆锥齿轮减速器、蜗杆减速器、齿轮-蜗杆减速器和行星齿轮减速器等；按传动级数的不同，可分为单级减速器、双级（或两级）减速器和多级减速器等；按传动布置方式的不同，可分为展开式减速器、同轴式减速器和分流式减速器等；按传递功率大小的不同，可分为小型减速器、中型减速器和大型减速器等。常用减速器的传动形式、特点及应用见表 3-2。

18

表3-2 减速器的主要类型、特点及应用

类 型		简 图	推荐传动比	特点及应用
单级圆柱齿轮减速器		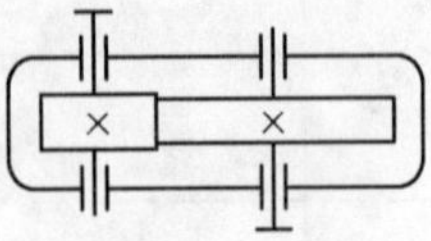	3~5	轮齿可为直齿、斜齿或人字齿,箱体通常用铸铁铸造,也可用钢板焊接而成。轴承常用滚动轴承
两级圆柱齿轮减速器	展开式	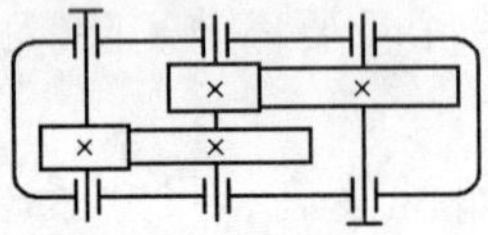	8~40	高速级常为斜齿,低速级可为直齿或斜齿。由于齿轮相对轴承布置不对称,要求轴的刚度较大,并使转矩输入、输出端远离齿轮,以减少因轴的弯曲变形引起载荷沿齿宽分布不均匀。结构简单,应用最广
	分流式	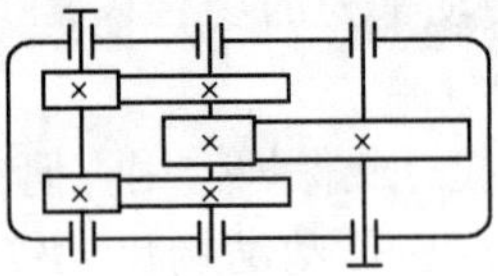		一般采用高速级分流。由于齿轮相对轴承布置对称,因此齿轮和轴承受力较均匀。为了使轴上总的轴向力较小,两对齿轮的螺旋线方向应相反。结构较复杂,常用于大功率、变载荷的场合
	同轴式	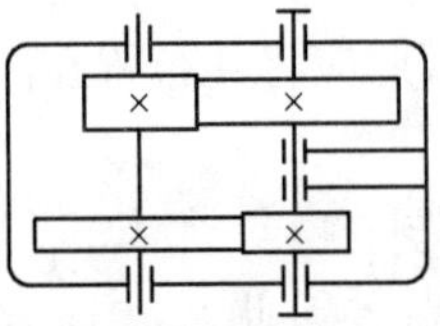		减速器的轴向尺寸较大,中间轴较长,刚度较差。当两个大齿轮浸油深度相近时,高速级齿轮的承载能力不能充分发挥。常用于输入和输出轴同轴线的场合
单级圆锥齿轮减速器		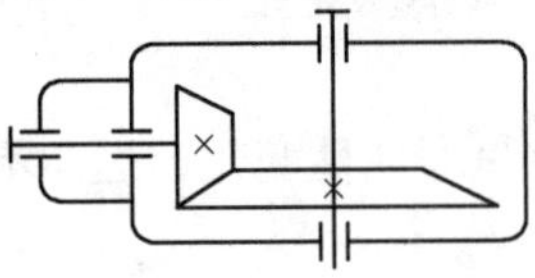	2~4	传动比不宜过大,以减小锥齿轮的尺寸,利于加工。仅用于两轴线垂直相交的传动中
圆锥-圆柱齿轮两级减速器		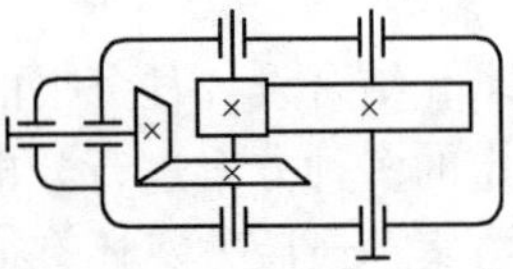	8~15	锥齿轮应布置在高速级,以减小锥齿轮的尺寸。锥齿轮可为直齿或曲线齿。圆柱齿轮多为斜齿,使其能与锥齿轮的轴向力抵消一部分
单级蜗杆减速器		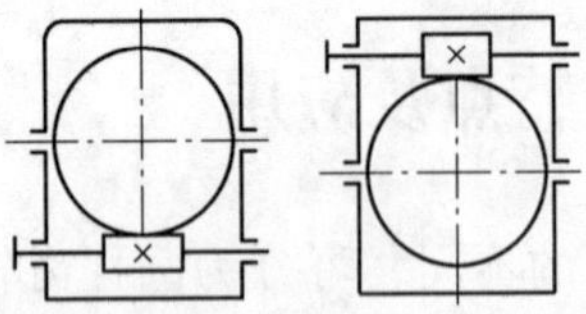	10~80	结构紧凑,传动比大,但传动效率低,适用于中小功率、间隙工作的场合,当蜗杆圆周速度 $v \leqslant 5m/s$ 时,蜗杆为下置式,润滑冷却条件较好;当 $v > 5m/s$ 时,油的搅动损失较大,一般蜗杆为上置式
蜗杆-圆柱齿轮两级减速器		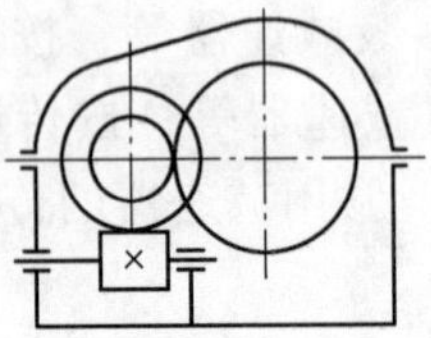	60~90	传动比大,结构紧凑,但效率低

3.3 选择电动机

电动机的选择主要包括确定电动机的类型、结构形式、功率、转速和型号等。

3.3.1 确定电动机的类型和结构形式

电动机的类型和结构形式应根据电源种类（直流或交流）、工作条件（环境、温度等）、工作时间的长短（连续或间歇）及载荷的性质、大小、起动性能和过载情况等条件来确定。工业上一般采用三相交流电动机。Y 系列三相交流异步电动机由于具有结构简单、价格低廉、维护方便等优点，故其应用最广。当转动惯量和启动力矩较小时，可选用 Y 系列三相交流异步电动机。在经常启动、制动和反转、间歇或短时工作的场合（如起重机械和冶金设备等），要求电动机的转动惯量小和过载能力大，因此，应选用起重及冶金用的 YZ 和 YZR 系列三相异步电动机。电动机的结构有开启式、防护式、封闭式和防爆式等，可根据工作条件来选择。Y 系列电动机的技术数据和外形尺寸请参见第 12 章。

3.3.2 确定电动机的转速

同一功率的异步电动机有同步转速 3000、1500、1000、750r/min 等几种。一般来说，电动机的同步转速愈高，磁极对数愈少，外廓尺寸愈小，价格愈低；反之，转速愈低，外廓尺寸愈大，价格愈贵。当工作机转速高时，选用高速电动机较为经济。但若工作机转速较低也选用高速电动机，则此时总传动比增大，会导致传动系统结构复杂，造价较高。所以，在确定电动机转速时，应全面分析。在一般机械中，用得最多的是同步转速为 1500 或 1000r/min 的电动机。

3.3.3 确定电动机的功率和型号

电动机的功率选择是否合适，对电动机的正常工作和经济性都有影响。功率选得过小，不能保证工作机的正常工作或使电动机长期过载而过早损坏；功率选得过大，则电动机价格高，且经常不在满载下运行，电动机的效率和功率因数都较低，造成很大的浪费。

电动机功率的确定，主要与其载荷大小、工作时间长短、发热多少有关，对于长期连续工作、载荷较稳定的机械（如连续工作的运输机、鼓风机等），可根据电动机所需的功率 P_d 来选择，而不必校验电动机的发热和启动力矩。选择时，应使电动机的额定功率 P_e 稍大于电动机的所需功率 P_d，即 $P_e \geqslant P_d$。对于间歇工作的机械，P_e 可稍小于 P_d。

电动机所需的功率 P_d(kW) 按如下方法计算：

若已知工作机的阻力（例如运输带的最大有效拉力）为 $F(N)$，工作速度（例如运输带的速度）为 v(m/s)，则工作机所需的有效功率为

$$P_w = \frac{Fv}{1000} \tag{3-1}$$

若已知工作机的转矩 $T(N \cdot m)$ 和转速 n_w(r/min) 时，则工作机所需的有效功率为

$$P_w = \frac{T n_w}{9550} \tag{3-2}$$

一旦求出工作机所需的有效功率 P_w 后，则电动机所需的功率 $P_d(\text{kW})$ 为

$$P_d = \frac{P_w}{\eta} \tag{3-3}$$

式中，η 为机械传动系统的总效率；若为常见的展开式减速器，则各传动副和每对运动副所组成的机组为串联形式，该机械传动系统的总效率计算式为

$$\eta = \eta_1 \times \eta_2 \times \cdots \times \eta_n \tag{3-4}$$

式中，η_1、η_2、$\cdots$、η_n 分别为传动系统中每对运动副或传动副（如联轴器、齿轮传动、带传动、链传动和轴承等）的效率。表 3-3 给出了常用机械传动和轴承等效率的概略值。

若为同轴式减速器或分流式减速器，则各传动副和每对运动副所组成的机组不是串联形式，机械传动系统的总效率计算由读者自行分析。

表 3-3　常用机械传动和轴承等效率的概略值

类　　型		效率 η
圆柱齿轮传动	7 级精度（油润滑）	0.98
	8 级精度（油润滑）	0.97
	9 级精度（油润滑）	0.96
	开式传动（脂润滑）	0.94~0.96
锥齿轮传动	7 级精度（油润滑）	0.97
	8 级精度（油润滑）	0.94~0.97
	开式传动（脂润滑）	0.92~0.95
蜗杆传动	自锁蜗杆（油润滑）	0.40~0.45
	单头蜗杆（油润滑）	0.70~0.75
	双头蜗杆（油润滑）	0.75~0.82
滚子链传动	开式	0.90~0.93
	闭式	0.95~0.97
V 带传动		0.95
滚动轴承		0.98~0.99
滑动轴承		0.97~0.99
联轴器	弹性联轴器	0.99
	刚性联轴器	0.99
运输机滚筒		0.96

在计算传动系统的总效率时，应注意以下几点：

（1）由于效率与工作条件、加工精度及润滑状况等因素有关，表 3-3 中所列数值是概略的范围。当工作条件差、加工精度低、维护不良时，应取低值；反之，可取高值。当情况不明时，一般取中间值。

（2）动力每经过一对运动副或传动副，就有一次功率损耗，故计算效率时，都要计入。

（3）表 3-3 中传动效率是指一对传动啮合效率，未计轴承效率。表中轴承的效率均指一对轴承而言。

根据电动机的类型、同步转速和所需功率，参照第 12 章电动机的技术参数就可以确

定电动机的型号和额定功率 P_e，并记下电动机的型号、额定功率 P_e、满载转速 n_m，电动机的中心高 H、外伸轴径 D 和外伸轴长度 E 等技术参数的数据，供选择联轴器和计算传动零件之用。

3.4　计算总传动比和分配传动比

3.4.1　计算总传动比

根据电动机的满载转速 n_m 和工作机所需转速 n_w，按下式计算机械传动系统的总传动比 i，即

$$i = \frac{n_m}{n_w} \tag{3-5}$$

在另一方面，由机械设计或机械设计基础课程可知，若为常见的展开式减速器，机械传动系统的总传动比 i 应等于各级传动比的连乘积，即

$$i = i_1 \times i_2 \times \cdots \times i_n \tag{3-6}$$

若为同轴式减速器或分流式减速器，机械传动系统的总传动比 i 计算由读者自行分析。

3.4.2　传动比的分配

在设计多级传动的传动系统时，分配传动比是设计中的一个重要问题。传动比分配得不合理，会造成结构尺寸大、相互尺寸不协调、成本高、制造和安装不方便等。因此，分配传动比时，应考虑下列几点原则：

（1）各种传动的每级传动比应在推荐值的范围内。表 3-4 列出各种传动的每级传动比的推荐值。

表 3-4　各种传动中每级传动比的推荐值

传动类型		传动比 i 的推荐值	传动类型		传动比 i 的推荐值
圆柱齿轮传动	闭式	3~5	蜗杆传动	闭式	10~40
	开式	4~7		开式	15~60
锥齿轮传动	闭式	2~3	V 带传动		2~4
	开式	2~4	链传动		2~4

（2）各级传动比应使传动系统尺寸协调、结构匀称、不发生干涉现象。例如，V 带传动的传动比选得过大，将使大带轮外圆半径 r_a 大于减速器中心高 H，如图 3-2（a）所示，安装不便。又如，在双级圆柱齿轮减速器中，若高速级传动比选得过大，就可能使高速级大齿轮的齿顶圆与低速轴相干涉，如图 3-2（b）所示。再如，在运输机械装置中，若开式齿轮的传动比选得过小，也会造成滚筒与开式小齿轮轴相干涉，如图 3-2（c）所示。

（3）设计双级圆柱齿轮减速器时，应尽量使高速级和低速级的齿轮强度接近相等，即按等强度原则分配传动比。

（4）当减速器内的齿轮采用油池润滑时，为了使各级大齿轮浸油深度合理，各级大齿轮直径应相差不大，以避免低速级大齿轮浸油过深，而增加搅油损失。

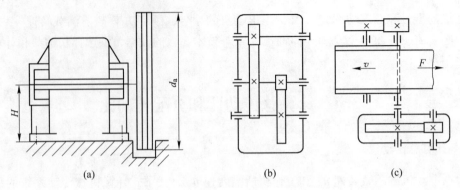

图 3-2　结构尺寸不协调及干涉现象

3.4.3　减速器传动比分配的参考值

根据上述原则，提出一些减速器传动比分配的参考值如下：

（1）展开式双级圆柱齿轮减速器。考虑各级齿轮传动的润滑合理，应使两大齿轮直径相近，推荐取 $i_1 = （1.3~1.4）i_2$ 或 $i_1 = \sqrt{1.3 i_\Sigma} ~ \sqrt{1.4 i_\Sigma}$，其中 i_1、i_2 分别为高速级和低速级的传动比，i_Σ 为减速器的总传动比。对于同轴式双级圆柱齿轮减速器，一般取 $i_1 = i_2 = \sqrt{i_\Sigma}$。

（2）圆锥-圆柱齿轮两级减速器。为了便于大锥齿轮加工，高速级锥齿轮传动比取 $i_1 = 0.25 i_\Sigma$，且使 $i_1 \leqslant 3$。

（3）蜗杆-圆柱齿轮两级减速器。为了提高传动效率，低速级圆柱齿轮传动比可取 $i_2 = （0.03~0.06）i_\Sigma$。

（4）双级蜗杆减速器。为了结构紧凑，可取 $i_1 = i_2 = \sqrt{i_\Sigma}$。

3.5　传动系统的运动和动力参数的计算

为了便于进行传动零件的设计计算，首先应计算出各轴上的转速、功率和转矩。计算时，可将各轴从高速级向低速级依次编号为 0 轴（电动机轴）、1 轴、2 轴、……，并按此顺序进行计算。

3.5.1　各轴的转速计算

各轴的转速可根据电动机的满载转速和各相邻轴间的传动比进行计算。各轴的转速（r/min）分别为

$$\left. \begin{aligned} n_1 &= \frac{n_m}{i_{01}} \\ n_2 &= \frac{n_1}{i_{12}} \\ n_3 &= \frac{n_2}{i_{23}} \\ &\vdots \end{aligned} \right\} \tag{3-7}$$

式中 i_{01}、i_{12}、i_{23}——相邻两轴间的传动比；

           n_m——电动机的满载转速。

3.5.2 各轴的输入功率计算

计算各轴的功率时，有如下两种计算方法：

（1）按电动机的所需功率 P_d 计算。这种方法的优点是设计出的传动系统结构较紧凑。当所设计的传动系统用于某一专用机器时，常采用此方法。

（2）按电动机的额定功率 P_e 计算。由于电动机的额定功率大于电动机的所需功率，故按这种方法计算出的各轴的功率比实际需要的要大一些，根据此功率设计出的传动零件，其结构尺寸也会较实际需要的大，这是一种偏安全的设计方法。设计通用机器时，一般采用此方法。

在课程设计中，一般按第一种方法，即按电动机的所需功率 P_d 计算。各轴的输入功率（kW）分别为

$$\left.\begin{aligned} P_1 &= P_d \times \eta_{01} \\ P_2 &= P_1 \times \eta_{12} \\ P_3 &= P_2 \times \eta_{23} \\ &\ \ \vdots \end{aligned}\right\} \tag{3-8}$$

式中 η_{01}、η_{12}、η_{23}——相邻两轴间的传动效率。

3.5.3 各轴的输入转矩计算

由力学知识可知，各轴的输入转矩（N·m）分别为

$$\left.\begin{aligned} T_1 &= 9550 \times \frac{P_1}{n_1} \\ T_2 &= 9550 \times \frac{P_2}{n_2} \\ T_3 &= 9550 \times \frac{P_3}{n_3} \\ &\ \ \vdots \end{aligned}\right\} \tag{3-9}$$

3.5.4 总体设计举例

【例3-1】 如图 3-3 所示的为带式运输机的传动系统。已知运输带的最大有效拉力 $F=5000N$，带速 $v=0.6m/s$，滚筒直径 $D=375mm$，载荷平稳，连续单向运转，工作环境有灰尘，电源为三相交流电源（电压为 380/220V）。试选择电动机、确定总传动比和分配各级传动比以及计算传动系统的运动和动力参数。

解 （1）电动机的选择。

1）电动机类型的选择。根据动力源和工作条件，并参照第 12 章选用一般用途的 Y 系列三相交流异步电动机，卧式封闭结构，电源的电压为 380V。

2）电动机容量的选择。根据已知条件，工作机所需要的有效功率为

$$P_w = \frac{Fv}{1000} = \frac{5000 \times 0.6}{1000} = 3.0 \text{kW}$$

设 η_{5w} 为输送机滚筒轴（5轴）至输送带间的传动效率，η_c 为联轴器效率，η_g 为闭式圆柱齿轮传动效率（设齿轮精度为8级），η_g' 为开式圆柱齿轮传动效率，η_b 为一对滚动轴承效率，η_{cy} 为输送机滚筒效率。根据表3-3所示，取 $\eta_c = 0.99$，$\eta_g = 0.97$，$\eta_g' = 0.95$，$\eta_b = 0.99$，$\eta_{cy} = 0.96$。

由于该传动系统的各传动副和每对运动副组成串联形式，则传动系统总效率为

$$\eta = \eta_{01} \times \eta_{12} \times \eta_{23} \times \eta_{34} \times \eta_{45} \times \eta_{5w}$$

式中，$\eta_{01} = \eta_c = 0.99$，$\eta_{12} = \eta_b \eta_g = 0.99 \times 0.97 = 0.9603$，$\eta_{23} = \eta_b \eta_g = 0.99 \times 0.97 = 0.9603$，$\eta_{34} = \eta_b \eta_c = 0.99 \times 0.99 = 0.9801$，$\eta_{45} = \eta_b \eta_g' = 0.99 \times 0.95 = 0.9405$，$\eta_{5w} = \eta_b \eta_{cy} = 0.99 \times 0.96 = 0.9504$。

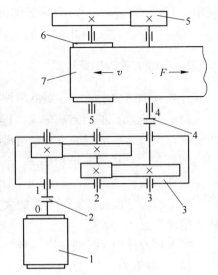

图 3-3　带式输送机传动系统简图
1—电动机；2，4—联轴器；
3—两级圆柱齿轮减速器；
5—开式圆柱齿轮传动；
6—滚筒；7—输送带

则传动系统的总效率 η 为

$$\eta = 0.99 \times 0.9603 \times 0.9603 \times 0.9801 \times 0.9405 \times 0.9504 = 0.7998$$

工作时，电动机所需的功率为

$$P_d = \frac{P_w}{\eta} = \frac{3.0}{0.7998} = 3.75 \text{kW}$$

由表12-1可知，满足 $P_e \geqslant P_d$ 条件的 Y 系列三相交流异步电动机额定功率 P_e 应取为4kW。

3）电动机转速的选择。根据已知条件，可得输送机滚筒的工作转速 n_w 为

$$n_w = \frac{60000v}{\pi D} = \frac{60000 \times 0.6}{3.14 \times 375} \approx 30.56 \text{r/min}$$

初选同步转速为1500和1000r/min的电动机，由表12-1可知，对应于额定功率 P_e 为4kW的电动机型号分别为Y112M-4型和Y132M1-6型。现将Y112M-4型和Y132M1-6型电动机有关技术数据及相应算得的总传动比列于表3-5中。

表 3-5　方案的比较

方案号	电动机型号	额定功率 /kW	同步转速 /r·min⁻¹	满载转速 /r·min⁻¹	总传动比 i	外伸轴径 D /mm	轴外伸长度 E /mm
I	Y112M-4	4.0	1500	1440	47.12	28	60
II	Y132M1-6	4.0	1000	960	31.41	38	80

通过对上述两种方案比较可以看出：方案 I 选用的电动机转速高、质量轻、价格低，总传动比为47.12，这对三级减速传动而言不算大，故选方案 I 较为合理。

Y112M-4型三相异步电动机的额定功率 $P_e = 4$kW，满载转速 $n_m = 1440$r/min。由表12-

2 查得电动机中心高 $H=112mm$，轴伸出部分用于装联轴器轴段的直径和长度分别为 $D=28mm$ 和 $E=60mm$。

（2）各级传动比的分配。

由式（3-5）可知，带式输送机传动系统的总传动比

$$i = \frac{n_m}{n_w} = \frac{1440}{30.56} = 47.12$$

由传动系统方案（图3-3）知

$$i_{01} = 1; \quad i_{34} = 1$$

按表3-4查取开式圆柱齿轮传动的传动比为

$$i_{45} = 4$$

由计算可得两级圆柱齿轮减速器的总传动比 i_{Σ} 为

$$i_{\Sigma} = i_{12} \times i_{23} = \frac{i}{i_{01}i_{34}i_{45}} = \frac{47.12}{1 \times 1 \times 4} = 11.78$$

为了便于两级圆柱齿轮减速器采用浸油润滑，当两级齿轮的配对材料相同、齿面硬度 HBS≤350、齿宽系数相等时，考虑齿面接触强度接近相等的条件，取高速级传动比为

$$i_{12} = \sqrt{1.3i_{\Sigma}} = \sqrt{1.3 \times 11.78} = 3.913$$

低速级传动比为

$$i_{23} = \frac{i_{\Sigma}}{i_{12}} = \frac{11.78}{3.913} = 3.01$$

传动系统各级传动比分别为

$$i_{01} = 1; \quad i_{12} = 3.913; \quad i_{23} = 3.01; \quad i_{34} = 1; \quad i_{45} = 4$$

（3）传动系统的运动和动力参数计算。

传动系统各轴的转速、功率和转矩计算如下：

0 轴（电动机轴）

$$n_0 = n_m = 1440r/min$$
$$P_0 = P_d = 3.75kW$$
$$T_0 = 9550\frac{P_0}{n_0} = 9550 \times \frac{3.75}{1440} = 24.87N \cdot m$$

1 轴（减速器高速轴）

$$n_1 = \frac{n_0}{i_{01}} = \frac{1440}{1} = 1440r/min$$
$$P_1 = P_0\eta_{01} = 3.75 \times 0.99 = 3.7125kW$$
$$T_1 = 9550\frac{P_1}{n_1} = 9550 \times \frac{3.7125}{1440} = 24.62N \cdot m$$

2 轴（减速器中间轴）

$$n_2 = \frac{n_1}{i_{12}} = \frac{1440}{3.913} = 368r/min$$
$$P_2 = P_1\eta_{12} = 3.7125 \times 0.9603 = 3.565kW$$

$$T_2 = 9550 \frac{P_2}{n_2} = 9550 \times \frac{3.565}{368} = 92.51 \text{N} \cdot \text{m}$$

3 轴（减速器低速轴）

$$n_3 = \frac{n_2}{i_{23}} = \frac{368}{3.01} = 122.26 \text{r/min}$$

$$P_3 = P_2 \eta_{23} = 3.565 \times 0.9603 = 3.4235 \text{kW}$$

$$T_3 = 9550 \frac{P_3}{n_3} = 9550 \times \frac{3.4235}{122.26} = 267.2 \text{N} \cdot \text{m}$$

4 轴（开式圆柱齿轮传动高速轴）

$$n_4 = \frac{n_3}{i_{34}} = \frac{122.26}{1} = 122.26 \text{r/min}$$

$$P_4 = P_3 \eta_{34} = 3.4235 \times 0.9801 = 3.355 \text{kW}$$

$$T_4 = 9550 \frac{P_4}{n_4} = 9550 \times \frac{3.355}{122.26} = 262.08 \text{N} \cdot \text{m}$$

5 轴（开式圆柱齿轮传动低速轴，即输送机滚筒轴）

$$n_5 = \frac{n_4}{i_{45}} = \frac{122.26}{4} = 30.56 \text{r/min}$$

$$P_5 = P_4 \eta_{45} = 3.355 \times 0.9405 = 3.155 \text{kW}$$

$$T_5 = 9550 \frac{P_5}{n_5} = 9550 \times \frac{3.155}{30.56} = 985.94 \text{N} \cdot \text{m}$$

将上述计算结果列于表 3-6 中，以供查用。

表 3-6　传动系统的运动和动力参数

轴　号	电动机	两级圆柱齿轮减速器			开式齿轮传动	工作机
	0 轴	1 轴	2 轴	3 轴	4 轴	5 轴
转速 $n/\text{r} \cdot \text{min}^{-1}$	1440	1440	368	122.26	122.26	30.56
功率 P/kW	3.75	3.7125	3.565	3.4235	3.355	3.155
转矩 $T/\text{N} \cdot \text{m}$	24.87	24.62	92.51	267.4	262.08	985.94
传动比 i	1		3.913	3.01	1	4

注：对电动机 0 轴所填的数据为输出功率和输出转矩，对其他各轴所填的数据为输入功率和输入转矩。

4 传动零件的设计计算

传动零件是传动系统中最主要的零件，它关系到传动系统的工作性能、结构布置和尺寸大小。此外，支承零件和联接零件也要根据传动零件来设计或选取。因此，一般应先设计计算传动零件，确定其材料、主要参数、结构和尺寸。

各传动零件的设计计算方法，均按机械设计或机械设计基础课程所述方法进行，本书不再重复。下面仅就传动零件设计计算的内容和应注意的问题作简要说明。

4.1 减速器外部传动零件的设计计算

传动系统除减速器外，还有其他外部传动零件，如带传动、链传动和开式齿轮传动等。通常先设计计算这些零件，在这些传动零件的参数确定后，外部传动的实际传动比便可确定。然后修改减速器内部的传动比，再进行减速器内部传动零件的设计计算。这样，会使整个传动系统的传动比累积误差更小。

在课程设计时，对减速器外部传动零件只须确定其主要参数和尺寸，而不必进行详细的结构设计。

4.1.1 普通 V 带传动

设计普通 V 带传动时，须确定的内容是：带的型号、长度、根数，带轮的直径、宽度和轴孔直径，中心距，初拉力及作用在轴上之力的大小和方向以及 V 带轮的主要结构尺寸等。

设计计算时，应注意以下几个方面的问题：

（1）设计 V 带传动时，应注意检查带轮尺寸与传动系统外廓尺寸的相互协调关系。例如，小带轮外圆半径是否小于电动机的中心高，大带轮半径是否过大而造成带轮与机器底座相干涉等。此外，还要注意带轮轴孔尺寸与电动机轴或减速器输入轴尺寸是否相适应。

（2）设计 V 带传动时，一般应使带速 v 控制在 $5 \sim 25\text{m/s}$ 的范围内。若 v 过大，则离心力大，降低带的使用寿命；反之，若 v 过小，传递功率不变时，则所需的 V 带的根数增多。

（3）为了使每根 V 带所受的载荷比较均匀，V 带的根数 z 不能过多，一般取 $z = 3 \sim 6$ 根为宜，最多不超过 8 根。

（4）在 V 带传动中，主动带轮上的包角 α_1 越大，最大有效拉力越大，传递功率也越大。因此为了保证 V 带具有一定的传递能力，在设计中一般要求主动带轮上的包角 α_1 $\geqslant 120°$。

（5）为了延长带的使用寿命，带轮的最小直径应大于或等于该型号带轮所规定的最小直径，且为直径系列值。带轮直径确定后，应根据该直径和滑动率计算带传动的实际传动比和从动轮的转速，并以此修正减速器所要求的传动比和输入转矩。

4.1.2　链传动

设计链传动时，须确定的内容是：链条的型号、节距、链节数和排数，链轮齿数、直径、轮毂宽度，中心距及作用在轴上之力的大小和方向以及链轮的主要结构尺寸等。

设计计算时，应注意以下几个方面的问题：

（1）为了使链轮轮齿磨损均匀，链轮齿数最好选为奇数或不能整除链节数的数。

（2）为了避免链条稍有磨损而发生脱链现象，大链轮齿数不宜过多，即 $z_{2max} \leqslant 120$。另为了使传动平稳，小链轮齿数 z_1 又不宜太少，设计时可根据估算的链速由设计规范来确定。

（3）为了避免使用过渡链节而产生的附加弯曲应力，链节数应取为偶数。

（4）为了减小链传动的动载荷，设计时尽可能选用小节距的单排链；高速重载时选用小节距的多排链。

4.1.3　开式齿轮传动

设计开式齿轮传动时，须要确定的内容是：齿轮材料和热处理方式，齿轮的齿数、模数、分度圆直径、齿顶圆直径、齿根圆直径、齿宽，中心距及作用在轴上之力的大小和方向以及开式齿轮的主要结构尺寸等。

设计计算时，应注意以下几个方面的问题：

（1）在计算和选择开式齿轮传动的参数时，应考虑开式齿轮传动的工作特点。由于开式齿轮的失效形式主要是过度磨损和轮齿弯曲折断，故设计时应按轮齿弯曲疲劳强度计算模数，再考虑齿面磨损的影响，将求出的模数加大 10%～15%，并取标准值；然后计算其他几何尺寸，而不必验算齿面接触疲劳强度。

（2）由于开式齿轮常用于低速传动，一般采用直齿。由于工作环境较差，灰尘较多，润滑不良，为了减轻磨损，选择齿轮材料时应注意材料的配对，使其具有减摩和耐磨性能。当大齿轮的齿顶圆直径大于 400～500mm 时，应选用铸钢或铸铁来制造。

（3）由于开式齿轮的支承刚性较差，齿宽系数应选小一些，以减小载荷沿齿宽分布不均的现象。

（4）齿轮尺寸确定后，应检查传动中心距是否合适。例如，带式运输机的滚筒是否与开式小齿轮轴相干涉；若有干涉，则应将齿轮参数进行修改并重新计算。

4.2　减速器内部传动零件的设计计算

在减速器外部传动零件完成设计计算之后，应检查传动比及有关运动和动力参数是否需要调整。若需要，则应进行修改，待修改好后，再设计减速器内部的传动零件。

4.2.1　圆柱齿轮传动

设计圆柱齿轮传动时，须确定的内容是：齿轮材料和热处理方式，齿轮的齿数、模数、变位系数、中心距、齿宽、分度圆螺旋角、分度圆直径、齿顶圆直径、齿根圆直径等几何尺寸以及圆柱齿轮的结构尺寸。

设计计算时，应注意以下几个方面的问题：

（1）齿轮材料及热处理方式的选择，应考虑齿轮的工作条件、传动尺寸的要求、制造设备条件等。若传递功率大，且要求结构尺寸紧凑，可选用合金钢或合金铸钢，并采用表面淬火或渗碳淬火等热处理方式；若一般要求，则可选用碳钢或铸钢或铸铁，采用正火或调质等热处理方式。同一减速器中的各级小齿轮（或大齿轮）材料应尽可能相同，以减少材料牌号和简化工艺要求。

（2）当齿轮的齿顶圆直径 $d_a \leqslant 500mm$ 时，可采用锻造毛坯；当齿轮的齿顶圆直径 $d_a > 400 \sim 500mm$ 时，因受锻造设备能力的限制，应采用铸造毛坯。

（3）当齿轮直径与轴径相差不大时，对于圆柱齿轮：若齿轮的齿根至键槽的距离 $\delta \leqslant 2.5 m_t$（m_t 为端面模数），对于锥齿轮：若 $\delta \leqslant 1.6m$，则齿轮和轴应做成一体，称为齿轮轴；反之，应将齿轮和轴分开制造，以便于加工。

（4）闭式齿轮传动的计算准则和方法，应根据齿轮的主要失效形式来确定。对于闭式软齿面齿轮传动，由于其主要失效形式是齿面疲劳点蚀，故应先按齿面接触疲劳强度进行设计计算，再验算齿根弯曲疲劳强度；对于闭式硬齿面齿轮传动，由于其主要失效形式是轮齿折断，故应先按齿根弯曲疲劳强度进行设计计算，再验算齿面接触疲劳强度。

（5）对齿轮齿数的选取应注意不能产生根切，在满足强度要求的情况下尽可能多一些，这样可以加大重合度，以提高传动的平稳性。对于闭式软齿面齿轮传动，一般小齿轮齿数取 $z_1 = 20 \sim 40$；对于开式齿轮传动和闭式硬齿面传动，小齿轮齿数通常取 $z_1 = 17 \sim 20$。

不论何种形式的齿轮传动，为了使两齿轮的轮齿磨损均匀，传动平稳，最好设法使大、小齿轮的齿数 z_1、z_2 互为质数。

（6）齿宽系数（$\psi_d = b/d_1$）的选取要看齿轮在轴上所处的位置和齿轮传动类型等来决定，齿轮在轴的对称部位，其齿宽系数 ψ_d 可以取得稍大一点；而在非对称位置时就要取得稍小一点，以防止沿齿宽产生载荷偏斜。同时要注意直齿圆柱齿轮的 ψ_d 应比斜齿轮的 ψ_d 要小一点；开式齿轮的 ψ_d 应比闭式齿轮的 ψ_d 要小一点。减速器中齿轮的齿宽系数 ψ_d 推荐值如表 4-1 所示。

表 4-1　减速器中齿轮的齿宽系数 ψ_d 推荐值

0.20	0.25	0.30	0.35	0.40	0.45	0.50	0.60

（7）为了保证一对齿轮安装以后能够沿全齿宽啮合，一般要求小齿轮的齿宽要比大齿轮的齿宽大 5~10mm。

（8）齿轮传动的几何参数和尺寸有严格的要求，应分别进行标准化、圆整或确保其计算精度。例如模数、压力角必须标准化，又如齿数、中心距和齿宽应圆整，再如节圆、分度圆、齿顶圆及齿根圆直径、螺旋角、变位系数等必须精确到小数点后 2~3 位。

（9）为了便于制造和测量，齿轮的结构尺寸（如轮毂直径和长度、轮辐厚度和孔径、轮缘长度和内径等）应参考有关的经验公式来确定（参见第 21 章），且尽量圆整为整数。

4.2.2　蜗杆传动

设计蜗杆传动时，须确定的内容是：蜗杆和蜗轮的材料，蜗杆的热处理方式，蜗杆的头数和模数，蜗轮的齿数和模数、分度圆直径、齿顶圆直径、齿根圆直径、导程角，蜗杆螺旋部分长度等几何尺寸以及蜗杆、蜗轮的结构尺寸。

设计计算时，应注意以下几个方面的问题：

（1）由于蜗杆传动中的相对滑动速度大，摩擦和发热剧烈，因此要求蜗杆蜗轮副材料具有较好的耐磨性和抗胶合能力。一般是根据初步估计的滑动速度来选择材料。当蜗杆传动尺寸确定后，要检验相对滑动速度和传动效率与估计值是否相符，并检查材料选择是否恰当。若与估计有较大出入，应修正重新计算。

（2）为了提高蜗杆传动的平稳性，蜗轮齿数的选取也是很重要的，既不能太少也不能太多。蜗轮的齿数 z_2 应控制在 28～80 范围之内，最好是 $z_2 = 32$～63；因 z_2 越大要求蜗杆就会越长，蜗杆刚度就越小，在传动过程中易产生过大的弯曲变形。

（3）蜗杆上置或下置取决于蜗杆传动中的相对滑动速度 v_s。当 $v_s \le 5\text{m/s}$ 时，采用下置式蜗杆传动；反之，当 $v_s > 5\text{m/s}$ 时，采用上置式蜗杆传动。

（4）蜗杆模数 m 和分度圆直径 d_1 应取标准值，且 m、d_1 与直径系数 q 三者之间应符合标准的匹配关系。

（5）为了便于加工，蜗杆和蜗轮的螺旋线方向应尽量选用右旋。

（6）蜗杆强度和刚度验算、蜗杆传动的热平衡计算，应在画出蜗杆减速器装配底图、确定蜗杆支点距离和箱体轮廓尺寸后进行。

4.2.3　锥齿轮传动

设计锥齿轮传动时，须确定的内容是：锥齿轮材料和热处理方式，锥齿轮的齿数、模数、锥距、齿宽、分度圆直径、齿顶圆直径、齿根圆直径、分度圆锥角、顶锥角和根锥角等几何尺寸以及锥齿轮的结构尺寸。

设计计算时，除参看圆柱齿轮传动设计注意问题外，还应注意以下几个方面的问题：

（1）直齿圆锥齿轮有大端和小端，由于大端的尺寸较大，测量和计算时的相对误差较小，故通常取大端的参数为标准值，来计算直齿圆锥齿轮传动的锥距 R、分度圆直径 d（大端）等几何尺寸，且计算精确到小数点后 2～3 位，不得圆整。

（2）在设计计算中，一般推荐小锥齿轮的齿数为 $z_1 = 16$～30，若为软齿面传动则取大值；反之，若为硬齿面传动或开式齿轮传动则取小值。

（3）两轴交角为 90° 时，分度圆锥角 δ_1 和 δ_2 可以由齿数比 $u = z_2/z_1$ 算出，其中 u 值的计算应达到小数点后 4 位，δ 值的计算应精确到"秒"。

（4）在设计计算中，一般应使两锥齿轮的齿宽 b 相等；另为了便于切齿，齿宽 b 不能太大，它与锥距 R 应保持一定比例关系（即齿宽系数 $\psi_R = b/R$），一般取 $\psi_R = 0.25$～0.35，最常用的值为 $\psi_R = 0.3$。

4.2.4　估算轴的最小直径

联轴器和滚动轴承的型号是根据轴端直径（一般为该轴的最小直径）来确定的，而且轴的结构设计也是在最小轴径的基础上进行的。一般来说，轴的最小直径（mm）可按扭转变形的强度公式来进行确定，即

$$d_{\min} = A \sqrt[3]{\frac{P}{n}} \tag{4-1}$$

式中　P——轴传递的功率，kW；

　　　n——轴的转速，r/min；

　　　A——由轴的材料和受载情况确定的系数（见表4-2）。

表4-2　几种常见轴材料的 A 值

轴的材料	Q235、20	45	40Cr、35SiMn
$[\tau]$/MPa	12~20	30~40	40~52
A	160~135	118~107	107~90

选取 A 值时，应考虑轴上弯矩对轴强度的影响，当只受转矩或弯矩相对转矩较小时，A 取小值；当弯矩相对转矩较大时，A 取大值。在多级齿轮减速器中，高速轴的转矩较小，A 取较大值；低速轴的转矩较大，A 应取较小值；中间轴取中间值。对于其他轴材料的 A 值可参阅有关资料来选取。

此外，在确定最小轴径时还要考虑键槽对轴强度的影响。当该轴段表面上有一个键槽时，应将上述计算结果 d 扩大5%；若有两个键槽时，则应将 d 扩大10%，然后再将扩大后的结果圆整为标准值，即作为轴的最小直径。

上述计算出的最小轴径，一般作为输入轴、输出轴外伸端的直径；对中间轴，最小直径可作为轴承处的轴径；若作为装齿轮处的最小轴径，则 A 应取大值。

若减速器高速轴外伸端用联轴器与电动机相联，则外伸轴径应考虑电动机轴及联轴器毂孔的直径尺寸，外伸轴直径和电动机轴直径应相差不大，它们的直径应在所选联轴器毂孔最大、最小直径的允许范围内。若超出该范围，则应重选联轴器或改变轴径。此时推荐减速器高速轴外伸段轴径，用电动机轴直径 D 估算，$d = (0.8 \sim 1.2)D$。

4.2.5　选择联轴器

联轴器的主要功能是联接两轴并起到传递运动和转矩的作用，除此之外还具有补偿两轴因制造和安装误差而造成的轴线偏移的功能，以及具有缓冲、吸振、安全保护等功能。在选择联轴器时，首先应确定其类型，其次确定其型号。

联轴器的类型应根据其工作条件和要求来选择。对于中、小型减速器的输入轴和输出轴均可采用弹性柱销联轴器，其加工制造容易、装拆方便、成本低，并能缓冲减振。当两轴对中精度良好时，可采用凸缘联轴器，它具有传递扭矩大，刚性好等优点。例如，在选用电动机轴与减速器高速轴之间联接用的联轴器时，由于轴的转速较高，为减小其动载荷，缓和冲击，应选用具有较小转动惯量和具有弹性的联轴器，如弹性套柱销联轴器等。在选用减速器输出轴与工作机之间联接用的联轴器时，由于轴的转速较低，传递转矩较大，又因减速器与工作机常不在同一机座上，要求有较大的轴线偏移补偿，因此常选用承载能力较高的刚性可移式联轴器，如鼓形齿式联轴器等。若工作机有振动冲击，为了缓和冲击，以免振动影响减速器内传动件的正常工作，则可选用弹性联轴器，如弹性柱销联轴器等。

联轴器的型号按计算转矩、轴的转速和轴径来选择，要求所选联轴器的许用转矩大于计算转矩，还应注意联轴器毂孔直径范围是否与所联接两轴的直径大小相适应。若不适应，则应重选联轴器的型号或改变轴的最小直径。

4.2.6　初选滚动轴承

滚动轴承的类型应根据其所受载荷的大小、性质、方向，轴的转速及其工作要求等来进行选择。若只承受径向载荷或主要是径向载荷而轴向载荷较小，且轴的转速较高，则选择深沟球轴承。若轴承承受径向力和较大的轴向力或需要调整传动件（如锥齿轮、蜗杆蜗轮等）的轴向位置，则应选择角接触球轴承或圆锥滚子轴承。由于圆锥滚子轴承装拆调整方便，价格较低，故应用最多。

滚动轴承的型号是根据轴的最小直径，考虑轴上零件的轴向定位和固定，估算出装轴承处的轴径，再假设选用轻系列或中系列轴承等，这样就可初步定出滚动轴承型号。至于选择得是否合适，则有待于在减速器装配底图设计中进行轴承寿命验算后再行确定。

减速器的结构、润滑和密封

减速器是位于原动机和工作机之间的机械传动装置。由于其传递运动准确可靠，结构紧凑，效率高，寿命长，且使用维修方便，在工程上得到了广泛的应用。目前，常用的减速器已经标准化和系列化，使用者可根据具体的工作条件进行选择。课程设计中的减速器设计通常是根据给定的条件，参考标准系列产品的有关资料进行非标准化设计。

5.1 减速器的结构

减速器一般是由传动零件（如齿轮或蜗杆、蜗轮等）、轴系部件（如轴、轴承等）、箱体、附件以及润滑密封装置等组成。图 5-1 中标出组成减速器的主要零部件名称、相互关系及箱体部分尺寸。

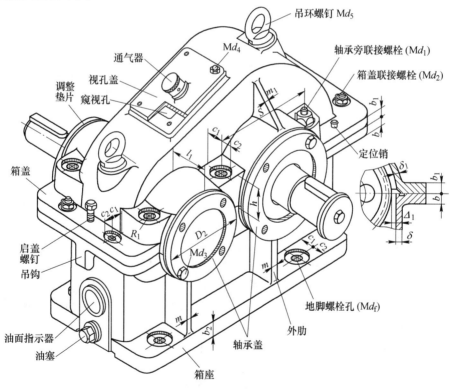

图 5-1 单级圆柱齿轮减速器

5.1.1 箱体

箱体是减速器中所有零件的基座，其作用在于支持旋转轴和轴上零件，并为轴上传动零件提供一封闭的工作空间，使其处于良好的工作状况；同时防止外界灰尘、异物侵入以及箱体内润滑油逸出。箱体兼作油箱使用，以保证传动零件啮合过程的良好润滑。

箱体是减速器中结构和受力最复杂的零件之一，为了保证具有足够的强度和刚度，箱体应有一定的壁厚，并在轴承座孔上、下处设置加强肋，如图 5-1 所示。在工程上，加强肋可分为外肋（设置在箱体外表面上的加强肋）和内肋（设置在箱体内表面上的加强肋），由于外肋的铸造工艺性较好，故应用较广泛；内肋刚度大，不影响外形的美观，但它阻碍润滑油的流动而增加功率损耗，且铸造工艺也比较复杂，所以应用较少。

为了便于轴系部件的安装和拆卸，箱体大多做成剖分式，由箱座和箱盖组成，取轴的中心线所在的水平面为剖分面。箱座和箱盖采用普通螺栓联接，用圆锥销定位。在大型的立式圆柱齿轮减速器中，为了便于制造和安装，也有采用两个剖分面的。对于小型的蜗杆减速器，可用整体式箱体。整体式箱体的结构紧凑，易于保证轴承与座孔的配合要求，但装拆和调整不如剖分式箱体方便。

箱体的材料、毛坯种类与减速器的应用场合及生产数量有关。铸造箱体通常采用灰铸铁铸造。当承受振动和冲击载荷时，可用铸钢或高强度铸铁铸造。铸造箱体的刚性较好，外形美观，易于切削加工，能吸收振动和消除噪声，但重量较重，适合于成批生产。对于单件或小批生产的箱体，可采用钢板焊接而成。

5.1.2 减速器的附件

为了保证减速器正常工作和具备完善的性能，如检查传动件的啮合情况、注油、排油、通气和便于安装、吊运等，减速器箱体上常设置某些必要的装置和零件，这些装置和零件及箱体上相应的局部结构统称为附件，参见图 5-1。现将各种附件的作用分述如下：

（1）窥视孔和视孔盖。窥视孔用于检查传动件的啮合情况和润滑情况等，并可由该孔向箱内注入润滑油，平时由窥视孔盖用螺钉封住。为防止污物进入箱内及润滑油渗漏，盖板底部垫有纸质封油垫片，其具体结构和尺寸参见第 19 章。

（2）通气器。减速器工作时，其内部的温度和气压都很高，通气器能使热膨胀气体及时排出，保证箱体内、外气压平衡，以免润滑油沿箱体接合面、轴伸处及其他缝隙渗漏出来，其结构形式和尺寸参见第 19 章。

（3）轴承盖。轴承端盖用于固定轴承外圈及调整轴承间隙，承受轴向力。轴承盖有凸缘式和嵌入式两种，其结构形式和尺寸参见第 19 章。凸缘式端盖调整轴承间隙比较方便，密封性能好，用螺钉固定在箱体上，用得较多。嵌入式端盖结构简单，不需用螺钉，依靠凸起部分嵌入轴承座相应的槽中，但调整轴承间隙比较麻烦，需打开箱盖。根据轴是否穿过端盖，轴承盖又分为透盖和闷盖两种。透盖中央有孔，轴的外伸端穿过此孔伸出箱体，穿过处需有密封装置。闷盖中央无孔，用在轴的非外伸端。

（4）定位销。为了保证箱体轴承座孔的镗削和装配精度，并保证减速器每次装拆后轴承座的上下半孔始终保持加工时的位置精度，箱盖与箱座需用两个圆锥销定位。定位销孔是在减速器箱盖与箱座用螺栓联接紧固后，镗削轴承座孔之前加工的。其尺寸的确定参见表 6-1。

（5）油面指示装置。为了指示减速器内油面的高度是否符合要求，以便保持箱内正常的油量，在减速器箱体上设置油面指示装置，其结构形式和尺寸参见第 19 章。

（6）放油螺塞。为了更换减速器箱体内的污油，应在箱体底部油池的最低处设置排油孔。平时，排油孔用油塞堵住，并使用封油圈以加强密封，其结构形式和尺寸参见第 19 章。另为了便于加工内螺纹，应在靠近放油孔机体上局部铸造一小坑，使钻孔攻丝时，钻头丝锥不致一侧受力。

（7）启盖螺钉。减速器在安装时，为了加强密封效果，防止润滑油从箱体剖分面处渗漏，通常在剖分面上涂以水玻璃或密封胶，因而在拆卸时往往因黏结较紧而不易分开。为了便于开启箱盖，设置启盖螺钉，只要拧动此螺钉，就可顶起箱盖。启盖螺钉的直径与箱座、箱盖联接螺栓直径相同，参见表 6-1，其长度大于箱盖凸缘的厚度。

（8）起吊装置。起吊装置有吊环螺钉、吊耳、吊钩等，供搬运减速器之用。吊环螺钉（或吊耳）设在箱盖上，通常用于吊运箱盖，也用于吊运轻型减速器；吊钩铸在箱座两端的凸缘下面，主要用于吊运整台减速器，其结构形式和尺寸参见第 19 章。

5.2 减速器的润滑

为了降低摩擦，减少磨损和发热，提高机械效率，减速器的传动零件（齿轮、蜗杆等）和轴承等必须进行润滑，下面分别进行介绍。

5.2.1 齿轮和蜗杆传动的润滑

齿轮传动或蜗杆传动时，相啮合的齿面间存在相对滑动，因此不可避免地会产生摩擦和磨损，增加动力消耗，降低传动效率，特别是高速、重载齿轮传动，就更需要考虑齿轮的润滑。一般来说，齿轮传动的润滑问题主要包括润滑剂和润滑方式的选择。

5.2.1.1 润滑剂的选择

工程上，齿轮传动中最常用的润滑剂有润滑油和润滑脂两种。润滑脂主要用于不易加油或低速、开式齿轮传动的场合；一般情况均采用润滑油进行润滑。齿轮传动、蜗杆传动所用润滑油的黏度是根据传动的工作条件、圆周速度或滑动速度、温度等分别按表 20-1、表 20-2 来选择，根据所需的黏度按表 20-3 选择润滑油的牌号，详见第 20 章。

5.2.1.2 润滑方式

A 油池润滑

在减速器中，齿轮的润滑方式是根据齿轮的圆周速度 v 而定。齿轮的圆周速度 $v(\text{m/s})$ 计算式为

$$v = \frac{\pi d_1 n_1}{60 \times 1000} = \frac{\pi d_2 n_2}{60 \times 1000}$$

式中 d_1，d_2——分别为小、大齿轮的分度圆直径，mm；

n_1，n_2——分别为小、大齿轮的转速，r/min。

当 $v \leqslant 12\text{m/s}$ 时，多采用油池润滑，即齿轮浸入油池一定深度，齿轮运转时就把油带到啮合区，同时也甩到箱壁上，借以散热。

为了避免齿轮搅油的功率损失过大，大齿轮浸油深度 h 视圆周速度 v 而定，圆周速度越大，h 越小，但 h 不应小于 10mm（见图 5-2）。通常，对于单级圆柱齿轮传动，其大齿

轮浸油深度 h 以 1 个齿高为宜。对于多级齿轮传动，低速级大齿轮的圆周速度较低时（$v \leqslant 0.5 \sim 0.8 \text{m/s}$），浸油深度可适当增大。另在多级齿轮传动中，可借助溅油轮（或称为带油轮）将油带到未浸入油池内的齿轮齿面上（见图 5-3）。

一般应使油池中油的深度 $H > 30 \sim 50 \text{mm}$，以防止齿轮搅油时将油池底部的杂质搅起，加剧齿轮的磨粒磨损。充足的油量还可以加强散热，对单级圆柱齿轮传动，每传递 1kW 功率，需油量 $0.35 \sim 0.7 \text{L}$；对于多级齿轮传动，需油量按级数成倍地增加。

采用单级锥齿轮传动时，宜使大锥齿轮整个齿宽浸入油池中（见图 5-4），或至少应浸入 0.7 倍的齿宽。

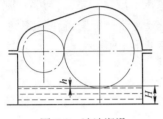 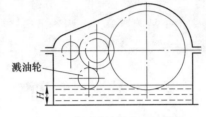 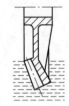

图 5-2　油池润滑　　　　图 5-3　采用溅油轮的油池润滑　　　　图 5-4　锥齿轮油池润滑

采用上置式蜗杆减速器时，将蜗轮浸入油池中，其浸油深度与圆柱齿轮相同，如图 5-5（a）所示。采用下置式蜗杆减速器时，将蜗杆浸入油池中，其浸油深度约为 $0.75 \sim 1$ 个齿高，但油面不应超过滚动轴承最下面滚动体的中心线，如图 5-5（b）所示，否则轴承搅油发热大。当油面达到轴承最低的滚动体中心而蜗杆尚未浸入油中，或浸入深度不够时，或因蜗杆速度较高，为避免蜗杆直接浸入油中后增加搅油损失，一般常在蜗杆轴上安装带肋的溅油环，利用溅油环将油溅到蜗杆和蜗轮上进行润滑（见图 5-6）。

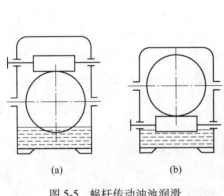 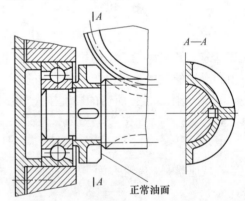

图 5-5　蜗杆传动油池润滑　　　　图 5-6　采用溅油环的油池润滑

B　喷油润滑

当齿轮圆周速度 $v > 12 \text{m/s}$，或上置式蜗杆圆周速度 $v > 10 \text{m/s}$ 时，就要采用喷油润滑。这是因为圆周速度过高，一方面齿轮上的油大多被甩出去，而达不到啮合区；另一方面圆周速度高，搅油激烈，使油温升高，降低润滑油的性能，还会搅起箱底的杂质，加速齿轮的磨损。当采用喷油润滑时，用油泵将润滑油直接喷到啮合区进行润滑（见图 5-7 和图 5-8），同时也起着散热作用。

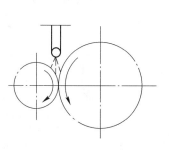

图 5-7 齿轮喷油润滑

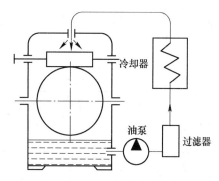

图 5-8 蜗杆喷油润滑

5.2.2 滚动轴承的润滑

5.2.2.1 润滑剂的选择

在滚动轴承中，常采用的润滑剂有润滑油和润滑脂两种形式。在大多数情况下，当滚动轴承的速度因子 $d \cdot n \leqslant 1.6 \times 10^5 \mathrm{mm} \cdot \mathrm{r/min}$ 时，一般采用润滑脂润滑，润滑脂的牌号，可根据滚动轴承的工作条件及参照表 20-4 进行选择。同理，当滚动轴承的速度因子 $d \cdot n > 1.6 \times 10^5 \mathrm{mm} \cdot \mathrm{r/min}$ 时，可直接用减速器油池内的润滑油进行润滑。

5.2.2.2 润滑方式

A 润滑油润滑

（1）飞溅润滑。在减速器中，当浸油齿轮的圆周速度 $v > 2 \sim 3 \mathrm{m/s}$ 时，即可采用飞溅润滑。飞溅的油，一部分直接溅入轴承，另一部分先溅到箱壁上，然后再顺着箱盖的内壁流入箱座的油沟中，沿油沟经轴承端盖上的缺口进入轴承（见图 5-9）。输油沟的结构及其尺寸见图 5-10。当 v 更高时，可不设置油沟，直接靠飞溅的油润滑轴承。上置式蜗杆减速器因蜗杆在上，油飞溅比较困难，因此，若采用飞溅润滑，则需设计特殊的导油沟（见图 22-6），使箱壁上的油通过导油沟进入轴承，起到润滑的作用。

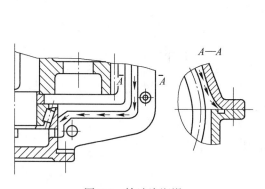

图 5-9 输油沟润滑

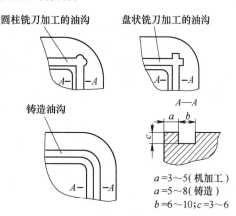

圆柱铣刀加工的油沟   盘状铣刀加工的油沟

铸造油沟

$a = 3 \sim 5$（机加工）
$a = 5 \sim 8$（铸造）
$b = 6 \sim 10$；$c = 3 \sim 6$

图 5-10 输油沟结构

（2）刮板润滑。下置式蜗杆的圆周速度即使大于 2m/s，但由于蜗杆位置太低，且与蜗轮轴在空间成垂直方向布置，飞溅的油难以进入蜗轮的轴承室，此时轴承可采用刮油润滑。如图 5-11（a）所示，当蜗轮转动时，利用装在箱体内的刮油板，将轮缘侧面上的油刮下，油沿输油沟流向轴承。如图 5-11（b）所示的是将刮下的油直接送入轴承的方式。

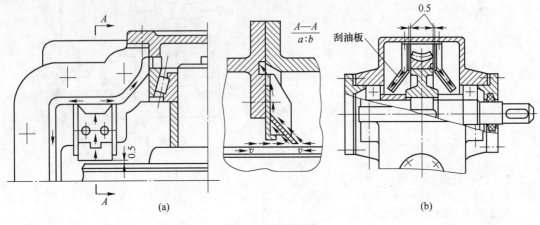

图 5-11　刮油润滑

（3）油池润滑。下置式蜗杆的轴承常浸在油池中润滑，此时油面不应高于轴承最下面滚动体的中心，以免搅油损失太大。

B　润滑脂润滑

齿轮圆周速度 $v<2\mathrm{m/s}$ 的齿轮减速器的轴承、下置式蜗杆减速器的蜗轮轴轴承、上置式蜗杆减速器的蜗杆轴轴承常采用润滑脂润滑。采用润滑脂润滑时，通常在装配时将润滑脂填入轴承室，每工作 3~6 个月需补充一次新油，每过一年，需拆开清洗换用新油。为了防止箱内油进入轴承，使润滑脂稀释流出或变质，在轴承内侧用挡油盘封油（见图 5-12）。填入轴承室内的润滑脂用量一般为：对于低速（300r/min 以下）及中速（300~1500r/min）轴承，不超过轴承室空间的 2/3；对于高速（1500~3000r/min）轴承，则不超过轴承室空间的 1/3。

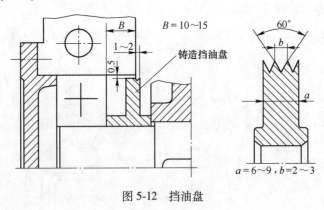

图 5-12　挡油盘

5.3　减速器的密封

为了阻止润滑剂流失和防止外界灰尘、水分及其他杂物渗入，减速器中应该设置密封装置。在减速器中，需要密封的部位除了轴承部件之外，一般还有箱体接合面和窥视孔或放油孔接合面处等，下面分别介绍密封方法。

5.3.1 轴承的密封

如上所述，在减速器输入轴或输出轴外伸处，为了防止润滑剂向外泄漏及外界灰尘、水分和其他杂质渗入，导致轴承磨损或腐蚀，应该设置密封装置。常用的密封形式很多，密封效果也不相同，同时不同的密封形式还会影响到该轴的长度尺寸。常见的密封形式有毡圈密封（见图 5-13（a））、唇式密封圈密封（见图 5-13（b）~（d））、隙缝密封（见图 5-13（e））、迷宫式密封（见图 5-13（f））和组合式密封（见图 5-13（g））等。密封装置的结构尺寸见第 20 章。

需注意的是：采用唇式密封圈密封时，应注意其唇口的安装方向。当以防漏油为主时，唇口对着箱体内，如图 5-13（b）所示；当以防外界杂质侵入为主时，唇口对着箱体外，如图 5-13（c）所示；当用两个唇式密封圈背靠背安装时，如图 5-13（d）所示，不但可防油泄漏，而且也可防灰尘、水分和其他杂质渗入。

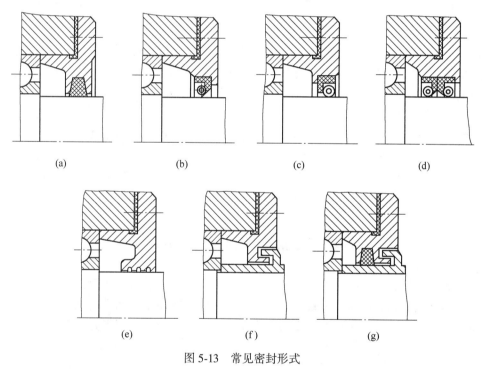

图 5-13 常见密封形式

5.3.2 箱体接合面、窥视孔或放油孔接合面处的密封

箱盖与箱座接合面的密封常用涂密封胶或水玻璃的方法实现。因此，对接合面的几何精度和表面粗糙度都有一定要求，为了提高接合面的密封性，可在接合面上开油沟，使渗入接合面之间的油重新流回箱体内部。窥视孔或放油孔接合面处一般要加封油圈以加强密封效果。

6　减速器装配图底图的设计

6.1　概　　述

　　减速器装配图是表达各种机械零件结构、形状、尺寸及相互关系的图样，也是减速器进行组装、调试、维护和使用的技术依据。由于减速器装配图的设计及绘制过程比较复杂，为此必须先进行装配底图（又称装配草图）的设计，经过修改完善后再绘制装配工作图。装配底图的设计过程即为装配图的初步设计。

　　装配底图的设计内容包括确定减速器总体结构及所有零件间的相互位置；确定所有零件的结构尺寸；校核主要零件的强度、刚度。在装配底图设计过程中绘图和计算常常交叉进行，即采用"边画、边算、边改"的设计方法。装配底图的设计是全部设计过程中最重要的阶段，减速器结构基本在此阶段确定。为了保证设计过程的顺利进行，需注意装配底图绘制的顺序，一般是先绘制主要零件，再绘制次要零件；先确定零件中心线和轮廓线，再设计其结构细节；先绘制箱内零件，再逐步扩展到箱外零件；先绘制俯视图，再兼顾其他视图。

　　初步完成装配底图的设计后，要认真、细致地进行检查，对错误或不合理的设计要做进一步的改进。在校核计算完成并经过指导教师审核后才能绘制减速器装配工作图。装配底图是考核评定课程设计成绩的主要依据之一。只有做好底图设计，才能设计出满足要求、方便实用、结构合理、安全可靠的减速器。

6.2　绘制底图前的准备工作

　　在绘制减速器装配底图之前，应进行减速器拆装实验或观看有关减速器录像，认真读懂一张减速器装配图（单级或双级），以便加深对减速器各零、部件的功能、结构和相互关系的认识，为正确绘制减速器底图做好准备。此外，还应完成以下几项工作。

6.2.1　确定各级传动零件的主要尺寸和参数

　　传动零件（如齿轮或蜗杆、蜗轮等）是减速器的中心零件，轴系部件、箱体结构及其他附件都是围绕着如何固定传动零件、支撑传动零件或保障其正常工作进行的。在绘制减速器装配底图之前，首先要确定传动零件的主要尺寸，如齿轮传动的中心距、分度圆直径、齿顶圆直径、齿轮宽度等。

6.2.2　初步考虑减速器箱体结构、轴承组合结构

　　减速器箱体结构和尺寸对箱内、箱外零件的大小都有着重要的影响。在绘制减速器底

图之前，应对箱体结构形式、主要结构尺寸予以考虑。还应根据载荷的性质、转速及工作要求，对轴承类型、轴承的固定定位方式、轴承间隙调整、轴承的装拆、轴承配合、支承的刚度与同轴度及润滑和密封等问题予以考虑。

一般用途的减速器的箱体采用铸铁制造，对受较大冲击载荷的重型减速器可采用铸钢制造，单件生产的减速器可采用钢板焊接而成。通常齿轮减速器箱体都采用沿齿轮轴线水平剖分式的结构。对蜗杆减速器也可采用整体式箱体的结构，但绝大多数情况下采用剖分式箱体的结构。图 6-1~图 6-3 及图 5-1 所示为常见的铸造箱体结构图，其各部分结构尺寸按表 6-1 确定。

表 6-1　减速器铸造箱体的结构尺寸

名　称	符　号	结构尺寸/mm				
		圆柱齿轮减速器		蜗杆减速器		
箱座壁厚	δ	$(0.025\sim 0.03)a+\Delta \geqslant 8$		$0.04a+3 \geqslant 8$		
箱盖壁厚	δ_1	$(0.8\sim 0.85)\delta \geqslant 8$		蜗杆上置：$(0.8\sim 0.85)\delta \geqslant 8$；蜗杆下置：$\approx \delta$		
箱座、箱盖、箱底座凸缘的厚度	b，b_1，b_2	$b=1.5\delta$，$b_1=1.5\delta_1$，$b_2=2.5\delta$				
箱座、箱盖上的肋板厚	m，m_1	$m\geqslant 0.85\delta$，$m_1\geqslant 0.85\delta_1$				
轴承旁凸台的高度和半径	h，R_1	h 由结构要求确定（见图 6-11），$R_1=c_2$（c_2 见本表）				
轴承盖（即轴承座）的外径	D_2	凸缘式：$D+(5\sim 5.5)d_3$（d_3 见本表，D 为轴承外径）嵌入式：$D+(8\sim 12)$（D 为轴承外径）				

地脚螺钉	直径与数目	d_f n	蜗杆减速器		$d_f=0.036a+12$，$n=4$				
			单级减速器	a（或 R）	~100	~200	~250	~350	~450
				d_f	12	16	20	24	30
				n	4	4	4	6	6
			双级减速器	a_1+a_2 $R+a$		~350	~400	~600	~750
				d_f		16	20	24	30
				n		6	6	6	6

地脚螺钉	通孔直径	d_f			15	20	25	30	40
	沉头座直径	D_0			32	45	48	60	85
	底座凸缘尺寸	c_{1min}			22	25	30	35	50
		c_{2min}			20	23	25	30	50

联接螺栓	轴承旁联接螺栓直径	d_1	$0.75d_f$						
	箱座、箱盖联接螺栓直径	d_2	$(0.5\sim 0.6)d_f$；螺栓的间距：$l=150\sim 200$						
	联接螺栓直径	d	6	8	10	12	14	16	20
	通孔直径	d'	7	9	11	13.5	15.5	17.5	22
	沉头座直径	D	13	18	22	26	30	33	40
	凸缘尺寸	c_{1min}	12	15	18	20	22	24	18
		c_{2min}	10	12	14	16	18	20	24

续表 6-1

名　称	符　号	结构尺寸/mm	
		圆柱齿轮减速器	蜗杆减速器
定位销直径	d	$(0.7\sim0.8)d_2$	
轴承盖螺钉直径	d_3	$(0.4\sim0.5)d_f$（或按表 19-1 选取）	
视孔盖螺钉直径	d_4	$(0.3\sim0.4)d_f$	
吊环螺钉直径	d_5	按减速器重量确定，见表 19-13	
箱体外壁至轴承座端面的距离	l_1	$c_1+c_2+(5\sim8)$	
大齿轮齿顶圆与箱体内壁的距离	Δ_1	$\geqslant1.2\delta$	
齿轮端面与箱体内壁的距离	Δ_2	$\geqslant\delta$（或 $\geqslant10\sim15$）	

注：1. 式中 a 值：对圆柱齿轮传动、蜗杆传动为中心距；对锥齿轮传动为大、小齿轮节圆半径之和；对多级齿轮传动则为低速级中心距。当算出的 δ、δ_1 值小于 8mm 时，应取 8mm。

　　2. Δ 与减速器的级数有关：单级减速器，取 $\Delta=1$；双级减速器，取 $\Delta=3$；三级减速器，取 $\Delta=5$。

　　3. $0.025\sim0.03$：软齿面为 0.025；硬齿面为 0.03。

　　4. 一般情况下，表中联接螺栓直径 d 应取为轴承旁联接螺栓直径 d_1，即 $d=d_1$。

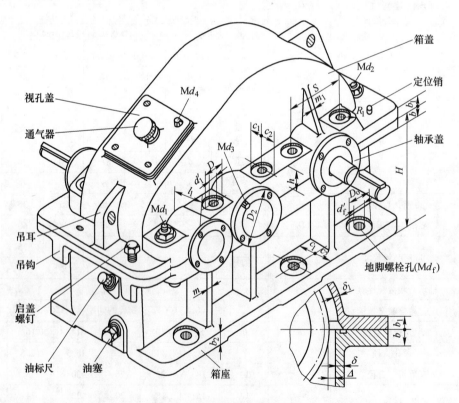

图 6-1　双级圆柱齿轮减速器

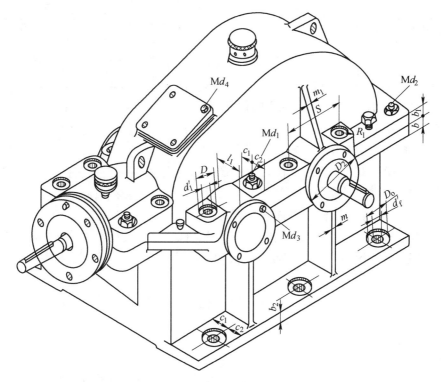

图 6-2 圆锥-圆柱齿轮两级减速器

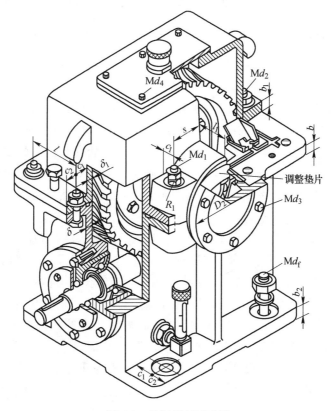

图 6-3 单级蜗杆减速器

6.2.3　考虑减速器装配图的布图

在课程设计中，为了加强绘图真实感，培养学生在工程图样上判断结构尺寸的能力，应优先选用 1:1 的比例尺，其次选用 1:2 的比例尺，用 0 号或 1 号图纸绘制。

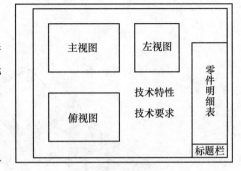

图 6-4　装配图的图面布置

减速器装配图一般多用 3 个视图（必要时另加剖视图或局部视图）来表达。在开始绘图之前，可根据减速器内传动零件的特征尺寸（如齿轮中心距 a），参考类似结构，估计减速器的外廓尺寸，并考虑标题栏、零件明细表、零件序号、标注尺寸及技术条件等所需的空间，做好图面的合理布局。图 6-4 所示的为减速器装配图的图面布置，可供设计时参考。

6.3　减速器装配底图的绘制（第一阶段）

6.3.1　设计内容

本阶段的主要设计内容有：进行轴的结构设计，确定轴承的型号、轴的支点距离和作用在轴上零件的力的作用点，进行轴的强度、键联接的强度和轴承的寿命计算等。

6.3.2　初绘减速器装配底图

初绘减速器装配底图的主要任务是初绘减速器的俯视图和部分主视图。下面以双级圆柱齿轮减速器为例来说明装配底图的绘制步骤：

（1）画出传动零件的中心线。先画主视图的各级轴的轴线，然后画俯视图的各轴线。

（2）画出各齿轮的轮廓线。先在主视图上画出各齿轮的节圆和齿顶圆，然后在俯视图上画出各齿轮的齿顶圆和齿宽。为了保证啮合宽度和降低安装精度的要求，通常小齿轮比大齿轮宽 5~10mm。其他详细结构可暂时不画出（见图 6-5）。双级圆柱齿轮减速器可以从中间轴开始，中间轴上的两齿轮端面间距为 8~15mm。然后，再画高速级或低速级齿轮。

（3）画出箱体的内壁线。先在主视图上，距低速级大齿轮齿顶圆 $\Delta_1 \geqslant 1.2\delta$ 的距离画出箱盖的内壁线，取 δ_1 为壁厚，画出部分外壁线，作为外廓尺寸。然后画俯视图，按小齿轮端面与箱体内壁间的距离 $\Delta_2 \geqslant \delta$ 的要求，画出沿箱体长度方向的两条内壁线。沿箱体宽度方向，只能先画出距低速级大齿轮齿顶圆 $\Delta_1 \geqslant 1.2\delta$ 的一侧内壁线。高速级小齿轮一侧内壁涉及箱体结构，暂不画出，留到画主视图时再画（见图 6-5、图 6-6）。

（4）确定轴承座孔宽度 L，画出轴承座的外端线。轴承座孔宽度 L 一般取决于轴承旁联接螺栓 Md_1 所需的扳手空间尺寸 c_1 和 c_2，（$c_1 + c_2$）即为凸台宽度。轴承座孔外端面需要加工，为了减少加工面，凸台还需向外凸出 5~8mm。因此，轴承座孔总宽度 $L = \delta_1 + c_1 + c_2 + (5~8)$mm（见图 6-5、图 6-6）。

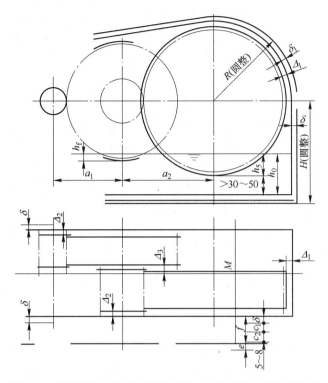

图 6-5　双级圆柱齿轮减速器传动件、轴承座及内壁位置绘制

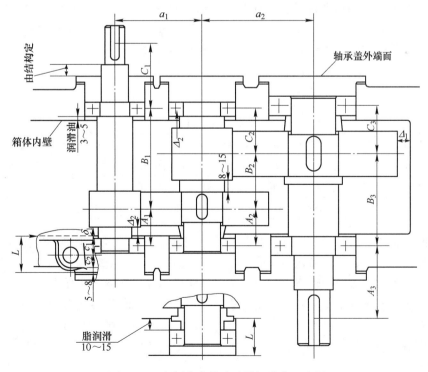

图 6-6　双级圆柱齿轮减速器初绘装配底图

（5）轴的结构设计。轴的结构主要取决于轴上零件、轴承的布置、润滑和密封，同时还要满足轴上零件定位正确、固定牢靠、装拆方便、加工容易等条件。一般情况下，轴常设计成阶梯轴，如图 6-7 所示。

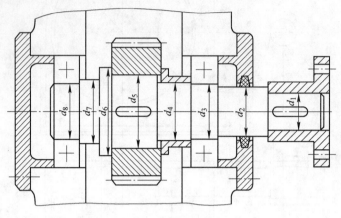

图 6-7　阶梯轴的结构

轴的结构设计，通常按下述步骤来完成：

1）轴的径向尺寸的确定。阶梯轴各段径向尺寸，应满足轴有足够的强度、便于轴上零件定位、固定、安装等要求来确定，首先以式（4-1）初步确定轴的最小直径，并以此为基础，再根据下述要求，依次确定轴的各段径向尺寸。

①安装标准件（如滚动轴承、联轴器等）部位的轴径，应取为相应的标准件内径或轴孔直径。如图 6-7 中所示的直径 d_3、d_8 必须等于滚动轴承的内径。

②与一般回转零件（如齿轮、带轮和凸轮等）相配合的轴段，其直径（如图 6-7 中直径 d_5）应与相配合的零件毂孔直径相一致，且为标准轴径（见表 6-2），且尽可能取整数值。

表 6-2　标准轴径系列（摘自 GB 2822—2005）

10	11.2	12.5	13.2	14	15	16	17	18	19	20	21.2
22.4	23.6	25	26.5	28	30	31.5	33.5	35.5	37.5	40	42.5
45	47.5	50	53	56	60	63	67	71	75	80	85
90	95	100	106	112	118	125	132	140	150	160	170

③非配合轴段的直径（如图 6-7 中直径 d_4）可取非标准轴径，但为了轴上零件装拆方便或加工需要，相邻轴段直径之差应取 1~3mm，且尽可能取为整数。

④起着零件定位作用的轴肩或轴环，为了使零件紧靠定位面（见图 6-8），轴肩和轴环的圆角半径 r 应小于零件毂孔圆角半径 R 或倒角 C_1，轴肩和轴环高度 h 应比 R 或 C_1 稍大，通常可取 $h=(0.07~0.1)d$（d 为与零件相配处的轴径），$r=(0.67~0.75)h$；滚动轴承所用轴肩的高度应根据第 15 章轴承安装直径尺寸来确定。轴环的宽度一般可取为 $b=1.4h$ 或 $(0.1~0.15)d$。

零件毂孔圆角半径和倒角的尺寸见表 6-3。

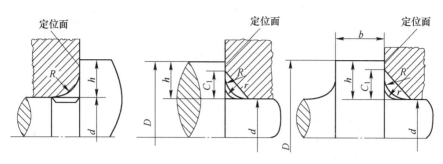

图 6-8　轴肩和轴环的定位

表 6-3　零件毂孔圆角半径 R 和倒角 C_1 的尺寸　　　　（mm）

轴直径 d	>10~18	>18~30	>30~50	>50~80	>80~120	>120~180
R 及 C	0.8	1.0	1.6	2.0	2.5	3.0
C_1	1.2	1.6	2.0	2.5	3.0	4.0

另外，需要磨削加工或车制螺纹的轴段，应设计相应的砂轮越程槽或螺纹退刀槽。

2）轴的轴向尺寸的确定。在确定各轴段的轴向尺寸时，应考虑轴上零件的宽度、轴上零件的定位、轴上零件的安装和拆卸、轴承的型号和润滑方式以及其他结构需要等，总之，整个轴的轴向尺寸越小，轴的强度和刚度越高，轴的设计越合理。下面分述如下：

①与滚动轴承相配合的轴段，其长度（如图 6-7 中直径 d_8 处）应等于滚动轴承的宽度。

②当用套筒或挡油盘等零件来固定轴上零件时，轴端面与套筒端面或轮毂端面之间应留有 2~3mm 的间隙，即轴段长度小于轮毂宽度 2~3mm（如图 6-7 中直径 d_5 右端处），以防止加工误差使零件在轴向固定不牢靠。当轴的外伸段上安装联轴器、带轮、链轮时，为了使其在轴向固定牢靠，也需作同样处理（如图 6-7 中直径 d_1 右端处）。

③轴段在轴承座孔内的结构和长度与轴承的润滑方式有关。轴承用脂润滑时，为了便于安装挡油盘，轴承的端面距箱体内壁的距离 B 为 10~15mm（见图 5-12）；轴承用油润滑时，轴承的端面距箱体内壁的距离 B 为 3~5mm（见图 6-6）。

④轴上的平键长度应短于该轴段长度 5~10mm，键长要圆整为标准值。键端距零件装入侧轴端距离一般为 2~5mm，以便安装轴上零件时使其键槽容易对准键。

⑤轴的外伸长度与轴上零件和轴承盖的结构有关。如图 6-9 所示，轴上零件端面距轴承盖的距离为 A。如轴端安装弹性套柱销联轴器，A 必须满足弹性套柱销的装拆条件，如图 6-9（a）所示。如采用凸缘式轴承盖，则 A 至少要大于或等于轴承盖联接螺钉的长度，如图 6-9（b）所示。当外接零件的轮毂不影响螺钉的拆卸，如图 6-9（c）所示或采用嵌入式端盖时，箱体外旋转零件至轴承盖外端面或轴承盖螺钉头顶面距离 l_4 一般不小于 10~15mm。

（6）画出轴、滚动轴承和轴承盖的外廓。按照以上 6 个步骤就可以初步绘出减速器装配底图（见图 6-6）。

6.3.3　轴、滚动轴承及键联接的校核计算

（1）确定轴上零件力的作用点及轴的跨距。在轴的结构设计完成后，由轴上传动零件

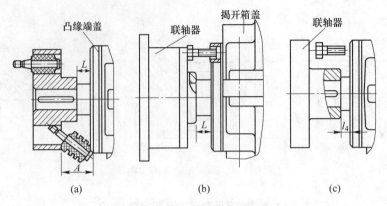

图 6-9　外伸轴段零件的安装结构

和轴承的位置可以确定该传动零件所受力的作用点和轴的支承点之间的距离（即跨距）。轴上传动零件所受力的作用点一般可近似地取在传动零件的宽度中点处。支承点位置是由轴承类型确定的，向心轴承的支承点可取在轴承宽度的中点，角接触轴承的支承点可查轴承标准确定（见第 15 章）。确定出轴上传动零件所受力的作用点及轴的跨距后，便可以进行轴、轴承和键联接的强度校核计算。

（2）轴的强度校核计算。根据装配底图确定出的轴的结构，轴承支点及轴上传动零件所受力的作用点位置，可画出轴的受力图，进行轴的受力分析并绘制弯矩图、扭矩图和当量弯矩图，然后判定轴的危险截面，进行轴的强度校核计算。

减速器各轴是转轴，一般按弯扭组合变形强度条件进行计算；对于载荷较大、轴径小、应力集中严重的截面（如轴上有键槽、螺纹、过盈配合及尺寸变化处），再按疲劳强度对危险截面进行安全系数校核计算。

如果校核结果不满足强度要求，应对轴的一些参数和轴径、圆角半径等作适当修改，如果轴的强度余量较大，也不必立即改变轴的结构参数，待轴承和键的校核计算完成后，综合考虑整体结构，再决定是否修改及如何修改。

对于蜗杆减速器中的蜗杆轴，一般应对其进行刚度计算，以保证其啮合精度。

（3）轴承寿命校核计算。轴承的预期寿命按减速器寿命或减速器的检修期（通常为 2~3 年）来确定，一般取减速器检修期作为滚动轴承的预期工作寿命。如校核计算不符合要求，一般不要轻易改变轴承的内径尺寸，可通过改变轴承类型或尺寸系列，变动轴承的基本额定动载荷，使之满足要求。

（4）键联接的强度校核计算。键联接的强度校核计算主要是验算其抗挤压强度是否满足要求。许用挤压应力应按键、轴、轮毂三者中材料最弱的选取，一般是轮毂材料最弱。经校核计算如发现强度不够，但相差不大时，可通过加大轮毂宽度，并适当增加键长来解决；否则，应采用双键、花键或增大轴径以增加键的剖面尺寸等措施来满足强度要求。

6.4　减速器装配底图的绘制（第二阶段）

6.4.1　设计内容

减速器装配底图绘制第二阶段的主要任务是在第一阶段的设计基础上进行轴系零件、

润滑密封装置、箱体及附件等的结构设计。

6.4.2 轴系零件的结构设计

轴系零件结构设计的步骤如下：

（1）画出箱体内齿轮的结构，其具体结构尺寸见第 21 章。

（2）画出滚动轴承的结构，其简化画法见表 11-4。

（3）画出套筒或轴端挡圈的结构。

（4）画出挡油盘。当滚动轴承采用脂润滑时，轴承靠箱体内壁一侧应装挡油盘（见图 5-12）。当滚动轴承采用油润滑时，若轴上小斜齿轮直径小于轴承座孔直径，为防止齿轮啮合过程中挤出的润滑油大量冲入轴承，轴承靠箱体内壁一侧也应装挡油盘。挡油盘有两种形式，一种是用 1～2mm 钢板冲压而成，另一种是铸造而成的，如图 6-10 所示。

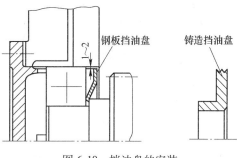

图 6-10   挡油盘的安装

（5）画出轴承盖。首先根据工作情况和要求选用凸缘式或嵌入式轴承盖，然后根据轴承外径和表 19-1、表 19-2，确定轴承盖的结构尺寸，再画出轴承透盖或闷盖。

（6）画出密封件。根据密封处的轴表面的圆周速度、润滑剂种类、密封要求、工作温度、环境条件等来选择密封件（见第 20 章）。

6.4.3 减速器箱体的结构设计

（1）箱体的壁厚及其结构尺寸的确定。铸造箱体壁厚与各部分的结构尺寸可参考图 6-1、图 6-2 和图 6-3，由表 6-1 确定。

（2）轴承旁联接螺栓凸台结构尺寸的确定（见图 6-11）。1）确定轴承旁联接螺栓的位置。为了增大剖分式箱体轴承座的刚度，轴承旁联接螺栓距离 S 应尽量小，但是不能与轴承盖联接螺钉相干涉，一般取 $S = D_2$，D_2 为轴承盖外径。用嵌入式轴承盖时，D_2 为轴承座凸缘的外径。两轴承座孔之间，装不下两个螺栓时，可在两个轴承座孔间距的中间装一个螺栓。2）确定凸台高度 h。在最大的轴承座孔的那个轴承旁联接螺栓的中心线确定后，根据轴承旁联接螺栓直径 d_1 确定所需的扳手空间 c_1 和 c_2 值，用作图法确定凸台高度 h。用这种方法确定的 h 值不一定为整数，可向大的方向圆整为 R20 的标准数列值（见表 11-9）。其他较小轴承座孔凸台高度，为了制造方便，均设计成等高度。另为了铸造拔模的需要，凸台侧面的斜度一般取 1∶20。

（3）确定箱盖顶部外表面轮廓。对于铸造箱体，箱盖顶部一般为圆弧形。大齿轮一侧，可以轴心为圆心，以 $R = d_{a2}/2 + \Delta_1 + \delta_1$ 为半径画出圆弧作为箱盖顶部的部分轮廓。在一般情况下，大齿轮轴承座孔凸台均在此圆弧以内。而在小齿轮一侧，用上述方法取的半径画出的圆弧，往往会使小齿轮轴承座孔凸台超出圆弧，一般最好使小齿轮轴承座孔凸台在圆弧以内，这时圆弧半径 R 应大于 R'（R' 为小齿轮轴心到凸台处的距离）。用 R 为半径画出小齿轮处箱盖的部分轮廓（圆心可以不在轴心上）。画出小齿轮、大齿轮处的箱盖顶部圆弧后，然后作两圆弧切线，这样，箱盖顶部轮廓就完全确定了，见图 6-12。

另外，在初绘装配底图时，在长度方向小齿轮一侧的内壁线还未确定，这时可根据主视图上的内圆弧投影，画出小齿轮侧的内壁线。

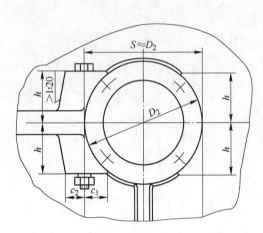

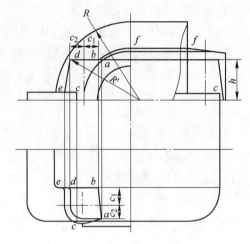

图 6-11　轴承旁联接螺栓及凸台的设计　　　　图 6-12　小齿轮一侧箱盖圆弧的确定

（4）确定箱座高度 H 和油面。箱座高度 H 通常先按结构需要来确定，然后再验算是否能容纳按功率所需要的油量。如果不能，再适当加高箱座的高度。

减速器工作时，一般要求齿轮不得搅起油池底的沉积物。这样，应保证大齿轮齿顶圆到油池底面的距离大于 $30 \sim 50$mm，即箱体的高度 $H \geqslant d_{a2}/2 + (30 \sim 50) \, \text{mm} + \delta + (3 \sim 5) \, \text{mm}$，并将其值圆整为整数，见图 6-13。

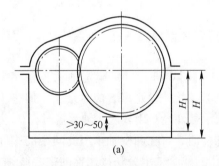

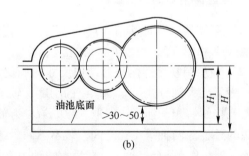

图 6-13　箱座高度的确定

对于圆柱齿轮传动，圆柱齿轮浸入油中至少应有一个齿高，且不得小于 10mm，这样就能确定最低油面。考虑到油的损耗，还应给出一个最高油面，一般中小型减速器至少要高出最低油面 $5 \sim 10$mm。

油面确定后，便可算出减速器的贮油量 V，这个 V 应满足 $V \geqslant [V]$。如 $V < [V]$，则应加高箱座高度 H。$[V]$ 可以这样确定：对于单级减速器，每传递 1kW 功率，需油量为 $(0.35 \sim 0.7)L$（油的黏度低时取小值，油的黏度高时取大值）；对于多级减速器，按级数成比例增加。

（5）输油沟的结构确定。当轴承利用齿轮飞溅起来的润滑油润滑时，应在箱座联接凸缘上开输油沟。输油沟的结构见图 5-10。开输油沟时还应注意，不要与联接螺栓孔相干涉。

（6）箱盖、箱座凸缘及联接螺栓的布置。为了防止润滑油外漏，凸缘应有足够的宽度。另外，还应考虑安装联接螺栓时，要保证有足够的扳手活动空间。

布置凸缘联接螺栓时，应尽量均匀对称。为了保证箱盖与箱座接合的紧密性，螺栓间距不要过大，对中小型减速器不得大于 150~200mm。布置螺栓时，与别的零件间也要留有足够的扳手活动空间。

（7）箱体结构设计还应考虑以下几个问题：

1）足够的刚度。箱体除有足够的强度外，还需有足够的刚度，后者比前者更为重要。若刚度不够，会使轴和轴承在外力作用下产生偏斜，引起传动零件啮合精度下降，使减速器不能正常工作。因此，在设计箱体时，除有足够的壁厚外，还需在轴承座孔凸台上下，做出刚性加强肋，如图 6-14 所示。

2）良好的箱体结构工艺性。结构工艺性主要包括铸造工艺性和机械加工工艺性等。

①箱体的铸造工艺性。设计铸造箱体时，力求外形简单、壁厚均匀、过渡平缓。在采用砂模铸造时，箱体铸造圆角半径一般可取 $R \geqslant 5mm$。为使液态金属流动畅通，壁厚应大于最小铸造壁厚（最小铸造壁厚见表 11-17）。还应注意铸件应有 1：10~1：20 的拔模斜度。

②箱体的机械加工工艺性。为了提高劳动生产率和经济效益，应尽量减少机械加工面。箱体上任何一处加工表面与非加工表面要分开，使它们不在同一平面上。采用凸出还是凹入结构应视加工方法而定，如图 6-15 所示。轴承座孔端面、窥视孔、通气器、吊环螺钉、油塞等处均应凸起 3~8mm。支承螺栓头部或螺母的支承面，一般多采用凹入结构，即沉头座。沉头座锪平时，深度不限，锪平为止，在图上可画出 2~3mm 深，以表示锪平深度。箱座底面也应铸出凹入部分，以减少加工面，如图 6-16 所示。

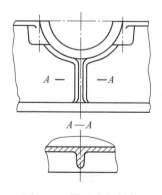

图 6-14　轴承座与箱体

图 6-15　加工面与非加工面

为保证加工精度，缩短工时，应尽量减少加工时工件和刀具的调整次数。因此，同一轴线上的轴承座孔的直径、精度和表面粗糙度应尽量一致，以便一次镗成。各轴承座的外端面应在同一平面上，而且箱体两侧轴承座孔端面应与箱体中心平面对称，便于加工和检验，如图 6-17 所示。

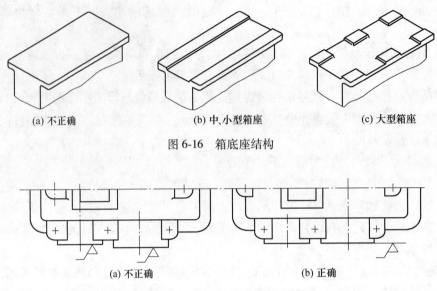

| (a) 不正确 | (b) 中、小型箱座 | (c) 大型箱座 |

图 6-16   箱底座结构

| (a) 不正确 | (b) 正确 |

图 6-17   箱体轴承座端面结构

6.4.4   减速器附件设计

减速器附件设计包括以下内容:

（1）窥视孔和窥视孔盖。窥视孔的位置应开在齿轮啮合区的上方，便于观察齿轮啮合情况，并有适当的大小，以便手能伸入进行检查。窥视孔平时用盖板盖住，盖板可用铸铁、钢板或有机玻璃制成，盖板与箱盖之间应加密封垫片，用螺钉联接。窥视孔及其盖板的结构尺寸见表 19-4。

（2）通气器。通气器通常装在箱顶或窥视孔盖板上。它有通气螺塞和网式通气器两种。清洁的环境用通气螺塞，灰尘较多的环境用网式通气器。通气器的结构和尺寸见表 19-9~表 19-11。

（3）起吊装置。包括吊耳或吊环螺钉和吊钩。吊环螺钉或吊耳设在箱盖上。吊耳和吊钩的结构尺寸见表 19-12。吊环螺钉是标准件，按起吊重量由表 19-13 选取其公称直径。

（4）油面指示器。油面指示器的种类很多，有杆式油标（油标尺）、圆形油标、长形油标和管状油标。在难以观察到的地方，应采用杆式油标。杆式油标结构简单，在减速器中经常应用。油标上刻有最高和最低油面的标线。带油标隔套的油标，可以减轻油搅动的影响，故常用于长期运转的减速器，以便在运转时，测量油面高度；间断工作的减速器，可用不带油标隔套的油标。设置油标凸台的位置要注意，不要太低，以防油溢出，油标尺中心线一般与水平面成 45° 或大于 45°，而且注意加工油标凸台和安装油标时，不要与箱体凸缘或吊钩相干涉。减速器离地面较高，容易观察时或箱座较低无法安装杆式油标时，可采用圆形油标、长形油标等。各种油面指示器的结构尺寸见表 19-5~表 19-8。

（5）放油孔和螺塞。放油孔应设置在箱座内底面最低处，能将污油放尽。箱座内底面常做成 1°~1.5° 倾斜面，在油孔附近应做成凹坑，以便污油的汇集而排尽。螺塞有六角头圆柱细牙螺纹和圆锥螺纹两种。圆柱螺纹油塞，自身不能防止漏油，应在六角头与放油孔接触处加油封垫片。而圆锥螺纹能直接密封，故不需油封垫片。螺塞直径可按减速器箱座壁厚 2~2.5 倍选取。螺塞及油封垫片的尺寸见表 19-14 和表 19-15。

（6）启盖螺钉。启盖螺钉安装在箱盖凸缘上，数量为 1~2 个，其直径与箱体凸缘联接螺栓直径相同，长度应大于箱盖凸缘厚度。螺钉端部应制成圆柱端，以免损坏螺纹和剖分面。

（7）定位销。两个定位销应设在箱体联接凸缘上，相距尽量远些，而且距对称线距离不等，以使箱座、箱盖能正确定位。此外，还要考虑到定位销装拆时不与其他零件相干涉。定位销通常用圆锥定位销，其长度应稍大于上下箱体联接凸缘总厚度，使两头露出，以便装拆。定位销为标准件，其直径可取凸缘联接螺栓直径的 0.7~0.8 倍，见表 6-1。定位销的结构尺寸见表 14-11。

图 6-18 为减速器装配底图设计第二阶段完成后的内容。

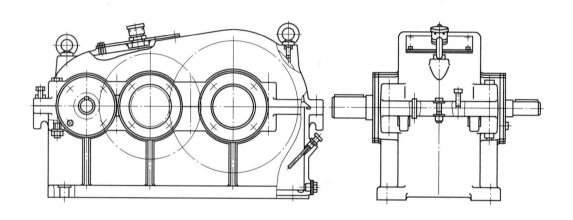

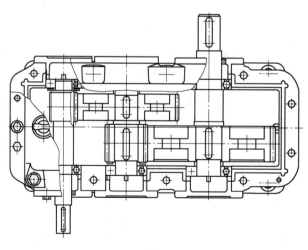

图 6-18　双级圆柱齿轮减速器第二阶段装配底图

6.5　减速器装配底图的检查

完成减速器装配底图后，应认真地进行检查和核对，然后才能绘制正式减速器装配工作图。检查时，一般先从箱内零件开始，然后扩展到箱外附件。在检查中，应把 3 个视图对照起来，以便发现问题。检查的主要内容包括结构、工艺和制图等几个方面。

6.5.1　结构、工艺方面

装配底图的布置与传动方案（运动简图）是否一致；装配底图上运动输入端、输出端以及传动零件在轴上的位置与传动布置方案是否一致；轴的结构设计是否合理，如轴上零件沿轴向及周向是否能固定、轴上零件能否顺利装拆、轴承轴向游隙和轴系部件位置（主要指锥齿轮、蜗轮的轴向位置）能否调整等；润滑和密封是否能够保证；箱体结构的合理性及工艺性，如轴承旁联接螺栓与轴承孔不应贯通、各螺栓联接处是否有足够的扳手空间、箱体上轴承孔的加工能否一次镗出等。

6.5.2　制图方面

减速器中所有零件的基本外形及相互位置关系是否表达清楚；投影关系是否正确，尤其须注意零件配合处的投影关系；此外，在装配工作图上，有些结构如螺栓、螺母、滚动轴承、定位销等是否按机械制图国家标准的简化画法绘制。

减速器装配图中常见错误示例及分析，见表 6-4～表 6-7。

表 6-4　减速器附件设计的正误示例

附件名称	正误图例	错误分析
油标	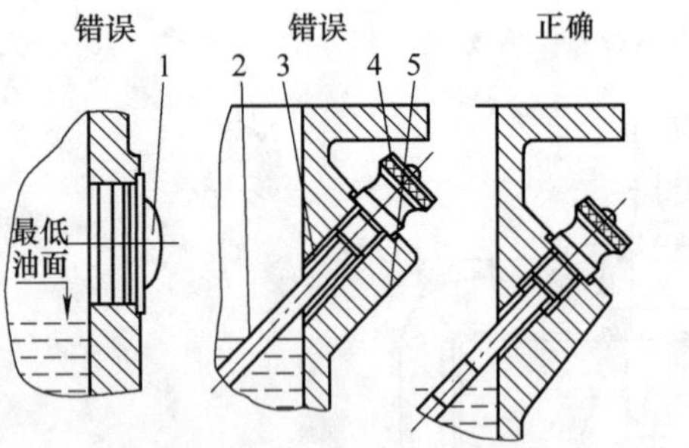	1—圆形油标安放位置偏高，无法显示最低油面； 2—油标尺上应有最高、最低油面刻度； 3—螺纹孔螺纹部分太长； 4—油标尺位置不妥，插入、取出时与箱座凸缘产生干涉； 5—安放油标尺的凸台未设计拔模斜度
放油孔及油塞	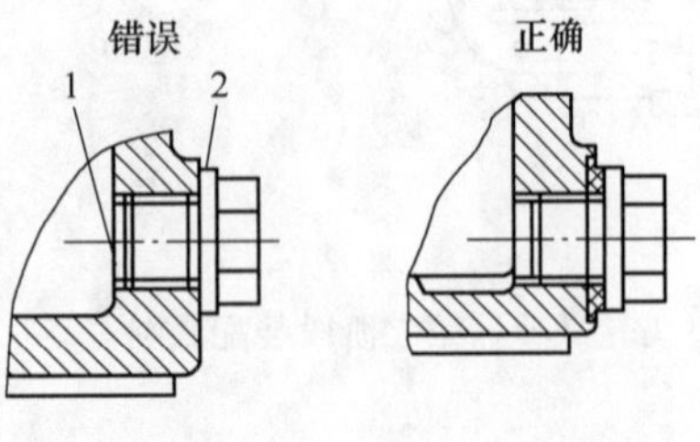	1—放油孔的位置偏高，使箱内的机油放不干净； 2—油塞与箱体接触处未设计密封件

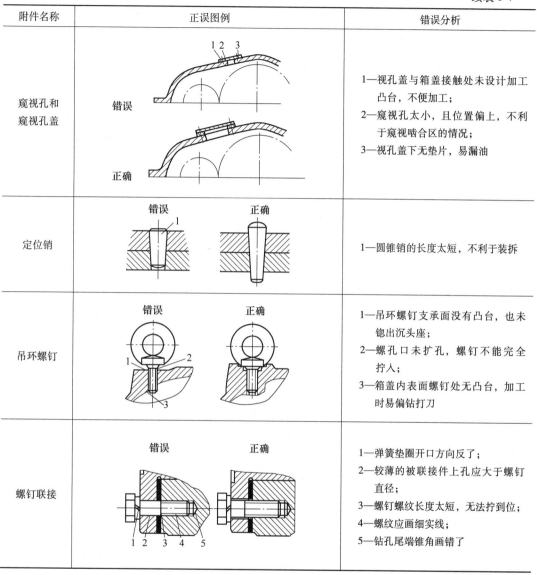

附件名称	正误图例	错误分析
窥视孔和窥视孔盖	错误 / 正确	1—视孔盖与箱盖接触处未设计加工凸台，不便加工； 2—窥视孔太小，且位置偏上，不利于窥视啮合区的情况； 3—视孔盖下无垫片，易漏油
定位销	错误 / 正确	1—圆锥销的长度太短，不利于装拆
吊环螺钉	错误 / 正确	1—吊环螺钉支承面没有凸台，也未锪出沉头座； 2—螺孔口未扩孔，螺钉不能完全拧入； 3—箱盖内表面螺钉处无凸台，加工时易偏钻打刀
螺钉联接	错误 / 正确	1—弹簧垫圈开口方向反了； 2—较薄的被联接件上孔应大于螺钉直径； 3—螺钉螺纹长度太短，无法拧到位； 4—螺纹应画细实线； 5—钻孔尾端锥角画错了

表6-5 轴系结构设计的正误示例之一

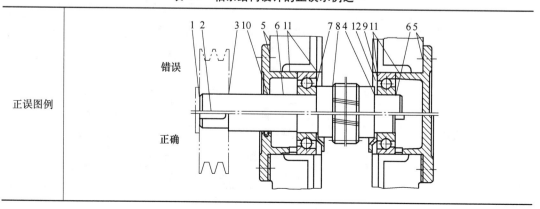

| 正误图例 | |

续表 6-5

错误类别		错误编号	说　明
错误分析	轴上零件的定位问题	1	与带轮相配处轴端应短些，否则带轮左侧轴向定位不可靠
		2	带轮未周向定位
		3	带轮右侧没有轴向定位
		4	右端轴承左侧没有轴向定位
	工艺不合理问题	5	无调整垫圈，无法调整轴承游隙；箱体与轴承端盖接合处无凸台
		6	精加工面过长，且装拆轴承不便
		7	定位轴肩过高，影响轴承拆卸
		8	齿根圆小于轴肩，未考虑插齿加工齿轮的要求
		9	右端的角接触球轴承外圈有错，排列方向不对
	润滑与密封问题	10	轴承透盖中未设计密封件，且与轴直接接触，缺少间隙
		11	油沟中的油无法进入轴承，且会经轴承内侧流回箱内
		12	应设计挡油盘，阻挡过多的稀油进入轴承

表 6-6　轴系结构设计的正误示例之二

正误图例	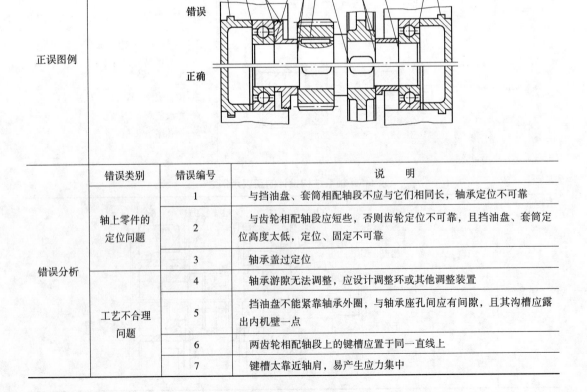

错误类别		错误编号	说　明
错误分析	轴上零件的定位问题	1	与挡油盘、套筒相配轴段不应与它们相同长，轴承定位不可靠
		2	与齿轮相配轴段应短些，否则齿轮定位不可靠，且挡油盘、套筒定位高度太低，定位、固定不可靠
		3	轴承盖过定位
	工艺不合理问题	4	轴承游隙无法调整，应设计调整环或其他调整装置
		5	挡油盘不能紧靠轴承外圈，与轴承座孔间应有间隙，且其沟槽应露出内机壁一点
		6	两齿轮相配轴段上的键槽应置于同一直线上
		7	键槽太靠近轴肩，易产生应力集中

表 6-7　箱体轴承座部位设计的正误示例

正误图例		

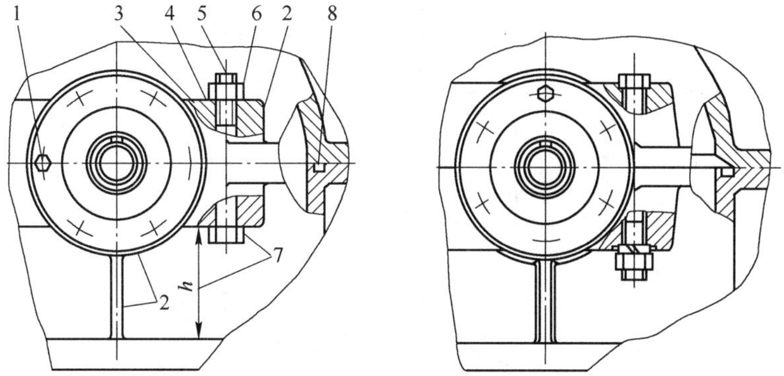

错误　　　　　　　　　　　　　　　正确

错误分析	错误编号	说　　明
	1	轴承盖螺钉不能设计在剖分面上
	2	轴承座、加强肋及轴承座旁凸台未考虑拔模斜度
	3	普通螺栓联接的孔与螺杆之间没有间隙
	4	螺母支承面及螺栓头部与箱体接合面处没有加工凸台或沉头座
	5	联接螺栓距轴承座中心较远，不利于提高联接刚度
	6	螺栓联接没有防松装置
	7	箱体底座凸缘至轴承座凸台之间空间高度 A 不够，螺栓无法由下向上安装
	8	润滑油无法流入箱座凸缘油沟内去润滑轴承

6.6　锥齿轮减速器装配底图设计特点

锥齿轮减速器装配底图的设计方法和设计步骤与圆柱齿轮减速器大致相同，但它还具有自身的设计特点，设计时应予以充分注意。

现以单级锥齿轮减速器为例，来说明其设计特点和步骤。

（1）确定锥齿轮减速器箱体尺寸。设计单级锥齿轮减速器时，首先参见图 6-2，按表 6-1 确定铸造箱体的有关结构尺寸。

（2）布置大小锥齿轮的位置（见图 6-19）。

1）首先在俯视图上画出两锥齿轮正交的中心线，其交点 O 为两分度圆锥顶点的重合点。

2）根据已计算出的锥齿轮的几何尺寸，画出两锥齿轮的分度圆锥母线及分度圆直径 EE_1（即 $EE_1 = d_1$），EE_2（即 $EE_2 = d_2$）。

3）过 E_1、E、E_2 分别作分度圆锥母线的垂线，并在其上截取齿顶高 h_a 和齿根高 h_f，作出齿顶和齿根圆锥母线。

4）分别从 E_1、E、E_2 点沿分度圆锥母线向 O 点方向截取齿宽 b，取锥齿轮轮缘厚度 $\delta = (3 \sim 4) m \geqslant 10\text{mm}$。

5）初估轮毂宽度 $l = (1.6 \sim 1.8) B$，待轴径确定后再按结构尺寸公式进行修正。

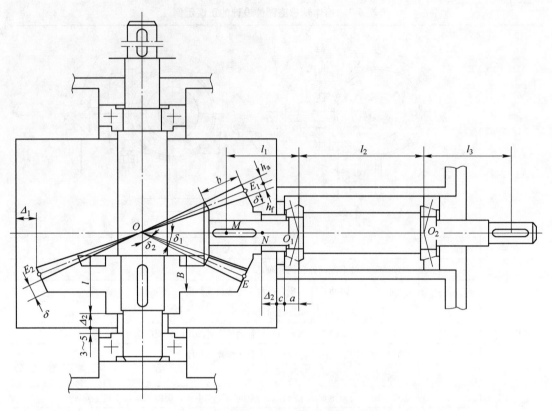

图 6-19　单级锥齿轮减速器初绘装配底图

（3）确定箱体的内壁线（见图 6-19）。

大小锥齿轮轮毂端面与箱体内壁的距离为 Δ_2，大锥齿轮齿顶圆与箱体内壁的距离为 Δ_1，其中 Δ_1、Δ_2 值见表 6-1。大多数锥齿轮减速器，以小锥齿轮的中心线作为箱体的对称面。这样，箱体的四条内壁线都可确定下来。

（4）小锥齿轮轴的部件设计。

1）确定悬臂长度和支承距离（见图 6-19）。在工程上，小锥齿轮大多做成悬臂结构，悬臂长度为

$$l_1 = \overline{MN} + \Delta_2 + c + a$$

式中　$\overline{MN}$——小锥齿轮齿宽中点到轮毂端面的距离，由结构而定；

　　　　c——套杯所需尺寸，通常取 8～12mm；

　　　　a——滚动轴承支点位置尺寸，其值可查滚动轴承标准（见第 15 章）。

为了保证轴的刚度，小锥齿轮轴的两轴承支点距离 l_2（$l_2 = O_1 O_2$）不宜过小，一般取 $l_2 = (2～2.5)l_1$。

对于圆锥-圆柱齿轮两级减速器的设计，如图 6-20 所示，按所确定的中心线位置，首先在俯视图中画出圆锥齿轮的轮廓尺寸，再以小圆锥齿轮中心线作为箱体宽度方向的中线，确定箱体两侧轴承座内端面位置。箱体采用对称结构，可以使中间轴及低速轴调头安装，以便根据工作需要改变输出轴位置。圆柱齿轮轮廓绘制参见 6.3 节。一般情况下，大

圆柱齿轮与大圆锥齿轮之间仍有足够的距离 Δ_5。主视图中箱底位置与减速器中心高 H 由传动件润滑要求确定。

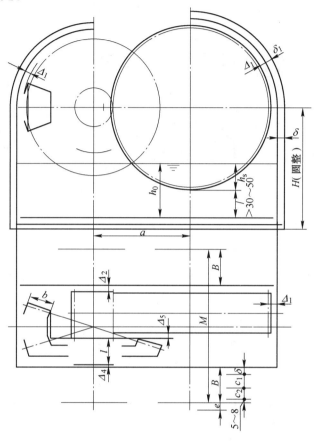

图 6-20　圆锥-圆柱齿轮两级减速器中传动件与箱壁位置的确定

2）轴承的布置。小锥齿轮轴的轴承通常采用圆锥滚子轴承或角接触球轴承，支承方式一般为两端单向固定。轴承的布置方案有正安装和反安装两种。两种方案中，轴承的固定方法不同，轴的刚度也不同，反安装轴的刚度较大。

图 6-21 所示为轴承正安装方案，轴承的固定方法随小锥齿轮与轴的结构关系而异。图 6-21（a）所示为锥齿轮与轴分开制造时轴承的固定方法，轴承的内、外圈都只固定一个端面，即内圈靠轴肩固定，外圈靠轴承盖的端面和套杯凸肩固定。在这种结构中，轴承安装方便。图 6-21（b）所示为锥齿轮轴结构的轴承固定方法，两个轴承内圈的两个端面都需轴向固定。这里采用了套筒、轴肩和轴用弹性挡圈固定，而外圈各固定一个端面，这里用轴承端盖和套杯凸肩固定。这种结构方式，要求锥齿轮外径小于套杯凸肩孔径，因为如果锥齿轮外径大于套杯凸肩孔径，轴承需在套杯内进行安装，很不方便。在以上两种结构形式中，轴承的游隙都是靠轴承盖与套杯间的垫片 m 来调整的。

图 6-22 所示为轴承反安装方案，轴承固定和游隙调整方法与轴和锥齿轮的结构关系有关。图 6-22（a）所示为锥齿轮与轴套装的结构，两轴承外圈都用套杯凸肩固定，内圈则分别用螺母和锥齿轮端面固定。图 6-22（b）所示为锥齿轮轴结构，轴承固定方法与图

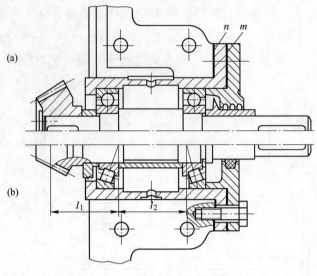

图 6-21   轴承的正安装方案

6-22（a）的大同小异。轴承反安装方案的优点是轴的刚度大，其缺点是安装轴承时极不方便，轴承游隙靠圆螺母调整也很麻烦，故目前应用较少。

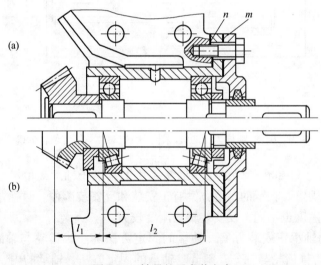

图 6-22   轴承的反安装方案

3）轴承部件的调整和套杯结构。为保证锥齿轮传动的啮合精度，装配时两锥齿轮的锥顶必须重合，这就需要通过调整锥齿轮的轴向位置才能达到这一要求。所以，通常将小锥齿轮轴系放在套杯内设计成独立装配单元，用套杯凸缘端面与轴承座外端面之间的一组垫片 n 来调整小圆锥齿轮的轴向位置（见图 6-21、图 6-22）。利用套杯结构也便于固定轴承（见图 6-21 中套杯左端凸肩）。套杯的结构尺寸见表 19-3。

（5）箱座高度的确定（见图 6-23）。

确定箱座高度时，要充分考虑大锥齿轮的合理浸油深度 H_2，通常应将整个齿宽（至少 70% 的齿宽）浸入油中进行润滑。另一方面，减速器工作时，还要求锥齿轮不得搅起油池底的沉积物，这样大锥齿轮的齿顶离箱体内底面距离 H_1 应大于或等于 $30\sim50\text{mm}$，故箱座高度 $H=d_{a2}/2+H_1+\delta+(3\sim5)\text{mm}$。

圆锥-圆柱齿轮两级减速器箱体及附件结构设计与圆柱齿轮减速器基本相同。图 6-24 为圆锥-圆柱齿轮两级减速器装配底图设计完成第二阶段后的内容。

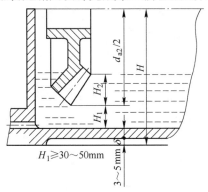

图 6-23　锥齿轮减速箱座高度

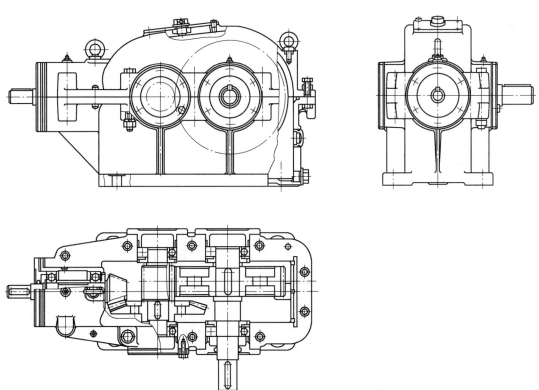

图 6-24　圆锥-圆柱齿轮两级减速器第二阶段装配底图

6.7　蜗杆减速器装配底图设计特点

蜗杆减速器装配底图的设计方法和步骤与圆柱齿轮减速器基本相同。由于蜗杆与蜗轮的轴线呈空间交错，画装配底图时需将主视图和侧视图同时绘制，现以单级蜗杆减速器为例，来说明其设计特点与步骤。

6.7.1   初绘减速器装配草图（见图6-25）

（1）确定箱体结构尺寸。首先参见图6-3，用表6-1的经验公式确定箱体结构尺寸。当为多级传动时，应以低速级的中心距计算有关尺寸。

（2）确定蜗杆相对蜗轮的布置方式。一般由蜗杆的圆周速度来确定蜗杆传动的布置方式，布置方式将影响其轴承的润滑。

蜗杆圆周速度小于或等于5m/s时，通常将蜗杆布置在蜗轮的下方（称为蜗杆下置式）。这时蜗杆轴的轴承靠油池中的润滑油润滑，蜗杆轴线至箱底距离取 $H_1 \approx a$。

蜗杆圆周速度大于5m/s时，为减小搅油损失，常将蜗杆置于蜗轮的上方（称为蜗杆上置式）。蜗轮齿顶圆至箱底距离略大于30~50mm。

（3）确定蜗杆轴的支点距离。为了提高蜗杆轴的刚度，应尽量缩小其支点间的距离。为此，轴承座体常伸到箱体内部，一般取内伸部分的凸台直径 D_1 等于凸缘式轴承盖的外径 D_2，即 $D_1 \approx D_2$，并将轴承座内端做成斜面，以满足 $\Delta_1 \geqslant 12 \sim 15\text{mm}$ 的结构要求。为了提高轴承座的刚度，在内伸部分的下面还应设置支撑肋。近似计算时，可取 $B_1 = C_1 = d_2/2$，d_2 为蜗轮分度圆直径。

（4）确定蜗轮轴的支点距离。蜗轮轴支点的距离与轴承座处的箱体宽度有关，箱体宽度一般取为 D_2（D_2 为蜗杆轴的轴承盖外径），有时为了缩小蜗轮轴支点距离和提高刚度，也可以略小于 D_2。由箱体宽度可确定出箱体内壁 E_2 的位置，从而也可确定出蜗轮轴的支点距离。

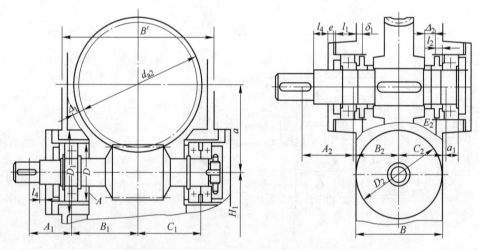

图6-25   单级蜗杆减速器初绘的装配底图示例

6.7.2   蜗杆轴系部件的结构设计

（1）轴承组合方式的确定。轴承的组合方式，应根据蜗杆轴的长短、轴向力的大小及转速高低来确定。

蜗杆轴较短（支点距离小于 300mm），温升又不很高时，或蜗杆轴虽较长，但间歇工作，温升较小时，常采用两端单向固定的结构，如图 6-26 所示。根据轴向力的大小，确定选用角接触球轴承或圆锥滚子轴承。若蜗杆轴较长，温升又较大时，为避免轴承承受附加轴向力，需采用一端双向固定、一端游动的结构，如图 6-27 所示。固定端一般设在轴的非外伸端，并采用套杯结构，以便固定和调整轴承及蜗杆轴的轴向位置。

图 6-26　两端单向固定式蜗杆轴系结构

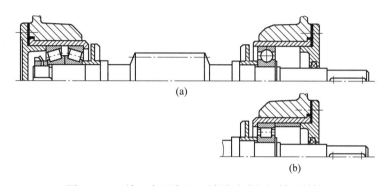

(a)

(b)

图 6-27　一端双向固定和一端游动式蜗杆轴系结构

为了便于加工，保证两座孔同轴，游动端常用套杯或选用外径与固定端座孔尺寸相同的轴承。另为了便于装配蜗杆，套杯的外径应大于蜗杆的外径。

（2）轴承游隙和轴系部件轴向位置的调整。轴承游隙靠调整箱体轴承座与轴承盖之间的垫片或套杯与轴承盖之间的垫片来实现。轴系部件轴向位置的调整，则靠调整箱体轴承座与套杯之间的垫片来实现。

（3）轴外伸处密封方式的选择。密封方式由轴表面圆周速度、工作温度等来选择。对蜗杆下置式减速器，蜗杆轴应采用较可靠的密封装置，如橡胶密封或组合式密封，可参见第 20 章有关内容。

6.7.3　确定蜗杆轴和蜗轮轴的受力点与支点间的距离

通过轴及轴承组合的结构设计，在主视图上定出蜗杆轴上受力点和支点间的距离 A_1、B_1、C_1；在侧视图上定出蜗轮轴上受力点和支点间的距离 A_2、B_2、C_2（见图 6-25）。

6.7.4　蜗杆减速器箱体结构方案的确定

大多数蜗杆减速器都采用沿蜗轮轴线平面剖分式的箱体结构，这种结构有利于蜗轮轴的安装与调整。对于中心距较小的蜗杆减速器，也有采用整体式的大端盖箱体结构，其结构简单、紧凑、重量轻，但蜗轮与蜗杆的轴承调整困难，目前很少应用。特别要注意，设计大轴承盖时，它与箱体配合的直径应大于蜗轮的外径，否则无法装配。为了保证蜗杆传动的啮合精度，大轴承盖与箱体之间的配合荐用 $\dfrac{H7}{js6}$ ，并要求有一定的配合宽度，常取为 2.5δ。

6.7.5　蜗杆减速器的散热

由于蜗杆传动的效率低，发热量大，对连续工作的蜗杆减速器需进行热平衡计算。若不能满足散热计算要求，应增大箱体的散热面积或增设散热片和风扇，散热片方向应与空气流动方向一致。在设计散热片时，应考虑铸造工艺，使之便于拔模。若上述措施仍不能满足要求，则可考虑采用在油池中设置蛇形冷却水管或改用循环润滑系统等措施，加强散热。

减速器装配工作图的设计

一张完整的装配图应包括下列基本内容：表达机器（或部件）的装配关系、工作原理和零件主要结构的一组视图；尺寸和配合代号；技术要求；技术特性；零件编号、明细表及标题栏等。经过前面几个阶段的设计，减速器内外主要零件结构基本上已经确定，但还需要完成装配图的其他内容。

7.1 完善和加深装配底图

在减速器装配底图设计阶段，装配图的几个主要视图已经完成。在装配底图正式加深时，应注意以下几点：

（1）在完整、准确地表达减速器零部件结构形状、尺寸和各部分相互关系的前提下，视图数量应尽量少。必须表达的内部结构可采用局部剖视图或局部视图。

（2）在画剖视图时，同一零件在不同视图中的剖面线方向和间隔应一致，相邻零件的剖面线方向或间隔应该不相同，装配图中的薄件（≤2mm）可用涂黑画法。

（3）装配图上某些结构可以采用机械制图标准中规定的简化画法，如滚动轴承、螺纹联接件等。

（4）同一视图的多个配套零件，如螺栓、螺母等，允许只详细画出一个，其余用中心线表示。

（5）在绘制装配图时，视图底线画出后先不要加深，待尺寸、编号、明细表等全部内容完成并详细检查后，再加深完成装配图。

7.2 标 注 尺 寸

在减速器装配图中，主要标注下列几项尺寸：

（1）特性尺寸。表明减速器的性能和规格的尺寸，如传动零件的中心距及其偏差。

（2）配合尺寸。表明减速器内零件之间装配要求的尺寸，一般用配合代号标注。主要零件的配合处都应标出配合尺寸、配合性质和配合精度。如轴与传动零件、轴与联轴器、轴与轴承、轴承与轴承座孔等配合处。配合性质与精度的选择对于减速器的工作性能、加工工艺及制造成本影响很大，应根据有关资料认真选定。表 7-1 给出了减速器主要零件的荐用配合，供设计时参考。

（3）外形尺寸。减速器总长、总宽、总高等。

（4）安装尺寸。表述减速器与基础、其他机械设备、电机等的联接关系，这就需要标注安装尺寸。安装尺寸主要有：箱体底面尺寸（长和宽），地脚螺栓孔的定位尺寸（某一地脚螺栓孔到某轴外伸端中心的距离），地脚螺栓孔的直径和地脚螺栓孔之间的距离，输入轴和输出轴外伸端直径及配合长度，减速器的中心高等。

表 7-1　减速器主要零件的荐用配合

配合零件	荐用配合	装拆方法
一般传动零件与轴、联轴器与轴	$\dfrac{H7}{r6}$，$\dfrac{H7}{s6}$	用压力机或温差法
要求对中性良好及很少拆装的传动零件与轴、联轴器与轴	$\dfrac{H7}{r6}$	用压力机
经常拆装的传动零件与轴、联轴器与轴、小锥齿轮与轴	$\dfrac{H7}{m6}$，$\dfrac{H7}{n6}$	用手锤打入
滚动轴承内圈与轴	轻负荷：$\dfrac{H7}{js6}$ 中负荷：$\dfrac{H7}{k6}$，$\dfrac{H7}{m6}$ 重负荷：$\dfrac{H7}{n6}$，$\dfrac{H7}{p6}$，$\dfrac{H7}{r6}$	用压力机或温差法
滚动轴承外圈与机座孔	$\dfrac{H7}{h6}$	用木锤或徒手装拆
轴承套杯与机座孔	$\dfrac{H7}{h6}$	用木锤或徒手装拆
轴承端盖与机座孔	$\dfrac{H7}{h8}$，$\dfrac{H7}{f8}$	用木锤或徒手装拆

7.3　编写技术特性

减速器的技术特性可以用表格的形式给出，一般放在明细表的附近，所列项目及格式可参考表 7-2 或其他有关资料。

表 7-2　减速器的技术特性

输入功率 P/kW	输入转速 $n/\mathrm{r\cdot min^{-1}}$	效率 η	总传动比 i	传动特性				第二级
				第一级				
				m_n	β	齿数	精度等级	
						z_1		
						z_2		

7.4　制定技术要求

一些在视图上无法表示的有关装配、调整、维护等方面的内容，需要在技术要求中加以说明，以保证减速器的工作性能。技术要求通常包括如下几个方面的内容。

7.4.1 对零件的要求

装配前所有零件均要用煤油或汽油清洗，在配合表面涂上润滑油。在箱体内表面涂防侵蚀涂料，箱体内不允许有任何杂物存在。

7.4.2 对安装和调整的要求

7.4.2.1 滚动轴承的安装与调整

为保证滚动轴承的正常工作，应保证轴承的轴向有一定的游隙。游隙大小对轴承的正常工作有很大影响，游隙过大，会使轴系固定不可靠；游隙过小，会妨碍轴系因发热而伸长。当轴承支点跨度较大、温升较高时应取较大的游隙。对游隙不可调式的轴承（如深沟球轴承），可取游隙 $\Delta = 0.25 \sim 0.4\text{mm}$ 或参考相关手册。

轴承轴向游隙的调整方法见图 7-1。图 7-1（a）是用垫片调整轴向游隙，即先用轴承盖将轴承顶紧，测量轴承盖凸缘与轴承座之间的间隙 δ，再用一组厚度为 $\delta + \Delta$ 的调整垫片置于轴承盖凸缘与轴承座端面之间，拧紧螺钉，即可得到所需的间隙。图 7-1（b）是用螺纹零件调整轴承游隙，可将螺钉或螺母拧紧，使轴向间隙为零，然后再退转螺母直到所需要的轴向游隙为止。

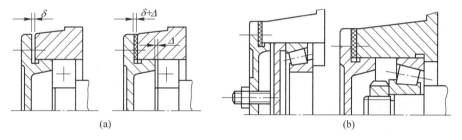

(a)   (b)

图 7-1 滚动轴承游隙的调整方法

7.4.2.2 传动侧隙和接触斑点

为保证减速器正常的啮合传动，安装时必须保证齿轮副或蜗杆副所需要的侧隙及齿面接触斑点。齿轮的侧隙和齿面接触斑点可根据传动精度及 GB/T 10095.1—2008 的规定或参考第 18 章计算确定。

传动侧隙的检查可用塞尺或把铅丝放入相互啮合的两齿面间，然后测量塞尺或铅丝变形后的厚度。

接触斑点的检查是在主动轮的啮合齿面上涂色，将其转动 $2 \sim 3$ 周后，观察从动轮齿上的着色情况，从而分析接触区的位置和接触面积的大小。

若齿轮传动侧隙或接触斑点不符合设计要求，可调整传动件的啮合位置或对齿面进行刮研、跑合。

对多级传动，如各级传动的侧隙和接触斑点要求不同时，应分别在技术要求中注明。

7.4.3 对润滑与密封的要求

减速器润滑油、润滑脂的选择及箱体内油面的高度等问题，详见第 5 章和第 20 章。

减速器剖分面、各接触面及密封处均不允许漏油、渗油。剖分面上允许涂密封胶或水玻璃，但决不允许使用垫片。

7.4.4　对试验的要求

减速器装配完毕后，在出厂前一般要进行空载试验和整机性能试验，根据工作和产品规范，可选择抽样和全部产品试验。空载试验要求在额定转速下正反转各 1~2h。负载试验时要求在额定转速和额定功率下，油池温升不超过 35℃，轴承温升不超过 40℃。

在空载及负荷试验的全部过程中，要求运转平稳、噪声在要求分贝内、联接固定处不松动，要求密封处不渗油和不漏油。

7.4.5　对包装、运输和外观的要求

轴的外伸端及各附件应涂油包装。运输用的减速器包装箱应牢固可靠，装卸时不可倒置，安装搬运时不得使用箱盖上的吊耳、吊环。

减速器应根据要求，在箱体表面涂上相应的颜色。

7.5　填写标题栏和明细表

标题栏、明细表应按国标规定格式绘于图纸右下角指定位置，其尺寸规格必须符合国家标准或行业企业标准，也可参考第 11 章。

7.5.1　标题栏

装配图中的标题栏用来说明减速器的名称、图号、比例、重量及数量等，内容需逐项填写，图号应根据设计内容用汉语拼音及数字编写。

7.5.2　明细表

装配图中的明细表是减速器所有零部件的目录清单，明细表由下向上按序号完整地给出零部件的名称、材料、规格尺寸、标准代号及数量。零件应逐一编号，引线之间不允许相交，不应与尺寸线、尺寸界线平行，编号位置应整齐，按顺时针或逆时针顺序编写；成组使用的零件可共用同一引线，按线端顺序标注其中各零件；整体购置的组件、标准件可共用同一标号，如轴承、通气器等。明细表中的填写应根据图中零件标注顺序按项进行，不能遗漏，必要时可在备注栏中加注。

零件工作图的设计

8.1　零件工作图的要求

机器的装配图设计完成之后，就可以设计和绘制各种非标准件的零件工作图。零件工作图是制造、检验零件和制定工艺规程的基本技术文件，它既反映设计意图，又考虑到制造、使用的可能性和合理性。因此，必须保证图形、尺寸、技术要求和标题栏等零件图的基本内容完整、无误、合理。

每个零件图应单独绘制在一个标准图幅中，其基本结构和主要尺寸应与装配图一致。对于装配图中未曾注明的一些细小结构如圆角、倒角、斜度等在零件图上也应完整给出。视图比例优先选用 1∶1。在绘图时，应合理安排视图，用各种视图清楚地表达结构形状及尺寸数值，特殊的细部结构可以另行放大绘制。

尺寸标注要选择好基准面，标注在最能反映形体特征的视图上。此外，还应做到尺寸完整，便于加工测量，避免尺寸重复、遗漏、封闭及数值差错。

零件中所有表面均应注明表面粗糙度值。对于重要表面应单独标注其表面粗糙度；当较多表面具有同一表面粗糙度时，可在标题栏上方附近统一标注，并在该表面粗糙度数值后面加"（√）"字符。表面粗糙度的具体数值应按表面作用及制造经济性原则等综合选取。对于要求精确的尺寸及配合尺寸，应注明尺寸极限偏差，并根据不同要求，标注零件的表面形状和位置公差。尺寸公差和形位公差都应按表面作用及必要的制造经济性来确定，对于不便用符号及数值表明的技术要求，可用文字说明。

对传动零件（如齿轮、蜗杆、蜗轮等），应列出啮合特性表，反映特性参数、精度等级和误差检验要求。

图纸右下角应画出标题栏，其格式与尺寸可按相应国标绘制。

本章主要介绍减速器中的轴、齿轮（或蜗轮）、箱体等主要零件工作图的设计。

8.2　轴类零件工作图设计

8.2.1　视图选择

轴类零件为回转体，一般按轴线水平位置布置主视图，在有键槽和孔的地方，增加必要的局部剖面图或剖视图来表达。对于不易表达清楚的局部，如退刀槽、中心孔等，必要时应加局部放大图来表达。

8.2.2　尺寸、尺寸公差及形位公差标注

轴类零件应标注各段轴的直径、长度、键槽及细部结构尺寸。径向尺寸以轴线为基准，所有配合处的直径尺寸都应标出尺寸偏差；轴向尺寸的基准面，通常有轴孔配合端面基准面及轴端基准面。

功能尺寸及尺寸精度要求较高的轴段尺寸应直接标出。其余尺寸的标注应反映加工工艺要求，即按加工顺序标出，以便于加工、测量。尺寸标注应完整，不可因尺寸数值相同而省略，但不允许出现封闭尺寸链。所有细部结构的尺寸（如倒角、圆角等）等，都应标注或在技术要求中说明。

轴的重要表面应标注形状及位置公差，以便保证轴的加工精度。普通减速器中，轴类零件形位公差推荐标注项目参考表 8-1 选取，标注方法见图 8-1。

表 8-1　轴类零件形位公差推荐标注项目

公差类别	标注项目	符号		精度等级	对工作性能的影响	备注
形状公差	与传动零件相配合的圆柱表面	圆柱度	⌭	7~8	影响传动零件及滚动轴承与轴配合的松紧、对中性及几何回转精度	见表 17-12
	与滚动轴承相配合的轴颈表面			6		
位置公差	与传动零件相配合的圆柱表面	径向圆跳动	⌰	6~8	影响传动零件及滚动轴承的回转同心度	见表 17-14
	与滚动轴承相配合的轴颈表面			5~6		
	滚动轴承的定位端面	垂直度或端面圆跳动	⊥ 或 ⌰	6	影响传动零件及轴承的定位及受载均匀性	见表 17-13
	齿轮、联轴器等零件定位端面			6~8		
	平键键槽两侧面	对称度	⌗	7~9	影响键的受载均匀性及装拆难易程度	见表 17-14

8.2.3　表面粗糙度标注

轴类零件所有表面（包括非加工的毛坯表面）均应注明表面粗糙度。轴的各部分精度要求不同，加工方法则不同，故其表面粗糙度也不应该相同。轴的各加工表面的表面粗糙度由表 8-2 选取，标注方法见图 8-1。

8.2.4　技术要求

轴类零件的技术要求主要包括以下几个方面：

（1）对材料的力学性能及化学成分的要求。

（2）对材料表面力学性能的要求，如热处理、表面硬度等。

（3）对加工的要求，如中心孔与其他零件配合加工等。

（4）对图中未标注圆角、倒角及表面粗糙度的说明及其他特殊要求。

轴的零件工作图示例见图 8-1 所示，供设计时参考。

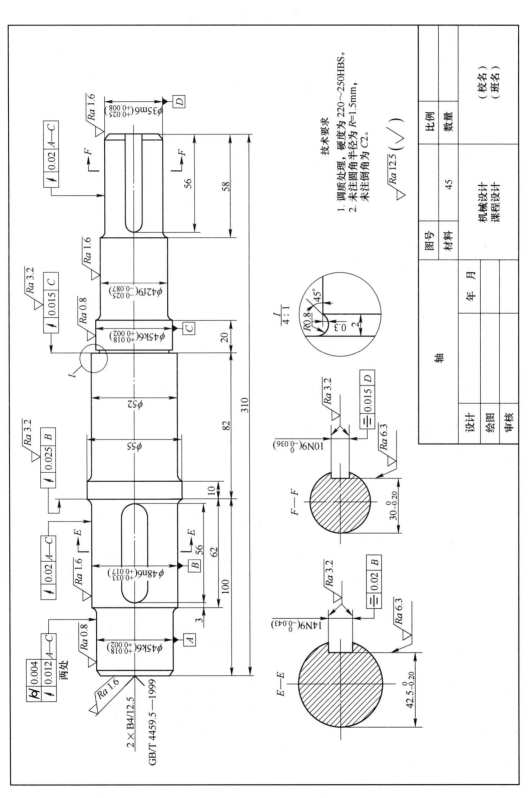

图 8-1 轴的零件工作图

表 8-2　轴加工表面粗糙度荐用值　　　　　　　　　　　　　　　（μm）

加工表面	Ra	加工表面	Ra
与传动件及联轴器轮毂相配合表面	3.2~0.8	与传动件及联轴器轮毂相配合轴肩端面	6.3~3.2
与普通级滚动轴承配合的表面	1.6~0.8	与普通级滚动轴承配合的轴肩	3.2
平键键槽的工作面	3.2~1.6	平键键槽的非工作面	6.3

8.3　齿轮类零件工作图设计

齿轮类零件包括齿轮、蜗轮、蜗杆。此类零件工作图除轴零件工作图的上述要求外，还应有供加工和检验用的啮合特性表。

8.3.1　视图选择

齿轮类零件一般可用两个视图（主视图和侧视图）表示。主视图主要表示轮毂、轮缘、轴孔、键槽等结构；侧视图主要反映轴孔、键槽的形状和尺寸。侧视图可画出完整视图，也可只画出局部视图。

对于组装的蜗轮，应分别画出齿圈、轮芯的零件工作图及蜗轮的组装图，也可以只画出组装图。其具体画法参见第 23 章典型零件工作图的参考图例（见图 23-6）。

蜗杆轴可按轴类零件工作图绘制方法绘出（见图 23-5）。

8.3.2　尺寸及公差标注

8.3.2.1　尺寸标注

齿轮为回转体，应以其轴线为基准标注径向尺寸，以端面为基准标注轴向宽度尺寸。

齿轮的分度圆直径是设计计算的基本尺寸，齿顶圆直径、轴孔直径、轮毂直径、轮辐（或腹板）等是齿轮生产加工中不可缺少的尺寸，均必须标注。其他如圆角、倒角、锥度、键槽等尺寸，应做到既不重复标注，又不遗漏。

8.3.2.2　公差标注

齿轮的轴孔和端面是齿轮加工、检验、安装的重要基准。轴孔直径应按装配图的要求标注尺寸公差及形状公差（如圆柱度）。齿轮两端面应标注位置公差（如端面圆跳动，其值见表 17-14）。

圆柱齿轮通常以齿顶圆作为齿面加工时定位找正的工艺基准，或作为检验齿厚的测量基准，应标注齿顶圆尺寸公差和位置公差（齿顶圆径向圆跳动，其值见表 17-14），其各公差标注方法见图 8-2。

8.3.3　表面粗糙度的标注

齿轮类零件各加工表面的表面粗糙度可由表 8-3 选取，标注方法见图 8-2。

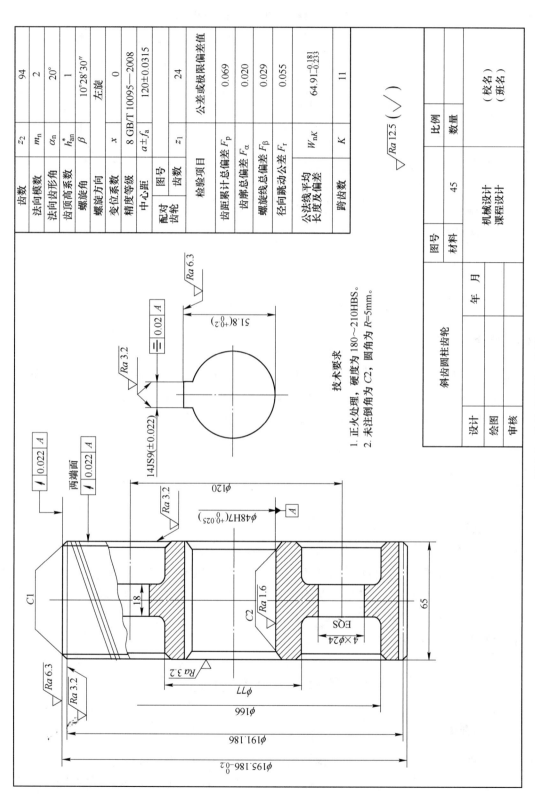

齿数	z_2	94
法向模数	m_n	2
法向齿形角	α_n	20°
齿顶高系数	h_{an}^*	1
螺旋角	β	10°28′30″
螺旋方向		左旋
变位系数	x	0
精度等级		8 GB/T 10095—2008
中心距	$a \pm f_a$	120±0.0315
配对齿轮	图号	
	齿数	z_1	24
检验项目		公差或极限偏差值
齿距累计总偏差 F_p		0.069
齿廓总偏差 F_α		0.020
螺旋线总偏差 F_β		0.029
径向跳动公差 F_r		0.055
公法线平均长度及偏差	W_{nK}	$64.91^{-0.181}_{-0.233}$
跨齿数	K	11

$\sqrt{Ra\,12.5}\ (\sqrt{\ })$

	比例		
	数量		（校名）
			（班名）
斜齿圆柱齿轮	图号		机械设计课程设计
	材料	45	
设计	年　月		
绘图			
审核			

图 8-2　齿轮的零件工作图

技术要求

1. 正火处理，硬度为 180~210HBS。
2. 未注倒角为 C2，圆角为 R=5mm。

表 8-3　齿轮类零件各加工表面粗糙度荐用值　　　　　　　　　（μm）

加工表面		表面粗糙度 Ra 的推荐值			
		齿轮第Ⅱ公差组精度等级			
		6	7	8	9
轮齿工作面（齿面）	Ra 的推荐值	0.8~0.4	1.6~0.8	3.2~1.6	6.3~3.2
	齿面加工方法	磨齿或珩齿	剃齿	精滚或精插齿	滚齿或铣齿
齿顶圆柱面	作基准	1.6	3.2~1.6	3.2~1.6	6.3~3.2
	不作基准	12.5~6.3			
齿轮基准孔		1.6~0.8	1.6~0.8	3.2~1.6	6.3~3.2
齿轮轴的轴颈					
齿轮基准端面		1.6~0.8	3.2~1.6	3.2~1.6	6.3~3.2
平键键槽	工作面	3.2 或 6.3			
	非工作面	6.3 或 12.5			
其他加工表面		6.3~12.5			

8.3.4　啮合特性表

在齿轮（或蜗轮）零件工作图的右上角应列出啮合特性表。其内容包括：齿轮基本参数（Z、m_n、α_n、β 等），精度等级、相应检验项目及偏差和公差（其偏差和公差值见第 18 章）。若需检验齿厚，则应画出其法面齿形，并注明齿厚数值及齿厚偏差（其齿厚偏差值见第 18 章）。

8.3.5　技术要求

齿轮类零件的技术要求主要包括以下几个方面：

（1）对铸件、锻件或其他类型坯件的要求。

（2）对齿轮（或蜗轮）材料力学性能、化学性能的要求。

（3）对齿轮（或蜗轮）材料表面力学性能（如热处理方法、齿面硬度等）的要求。

（4）对未注明的圆角、倒角尺寸及表面粗糙度值的说明及其他的特殊要求（如对大型或高速齿轮的平衡检验要求等）。

齿轮的零件工作图示例如图 8-2 所示，供设计时参考。

8.4　箱体零件工作图设计

8.4.1　视图选择

箱体零件（即箱盖和箱座）的结构形状一般都比较复杂，为了将它的内、外部结构表达清楚，通常需要采用主、俯、左（或右）三个视图，有时还应增加一些局部视图、局部剖视图和局部放大图。

8.4.2　尺寸标注

一般情况下，箱体零件的尺寸标注比轴、齿轮类零件要复杂得多。为了使尺寸标注合理，避免遗漏和重复标注尺寸，除应遵循"先主后次"的原则标注尺寸外，还需切实注意以下几点：

（1）选择尺寸基准。为了便于加工和测量，保证箱体零件的加工精度，宜选择加工基准作为标注尺寸的基准。对箱盖和箱座，其高度方向上的尺寸应以剖分面（加工基准）为尺寸基准；其宽度方向上的尺寸应以对称中心线为尺寸基准；其长度方向上的尺寸则应以轴承孔的中心线为尺寸基准。

（2）形状尺寸和定位尺寸。这类尺寸在箱体零件工作图中数量最多，标注工作量大，比较费时，故应特别细心。形状尺寸是指箱体各部分形状大小的尺寸，如箱体的壁厚、联接凸缘的厚度、圆弧和圆角半径、光孔和螺孔的直径和深度以及箱体的长、宽、高等。对这一类尺寸均应直接标出，不应作任何计算。

定位尺寸是指箱体各部分相对于基准的位置尺寸，如孔的中心线、曲线的曲率中心以及其他有关部位的平面相对于基准的距离等。对这类尺寸，应从基准（或辅助基准）直接标出。标注上述尺寸时，应避免出现封闭尺寸链。

（3）性能尺寸。性能尺寸是指影响减速器工作性能的重要尺寸。对减速器箱体来说，就是相邻轴承孔的中心距离。对此种尺寸，应直接标出其中心距的大小及其极限偏差值，其极限偏差取装配中心距极限偏差 f_a 的 0.8 倍。

（4）配合尺寸。配合尺寸是指保证机器正常工作的重要尺寸，应根据装配图上的配合种类直接标出其配合的极限偏差值。

（5）安装附件部分的尺寸。箱体多为铸件，标注尺寸时应便于木模的制作。因木模是指由一些基本几何体拼合而成，在其基本形体的定位尺寸标出后，其形状尺寸应以自身的基准标注，如减速器箱盖上的窥视孔、油标尺孔、放油孔等。

（6）倒角、圆角、拔模斜度等尺寸。所有倒角、圆角、拔模斜度均应标出，但考虑图面清晰或不便标注的情况，可在技术要求中加以说明。

8.4.3　形位公差标注

箱体形位公差推荐标注项目见表 8-4。

表 8-4　箱体形位公差推荐标注项目

类　别	项　　目	等级	作　　用
形位公差	轴承座孔的圆度或圆柱度	6~7	影响箱体与轴承配合性能及对中性
	剖分面的平面度	7~8	
位置公差	轴承座孔轴线间的平行度	6~7	影响传动件的传动平稳性及载荷分布的均匀性
	轴承座孔轴线间的垂直度	7~8	
	两轴承座孔轴线的同轴度	6~8	影响轴系安装及齿轮载荷分布的均匀性
	轴承座孔轴线与端面的垂直度	7~8	影响轴承固定及轴向载荷受载的均匀性
	轴承座孔轴线对剖分面的位置度	<0.3mm	影响孔系精度及轴系装配

8.4.4　表面粗糙度标注

箱体加工表面粗糙度的推荐值见表 8-5。

表 8-5　箱体加工表面粗糙度的推荐值

加　工　部　位		表面粗糙度 $Ra/\mu m$
箱体剖分面		3.2~1.6（刮研或磨削）
轴承座孔		3.2~1.6
轴承座孔外端面		6.3~3.2
锥销孔		1.6~0.8
箱体底面		12.5~6.3
螺栓孔沉头座		12.5
其他表面	配合面	6.3~3.2
	非配合面	12.5~6.3

8.4.5　技术要求

箱体零件的技术要求主要包括以下几方面：

（1）铸件清砂后进行时效处理。

（2）箱盖与箱座的定位锥销孔应配作。

（3）箱盖与箱座合箱并打入定位销后方可加工轴承孔。

（4）注明铸造拔模斜度、圆锥度、未注圆角半径及倒角等尺寸。

（5）箱盖与箱座合箱后，其凸缘边缘应平齐，其错位量不能超过允许值。

（6）箱体内表面需用煤油清洗干净，并涂以防腐漆。

减速器箱座的零件工作图示例如图 8-3 所示，可供设计时参考。

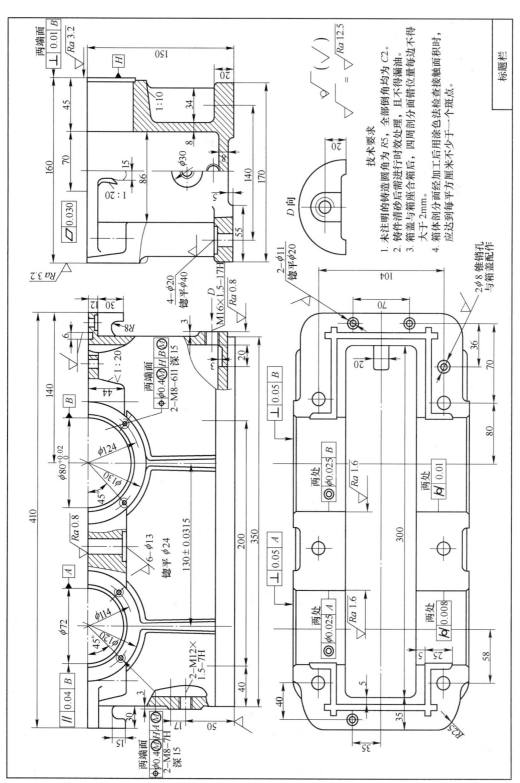

图 8-3 单级圆柱齿轮减速器箱座的零件工作图

技术要求

1. 未注明的铸造圆角均为 R5，全部倒角均为 C2。
2. 铸件清砂后需进行时效处理，且不得漏油。
3. 箱盖与箱座合箱后，四周剖分面箱位置每边均不得大于 2mm。
4. 箱体剖分面经加工后用涂色法检查接触面积时，应达到每平厘米方不少于一个斑点。

编写设计计算说明书

9.1　设计计算说明书的内容

设计计算说明书是整个设计计算过程的整理和总结，是图纸设计的理论依据，同时也是审核设计的重要技术文件之一。图纸设计工作全部完成之后，应编写设计计算说明书，其内容视不同的设计课题而定。对于以减速器为主的传动系统设计，主要包括以下几个方面：

（1）目录（标题、页次）

（2）设计任务书

（3）传动系统总体方案的拟定（对方案的简要说明及传动系统总体方案简图）

（4）电动机的选择

（5）传动比的分配

（6）传动系统的运动和动力参数的计算

（7）传动零件的设计计算（包括带传动、链传动、齿轮传动、蜗杆传动等的主要参数和几何尺寸的计算）

（8）轴的设计计算（估算轴的最小直径，轴的结构设计和强度校核）

（9）滚动轴承的选择和寿命计算

（10）键联接的选择和计算

（11）联轴器的选择和计算

（12）润滑和密封形式的选择，润滑油或润滑脂牌号的确定

（13）箱体及附件的结构设计和选择

（14）设计小结（简要说明对课程设计的体会、设计的优缺点及改进意见等）

（15）参考资料（包括资料的编号、作者名、书名、出版时间、地点、单位等）

9.2　编写时的注意事项和书写格式

9.2.1　编写时的注意事项

在编写设计计算说明书时，不但要求计算正确，论述清楚明了、文字精练通顺，而且在书写中应注意以下几点：

（1）计算部分的书写参考表9-1书写格式示例。在书写计算部分时，只需列出计算公式，代入有关数据，略去计算过程，直接得出计算结果。对计算结果应注明单位，计算完成后应有简短的分析结论，说明计算合理与否。

（2）在书写时，对所引用的公式和数据，应标明来源（如参考资料的编号和页次）。对所选用的主要参数、尺寸和规格及计算结果等，可写在每页的"结果"栏内，或采用表

格形式列出，或采用集中书写的方式写在相应的计算之中。

（3）为了清楚地说明计算内容，应附必要的插图和简图（如传动系统总体方案简图，轴的结构简图、受力图、弯矩图、扭矩图及轴承组合形式简图等）。在简图中，对主要零件应统一编号，以便在计算中称呼或作脚注之用。

（4）全部计算中所使用的参量符号和脚注，必须前后一致，不能混乱；各参量的数值应标明单位，且单位要统一，写法要一致，避免混淆不清。

（5）对每一自成单元的内容，都应有大小标题或相应的编写序号，使整个过程条理清晰。

（6）计算部分也可用校核形式书写，但一定要有结论。

（7）打印设计计算说明书时，应标好页次，一律采用 Word 文本格式进行（用 A4 纸），最后加封面装订成册。

（8）参考文献不少于 5 篇，建议引用最近几年的参考文献，其书写格式如下：

［1］银金光，刘扬. 机械设计课程设计［M］. 北京：北京交通大学出版社，2013.
［2］银金光，刘扬. 机械设计［M］. 北京：北京交通大学出版社，2016.
［3］刘扬，银金光. 机械设计基础［M］. 北京：冶金工业出版社，2014.
［4］银金光，刘扬，邹培海. 机械设计课程体系的改革与探索［J］. 中国校外教育，2011，12.
……

9.2.2　书写格式示例

以传动零件设计为例，书写格式如表 9-1 所示。

表 9-1　书写格式示例

一、V 带传动设计计算

计 算 项 目	计算内容及说明	计 算 结 果
1. 确定计算功率	由表 10-7 查得 $K_A = 1.2$ 由式（10-13）得 $$P_c = K_A P = 1.2 \times 7 = 8.4 \text{kW}$$	$P_c = 8.4 \text{kW}$
2. 选择 V 带型号	根据 $P_c = 8.4 \text{kW}$，$n_1 = 970 \text{r/min}$，由图 10-8 可选取普通 B 型的 V 带	选取普通 B 型的 V 带
3. 确定带轮基准直径，并验算带速 v	由图 10-8 可知，小带轮基准直径的推荐值为 112~140mm 由表 10-8，取 $d_{d1} = 125\text{mm}$，故 $$d_{d2} = d_{d1} \frac{n_1}{n_2} = 125 \times \frac{970}{420} = 288.7\text{mm}$$ 由表 10-8，取 $d_{d2} = 280\text{mm}$，则实际传动比 i 为 $$i = \frac{d_{d2}}{d_{d1}} = \frac{280}{125} = 2.24$$ 由式（10-14）得带速 v 为 $$v = \frac{3.14 d_{d1} n_1}{60 \times 1000} = \frac{3.14 \times 125 \times 970}{60 \times 1000} = 6.3\text{m/s}$$ v 值在 5~25m/s 范围内，带速合理	$d_{d1} = 125\text{mm}$ $d_{d2} = 280\text{mm}$ 合理
……		

二、圆柱直齿轮传动设计计算

计 算 项 目	计 算 内 容 及 说 明	计 算 结 果
1. 选择齿轮材料及热处理方法	该传动为一般用途，故选 8 级精度 查表 12-1 可得 小齿轮为 45 钢调质处理 HBS1 = 230MPa 大齿轮为 45 钢正火处理 HBS2 = 190MPa	小齿轮 45 钢调质处理 HBS1 = 230MPa 大齿轮 45 钢 正火处理 HBS2 = 190MPa
2. 确定许用应力	查表 12-6 得，两试验齿轮材料的接触疲劳极限应力分别为 $\sigma_{\text{Hlim1}} = 568.4\text{MPa}$ ；$\sigma_{\text{Hlim2}} = 531.2\text{MPa}$ 查表 12-7 得，接触疲劳强度的最小安全系数 $S_{\text{Hlim}} = 1.0$ ，则两齿轮材料的许用接触应力分别为 $$[\sigma_{\text{H1}}] = \frac{\sigma_{\text{Hlim1}}}{S_{\text{Hlim}}} = \frac{568.4}{1} = 568.4\text{MPa}$$ $$[\sigma_{\text{H2}}] = \frac{\sigma_{\text{Hlim2}}}{S_{\text{Hlim}}} = \frac{531.2}{1} = 531.2\text{MPa}$$	$[\sigma_{\text{H1}}] = 568.4\text{MPa}$ $[\sigma_{\text{H2}}] = 531.2\text{MPa}$
3. 根据设计准则，按齿面接触疲劳强度进行设计	由式（12-6）得 $$d_1 \geqslant \sqrt[3]{\frac{KT_1}{\psi_{\text{d}}} \times \frac{u+1}{u} \times \left(\frac{3.54 \times Z_{\text{E}}}{[\sigma_{\text{H}}]}\right)^2}$$ 式中，小齿轮的转矩为 $$T_1 = 9.55 \times 10^6 \frac{P}{n_1} = 9.55 \times 10^6 \times \frac{8}{600} = 1.273 \times 10^5 \text{N} \cdot \text{mm}$$ 查表 12-3，取载荷系数 $K = 1.4$ 查表 12-4，查取弹性系数 $Z_{\text{E}} = 189.8 \sqrt{\text{MPa}}$ 取齿宽系数 $\psi_{\text{d}} = 1$（闭式传动软齿面） $[\sigma_{\text{H}}]$ 以较小值 $[\sigma_{\text{H2}}] = 531.2\text{MPa}$ 代入得 $$d_1 \geqslant \sqrt[3]{\frac{1.4 \times 1.273 \times 10^5}{1} \times \frac{3+1}{3} \times \left(\frac{3.54 \times 189.8}{531.2}\right)^2}$$ $$= 72.38\text{mm}$$	$d_1 = 72.38\text{mm}$
……		

……

答辩准备及题选

10.1　答 辩 准 备

答辩是课程设计的最后一个环节，其目的是检查学生实际掌握的设计知识情况及评价学生的设计成果。学生完成课程设计任务后，应及时做好答辩准备。

答辩前，应做好以下几方面的工作：

（1）学生应从方案设计到结构设计的各方面具体问题入手，对整个设计过程做系统全面的回顾和总结。通过回顾和总结，搞清不懂或不甚理解的有关问题，进一步巩固和提高分析与解决工程问题的能力。

（2）完成规定的设计任务后，需经指导老师签字，整理好设计结果，叠好图纸，装订好设计计算说明书，一起放入资料袋内，然后方可答辩。资料袋封面上应标明袋内包含内容、班级、姓名、指导教师和完成日期等。

课程设计答辩工作由指导教师负责组织，每个学生单独进行。答辩中所提的问题，一般以课程设计所涉及到的设计方法、设计步骤、设计图纸和设计计算说明书的内容为限，教师可就方案制定、总体设计、理论计算、参数确定、结构设计、材料工艺、尺寸公差、润滑密封、使用维护、标准运用及工程制图等方面广泛提出质疑，由学生来回答。通过课程设计答辩，使学生能够发现自己的设计过程和设计图纸中存在的或未曾考虑到的问题，并使问题得以解决，从而取得更大收获。

课程设计的成绩，是以设计图纸、设计计算说明书和在答辩中回答问题的情况为依据，并参考在课程设计过程中的表现进行综合评定。答辩只是一种手段，通过答辩达到系统总结设计方法，巩固和提高解决工程实际问题的能力才是真正的目的。

10.2　课程设计的答辩题选

答辩题目可以从以下问题中选择：

（1）简述课程设计包括哪些内容，并说明机器通常是由哪几部分所组成？

（2）简述机械传动系统的总体设计包括哪些内容？

（3）在传动系统总体设计中，电动机型号是如何确定的？

（4）在传动系统总体设计中，传动比是如何分配的？

（5）在展开式双级圆柱齿轮减速器中，其高速级和低速级的传动比如何进行分配？

（6）谈谈是如何选择蜗杆、蜗轮的材料及热处理的，其合理性何在？

（7）在链传动设计中，为什么链节数常取偶数？

（8）什么情况下需将齿轮和轴做成一体，这对轴有何影响？

（9）简述齿轮减速器主要是由哪几部分所组成的？

（10）简述齿面硬度 HBS≤350 和 HBS>350 的齿轮的热处理方法和加工工艺过程。

（11）在传动系统总体设计中，电动机满载转速如何选定？

（12）铸造齿轮与锻造齿轮各适用于什么情况，其优点分别如何？

（13）斜齿轮与直齿轮相比较有哪些优点，设计时斜齿轮的螺旋角 β 应取多大为宜？

（14）为什么计算斜齿圆柱齿轮螺旋角时必须精确到秒，为什么计算齿轮分度圆直径时必须精确到小数点后 2~3 位数？

（15）进行斜齿圆柱齿轮传动计算时，可以通过哪几种方法来保证传动的中心距为减速器标准中心距？

（16）作为动力传动用途的齿轮减速器，其齿轮模数 m 应如何取值，为什么？

（17）以接触疲劳强度为主要设计准则的齿轮传动，小齿轮齿数 z_1 常取多少为好，为什么？

（18）齿轮减速器两级传动的中心距是如何确定的？

（19）进行蜗杆传动计算时，可以调整哪些参数来保证中心距为整数？

（20）普通圆柱蜗杆传动有哪些主要参数？与齿轮传动相比较，有哪些不同之处，为什么？

（21）多头蜗杆的传动效率为什么高？为什么动力传动时又限制蜗杆的头数，使之 z_1 ≤4 呢？

（22）蜗杆减速器中，为什么有时采用蜗杆上置，有时采用蜗杆下置？

（23）与齿轮传动相比较，蜗杆传动易发生哪些损坏，为什么？

（24）蜗杆减速器为什么要进行热平衡计算，当热平衡不满足要求时应采取什么措施？

（25）蜗杆传动有何优缺点？在齿轮和蜗杆组成的多级传动中，为何多数情况下是将蜗杆传动放在高速级？

（26）为什么规定圆锥齿轮的大端模数为标准值？

（27）圆锥齿轮传动与圆柱齿轮传动组成的多级传动中，为什么尽可能将圆锥齿轮传动放在高速级？

（28）小圆锥齿轮在什么情况下与轴做成一体？若锥齿轮与轴间用键联接，其键槽部分要标注哪些配合公差，如何选择？

（29）圆锥齿轮传动的传动比为什么一般比圆柱齿轮传动的传动比小？

（30）简单归纳轴的一般设计方法与步骤。

（31）谈谈是如何选择轴的材料及热处理的，其合理性何在？

（32）轴的跨距应怎样确定，确定跨距时要注意哪些结构上的问题？

（33）常见的轴的失效形式有哪些，设计中如何防止，在选择轴的材料时有哪些考虑？

（34）轴的结构与哪些因素有关？试说明你所设计的减速器低速轴各个变截面的作用及截面尺寸变化大小确定的原则。

（35）轴上零件用轴肩定位有何优缺点？当用轴肩定位齿轮时，轴肩圆角半径、齿轮孔倒角及轴肩高度之间应满足什么关系？

（36）用轴肩定位滚动轴承时，其轴肩高度与圆角半径如何确定？

（37）当轴与轴上零件之间用键联接，若传递转矩较大而键的强度不够时，应如何解决？

（38）套筒在轴的结构设计中起什么作用，如何正确设计？

（39）为什么同一根轴上有几个键槽时，应设计在同一根母线上？轴上键槽为什么有对称度公差要求？

（40）确定外伸端轴毂尺寸时要考虑什么，怎样确定键在轴段上的轴向位置？

（41）为什么要调整滚动轴承轴向间隙，如何调整？

（42）为什么滚动轴承内圈与轴的配合用基孔制，而轴承外圈与轴承孔的配合用基轴制？

（43）根据什么确定滚动轴承内径，内径确定后怎样使轴承满足预期寿命的要求？

（44）滚动轴承组件的合理设计应考虑哪些方面的要求？

（45）滚动轴承的设计寿命如何选取和确定，为什么？

（46）如果你所设计的齿轮减速器内用圆锥滚子轴承，试说明一对轴承正安装和反安装两种布置的优缺点。

（47）滚动轴承润滑方式的选择原则是什么，你是如何考虑和解决轴承润滑问题的？

（48）怎样使上置蜗轮轴上的滚动轴承得到润滑油供应？

（49）油沟中的润滑油如何进入轴承？有些减速器箱座剖分面的油沟不通向轴承，却伸向内壁面，这样的油沟起何作用？

（50）轴承端盖的作用是什么，凸缘式和嵌入式轴承端盖各有什么特点？

（51）如果发现嵌入式轴承端盖漏油，应采取什么措施？

（52）采用唇式密封圈密封时，其唇口的安装方向应如何确定？

（53）轴伸出端的密封形式应根据什么原则来选择？

（54）在什么情况下要加设挡油盘，挡油盘的位置及尺寸如何考虑？

（55）蜗杆轴两旁的挡油盘有什么作用，挡油盘外圆与座孔间的半径间隙取多大为宜？

（56）小锥齿轮轴的轴承多放在一个套杯内，而不是直接装于箱体轴承孔内，这是为什么？

（57）小锥齿轮轴采用正安装或反安装轴承组件，用什么方法来调整轴承的间隙，轴承如何进行润滑？

（58）你所设计的传动系统中选用了哪些联轴器，为什么要这样选取，联轴器安装时对轴的结构有什么要求？

（59）怎样确定安装弹性圈柱销联轴器的外伸端长度？

（60）联轴器中两孔直径是否必须相等，为什么？

（61）减速器箱体的功用是什么，为什么减速器箱体多采用剖分式结构？

（62）箱盖与箱座的相对位置如何精确保证？

（63）为什么轴承两旁的联接螺栓要尽量靠近轴承孔中心线，如何合理确定螺栓中心线位置及凸台高度？

（64）如何考虑减速器箱体的强度和刚度要求？加强肋放在什么位置较好，为什么？

（65）定位销的材料如何选用，尺寸如何确定？

（66）焊接箱体和铸造箱体各有何优缺点，各用于什么场合？

（67）在轴的结构设计中，轴上的倒角有何作用？

（68）怎样使杆式油标能正确量出油面高度？油标放在高速轴一侧还是低速轴一侧，为什么？

（69）轴的结构设计的一般原则是什么？结合轴零件工作图，说明是如何体现这些原则的。

（70）指出轴零件工作图中所标注的形位公差，并说明为什么要标注这些形位公差。

（71）在轴的弯扭组合变形强度计算中，若轴是频繁正、反转工作，其折合系数应取多少？

（72）在轴的弯扭组合变形强度计算中，若轴是单方向连续转动，其折合系数应取多少？

（73）在轴的弯扭组合变形强度计算中，若轴是单方向间断转动，其折合系数应取多少？

（74）在蜗杆减速器的设计中，若进行运动传递时，其蜗杆头数如何确定？若动力传递时，其蜗杆头数如何确定？

（75）怎样检查传动零件（齿轮或蜗轮、蜗杆）的接触精度，接触精度的高低对传动有何影响？

（76）谈谈减速器装配图上所需标注的是哪四类尺寸？结合装配图对所标注的尺寸的属类具体加以说明。

（77）设计中为何要尽量选用标准件？

（78）齿轮与轴、轴承内圈与轴、联轴器与轴以及轴承外圈与孔的配合是哪些？

（79）在减速器装配图中应标注哪几类尺寸？

（80）在零件工作图中应标注哪几类尺寸？

（81）结合减速器装配图，说明传动零件及滚动轴承的润滑问题是如何考虑和解决的。

（82）什么叫跑合，减速器为什么都要经过跑合运转？

（83）轴上零件周向固定有哪些方法，在你的课程设计中用到了哪些方法？

（84）轴上零件轴向固定和定位有哪些方法，在你的课程设计中用到了哪些方法？

（85）在传动方案设计中，带传动常布置在高速轴上，为什么？

（86）在传动方案设计中，链传动常布置在低速轴上，为什么？

（87）在传动方案设计中，开式齿轮传动应布置在低速轴上还是高速轴上，为什么？

（88）在圆锥-圆柱齿轮双级减速器的设计中，圆锥齿轮传动应布置在低速轴上还是高速轴上，为什么？

（89）在减速器的附件设计中，起吊装置有哪些结构形式，如何确定其结构尺寸？

（90）在减速器的附件设计中，窥视孔和视孔盖位置如何确定，其作用是什么？

（91）在减速器的附件设计中，通气器的作用是什么，如何确定其结构尺寸？

（92）在减速器的附件设计中，放油螺塞的作用是什么，如何确定其位置？

（93）在减速器的附件设计中，启盖螺钉的作用是什么，其数量有多少？

（94）在减速器的附件设计中，定位销的作用是什么，其数量有多少，如何确定其位置？

（95）在减速器的附件设计中，油面指示装置作用是什么，如何确定其位置？

（96）在滚动轴承设计中，为什么角接触球轴承和圆锥滚子轴承须配对使用？

（97）在联轴器的类型选用中，其选用依据是什么？

（98）闭式软齿面齿轮传动中，其主要失效形式是什么，其设计准则是什么？

（99）闭式硬齿面齿轮传动中，其主要失效形式是什么，其设计准则是什么？

（100）齿轮有哪些加工方法，各适用什么范围？

（101）箱体剖分面上油沟如何加工，设计油沟时应注意哪些问题？

（102）大齿轮和小齿轮宽度如何确定？

（103）输入轴和输出轴各选用何种类型的联轴器，为什么？

（104）减速器有哪些部位需要密封，各采用何种形式的密封？

（105）箱体加肋板的作用是什么？比较内、外肋板的优缺点。

（106）减速器内为什么有最高油面和最低油面，如何确定最高油面和最低油面？

（107）在确定轴的最小直径时如何选用材料系数 A 值？

（108）在滚动轴承中，内、外圈常用的轴向固定方法有哪些？

（109）在斜齿轮传动设计中，何种面上的参数是标准参数，其当量齿数是否需要圆整？

（110）设计带传动时所需的原始数据有哪些，设计的主要内容有哪些？

（111）设计链传动时所需的原始数据有哪些，设计的主要内容有哪些？

（112）电动机的同步转速与满载转速是否相同，设计中一般选用哪一转速，为什么？

（113）机械传动系统的总效率如何确定？

（114）表面粗糙度对零件工作性能有哪些影响？

（115）尺寸链为什么不能封闭？

（116）轴上为什么有时有退刀槽和越程槽，其作用分别是什么？

（117）在减速器设计中，确定轴承座宽度的依据是什么，为什么要增大 5~8mm？

（118）在闭式软齿面齿轮传动设计中，为什么小齿轮的齿面硬度要高于大齿轮？另在闭式硬齿面齿轮传动设计中，为什么大、小齿轮的齿面硬度几乎相等？

（119）在减速器箱体设计中，上箱盖已有起吊装置，为什么下箱座上还要有起吊装置，这两个起吊装置的作用分别是什么？

（120）谈谈自己完成机械设计课程设计的体会和收获，并说明设计中的优点和不足。

第 2 篇

设 计 资 料

11 一般标准与规范

11.1 常用材料弹性模量及泊松比

表 11-1 所示为常用材料弹性模量及泊松比。

表 11-1 常用材料弹性模量及泊松比

表 11-1　常用材料弹性模量及泊松比

名　称	弹性模量/GPa	切变模量/GPa	泊松比 μ	名　称	弹性模量/GPa	切变模量/GPa	泊松比 μ
灰铸铁	118~126	44.3	0.3	轧制铝	68	25.5~26.5	0.32~0.36
球墨铸铁	173		0.3	铸铝青铜	103	11.1	0.3
碳钢、镍铬钢、	206	79.4	0.3	铸锡青铜	103		0.3
合金钢				硬质合金	70	26.5	0.3
铸钢	202		0.3	轧制锌	82	31.4	0.27
轧制纯铜	108	39.2	0.31~0.34	铅	16	6.8	0.42
冷拔纯铜	127	48.0		玻璃	55	1.96	0.25
轧制黄铜	89~113	34.3~36.3	0.32~0.42	有机玻璃	29.42		

11.2　机　械　制　图

11.2.1　图纸幅面、比例、标题栏及明细表

表 11-2 所示为图纸幅面，表 11-3 所示为图样比例，图 11-1 所示为标题栏格式，图 11-2 所示为明细表格式。

表 11-2　图纸幅面（摘自 GB/T 14689—2008）

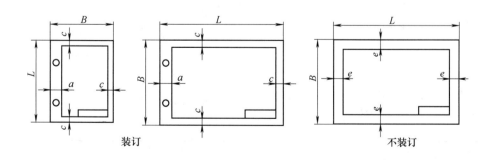

装订　　　　　　　　　　　　　　　不装订

幅面代号	A0	A1	A2	A3	A4
$B \times L$	841×1189	594×841	420×594	297×420	210×297
c	10			5	
a	25				
e	20			10	

注：1. 表中为基本幅面的尺寸。

2. 必要时可以将表中幅面的边长加长，成为加长幅面。它是由基本幅面的短边成整数倍增加后得出。

3. 加长幅面图框尺寸，按所选用的基本幅面大一号的图框尺寸确定。

表 11-3　图样比例（摘自 GB/T 14690—1993）

原值比例	1：1
缩小比例	（1：1.5）　1：2　1：2.5　（1：3）　（1：4）　1：5　（1：6）　1：10 （1：1.5×10^n）　1：2×10^n　1：2.5×10^n　（1：3×10^n） （1：4×10^n）　1：5×10^n　（1：6×10^n）　1：1×10^n
放大比例	2：1　（2.5：1）　（4：1）　5：1　1×10^n：1 2×10^n：1　（2.5×10^n：1）　（4×10^n：1）　5×10^n：1

注：1. 绘制同一机件的一组视图时应采用同一比例，当需要用不同比例绘制某个视图时，应当另行标注。

2. 当图形中孔的直径或薄片的厚片等于或小于 2mm，斜度和锥度较小时，可不按比例而夸大绘制。

3. n 为正整数。

4. 括号内的比例，必要时允许选取。

		图号	(30×8)	比例	(30×8)
(70×16)		材料	(30×8)	数量	(30×8)
设计	(35×8)	年　月		机械设计课程设计 (45×24)	(校名)(班名) (45×24)
绘图	(35×8)	(20×8)			
审核	(35×8)	(20×8)			

注：图中括号内为图框尺寸"长×高"。

图 11-1　零件图标题栏格式（本课程用）

(10×7)	(40×7)	(10×7)	(25×7)	(55×7)	(20×8)
3	螺栓	6	Q235-A	GB 5782—86　M12×60	
2	大齿轮	1	45		
1	箱座	1	HT200		
序号	名称	数量	材料	标准及规格	备注
(70×16)			比例	重量	共　张
					第　张
设计	(35×8)	年　月	机械设计课程设计 (45×24)		(校名)(班名) (45×24)
绘图	(35×8)	(20×8)			
审核	(35×8)	(20×8)			

注：图中括号内为图框尺寸"长×高"。

图 11-2　装配图标题栏及明细表格式（本课程用）

11.2.2 滚动轴承表示法（GB/T 4459.7—1998）

GB/T 4459.7—1998 规定了滚动轴承的简化画法和规定画法。简化画法又分为通用画法和特征画法，在同一图样中一般只采用通用画法或特征画法中的一种。采用规定画法绘制滚动轴承的剖视图时，其滚动体不画剖面线，各套圈等可画成方向和间隔相同的剖面线。在不致引起误解时，也允许省略不画。

表 11-4 列出滚动轴承的通用画法，其特征画法请参阅相关机械设计手册。表 11-5 为滚动轴承的承载特性与结构特征要素符号。

表 11-4 滚动轴承的通用画法

通用画法	说　明	通用画法	说　明
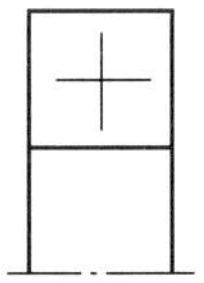	在剖视图中，当不需要确切地表示滚动轴承的外形轮廓、载荷特性、结构特征时，可用矩形线框及位于线框中央正立的十字符号表示，如图所示。十字符号不应与矩形线框接触	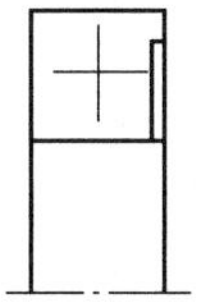 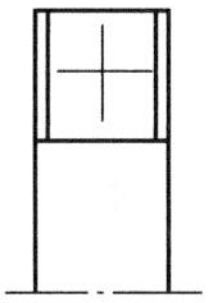	当需要表示滚动轴承的防尘盖和密封圈时，可分别按左图方法绘制
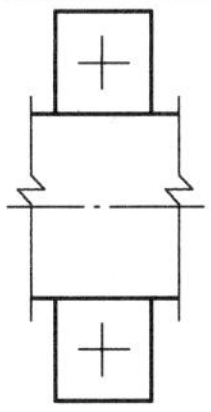	通用画法应绘制在轴的两侧，如图所示		
	如需确切地表示滚动轴承的外形，则应画出其剖面轮廓，并在轮廓中央画出正立的十字符号，十字符号不应与剖面轮廓线接触，如图所示		当需要表示滚动轴承内圈或外圈有、无挡边时，可按左图的方法绘制。在十字符号上附加一短画，表示内圈或外圈无挡边的方向
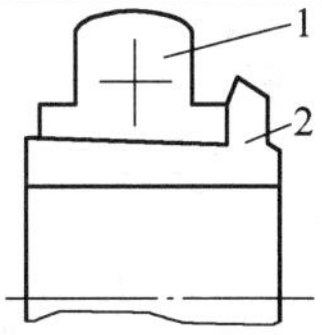 1—外球面球轴承（GB/T 3882）； 2—紧定套（GB/T 7919.2）	滚动轴承带有附件或零件时，则这些附件或零件也可只画出其外形轮廓，如图所示	外圈无挡边 内圈有单边挡边	
	在装配图中，为了表达滚动轴承的安装方法，可画出滚动轴承的某些零件，如图所示		

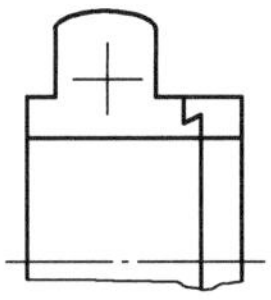

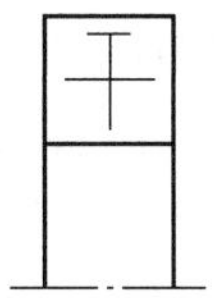

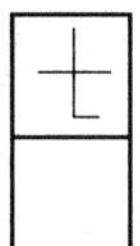

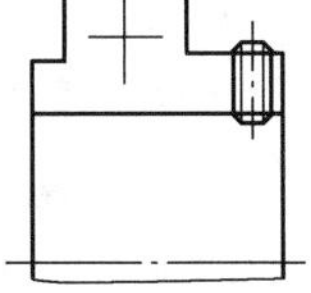

表 11-5 滚动轴承的承载特性与结构特征要素符号

轴承承载特性		轴承结构特征			
		两个套圈		三个套圈	
		单列	双列	单列	双列
径向承载	不可调心				
	可调心				
轴向承载	不可调心				
	可调心				
径向和轴向承载	不可调心				
	可调心				

注：表中滚动轴承只画出了其轴线一侧的部分。

11.2.3 中心孔表示法

中心孔表示法如表 11-6 所示。

表 11-6 中心孔表示法（摘自 GB/T 4459.5—1999）

中心孔的规定符号完工零件上是否保留	要求	符号	表示法示例	说明
	在完工的零件上要求保留中心孔		GB/T 4459.4–B2.5/8	采用 B 型中心孔；$D = 2.5$ mm，$D_1 = 8$ mm；在完工的零件上要求保留
	在完工的零件上可以保留中心孔		GB/T 4459.5–A4/8.5	采用 A 型中心孔；$D = 4$ mm，$D_1 = 8.5$ mm；在完工的零件上是否保留都可以
	在完工的零件上不允许保留中心孔		GB/T 4459.5–A1.6/3.35	采用 A 型中心孔；$D = 1.6$ mm，$D_1 = 3.35$ mm；在完工的零件上不允许保留

续表 11-6

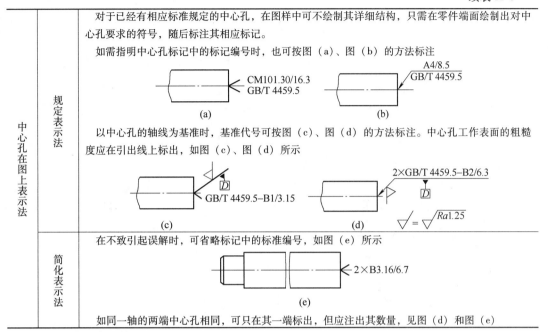

中心孔在图上表示法	规定表示法	对于已经有相应标准规定的中心孔，在图样中可不绘制其详细结构，只需在零件端面绘制出对中心孔要求的符号，随后标注其相应标记。 如需指明中心孔标记中的标记编号时，也可按图（a）、图（b）的方法标注 以中心孔的轴线为基准时，基准代号可按图（c）、图（d）的方法标注。中心孔工作表面的粗糙度应在引出线上标出，如图（c）、图（d）所示
	简化表示法	在不致引起误解时，可省略标记中的标准编号，如图（e）所示 如同一轴的两端中心孔相同，可只在其一端标出，但应注出其数量，见图（d）和图（e）

11.2.4　装配图中允许采用的简化画法

表 11-7 所示为装配图中允许采用的简化画法。

表 11-7　装配图中允许采用的简化画法（摘自 GB/T 4458.1—2002）

		简化前	简化后	说　明
轴承端面、视孔盖、密封件的简化画法	轴承盖			（1）轴承盖与轴承接触处的通油槽按直线绘制； （2）轴承盖与箱体孔端部配合处的工艺槽已省略； （3）轴承按简化画法只需绘一半
	观察孔盖		拆去视孔盖部件	在左视图中注明"拆去视孔盖部件"后，只需绘出孔的宽度及螺钉位置
	密封件			对称部分的结构（如密封件、轴承），只需绘出一半

		简化前	简化后	说　明
平键联接的简化画法	平键联接			键的简化画法是直接在圆柱或圆锥面上画出键的安装高度及其长度，省去复杂的相贯线
螺栓联接的简化画法	单个螺栓联接			简化后： （1）螺母和螺栓头部均用直线绘制； （2）螺栓端部倒角允许省略不画； （3）不通的螺纹孔不必绘出钻孔深度； （4）弹簧垫圈的开口部分用粗实线绘制，其倾斜角为 60°
	螺栓组联接			（1）轴承旁的联接螺栓只需画一个，但应剖开； （2）轴承端盖上的螺钉也只需画出一个，其余用中心线表示
其他				在装配图或零件图剖视图的剖面中可再作一次局部剖分，两个剖面的剖面线应同方向，同间隔，但要互相错开，并用引出线标注其名称；当剖切位置明显时，也可以省略标注
		与投影面倾斜角度小于或等于 30° 的圆或圆弧，其投影可用圆或圆弧替代		
		网纹 0.8		网状物、编织物或机件上的滚花部分，可在轮廓线附近用细实线示意画出，并在零件图上或技术要求中注明此结构的具体要求

11.2.5 常用零件的规定画法

表 11-8 所示为常用零件的规定画法。

表 11-8 常用零件的规定画法（摘自 GB 4459.1—1995，GB/T 4459.2—2003，GB/T 4459.3—2000）

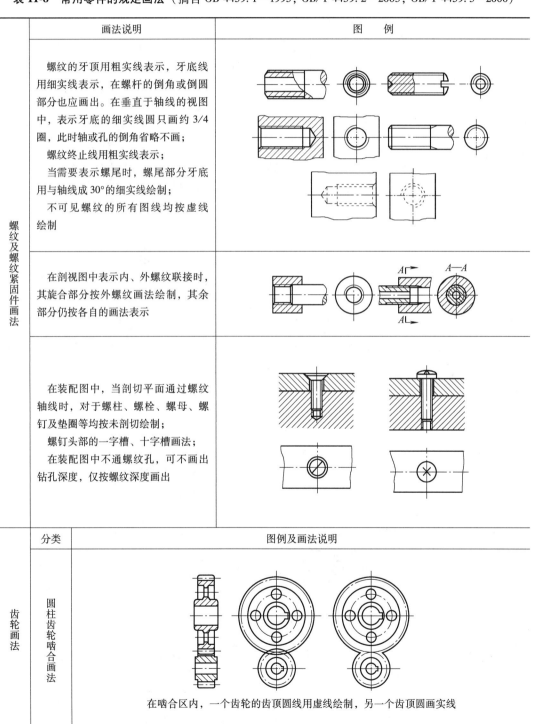

	画法说明	图　例
螺纹及螺纹紧固件画法	螺纹的牙顶用粗实线表示，牙底线用细实线表示，在螺杆的倒角或倒圆部分也应画出。在垂直于轴线的视图中，表示牙底的细实线圆只画约 3/4 圈，此时轴或孔的倒角省略不画； 螺纹终止线用粗实线表示； 当需要表示螺尾时，螺尾部分牙底用与轴线成 30°的细实线绘制； 不可见螺纹的所有图线均按虚线绘制	
	在剖视图中表示内、外螺纹联接时，其旋合部分按外螺纹画法绘制，其余部分仍按各自的画法表示	
	在装配图中，当剖切平面通过螺纹轴线时，对于螺柱、螺栓、螺母、螺钉及垫圈等均按未剖切绘制； 螺钉头部的一字槽、十字槽画法； 在装配图中不通螺纹孔，可不画出钻孔深度，仅按螺纹深度画出	

	分类	图例及画法说明
齿轮画法	圆柱齿轮啮合画法	在啮合区内，一个齿轮的齿顶圆线用虚线绘制，另一个齿顶圆画实线

续表 11-8

<table>
<tr><th colspan="3">分类</th><th>图例及画法说明</th></tr>
<tr><td rowspan="2">齿轮画法</td><td colspan="2">圆柱齿轮啮合画法</td><td>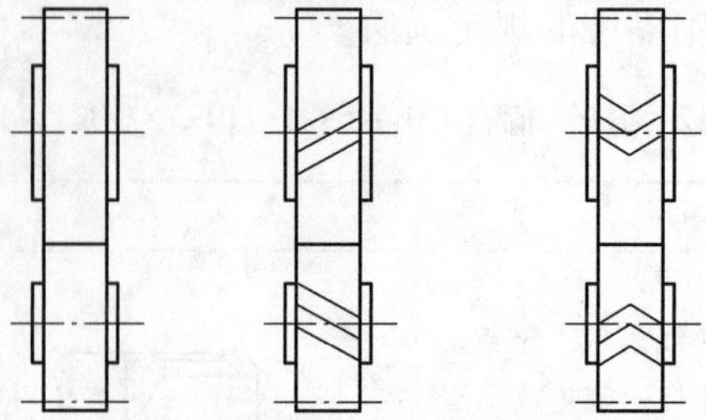
啮合区只画节线（用粗实线绘制）</td></tr>
<tr><td>锥齿轮啮合画法</td><td>轴线成直角啮合</td><td>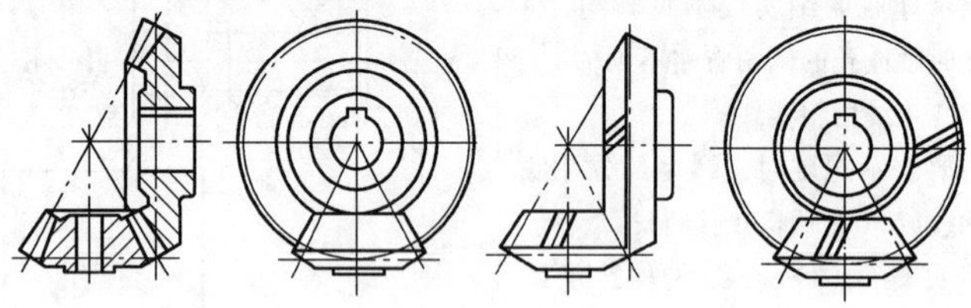</td></tr>
<tr><td rowspan="2">蜗杆蜗轮画法</td><td rowspan="2">蜗轮蜗杆啮合画法</td><td>圆柱蜗杆啮合</td><td>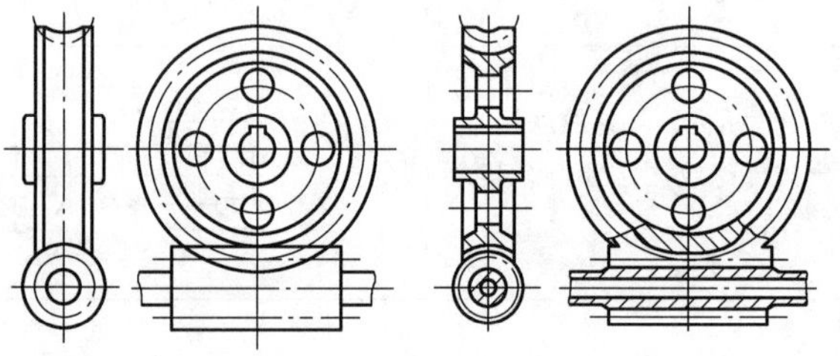</td></tr>
<tr><td>弧面蜗杆啮合</td><td>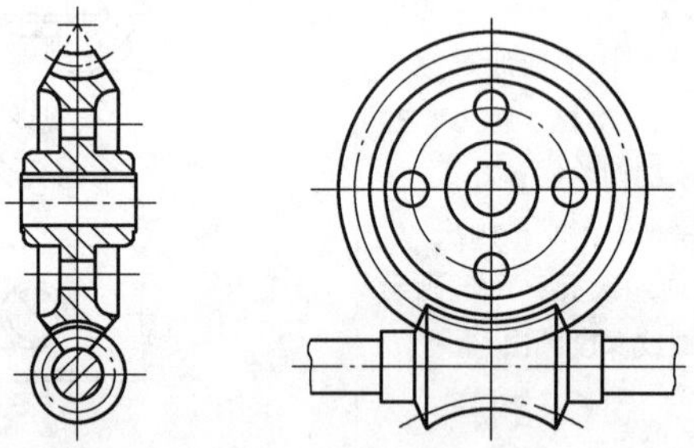</td></tr>
<tr><td>花键的画法</td><td colspan="2">矩形花键</td><td>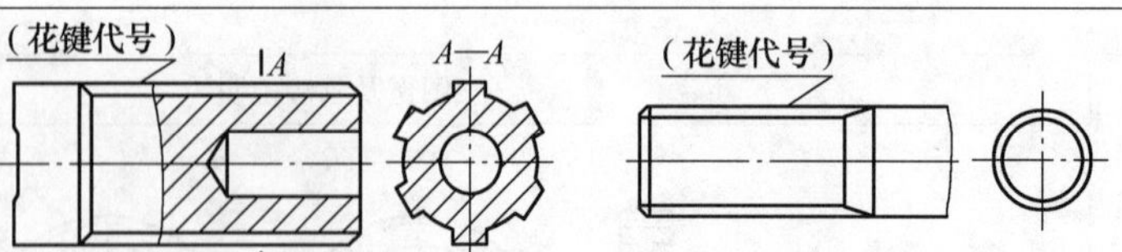
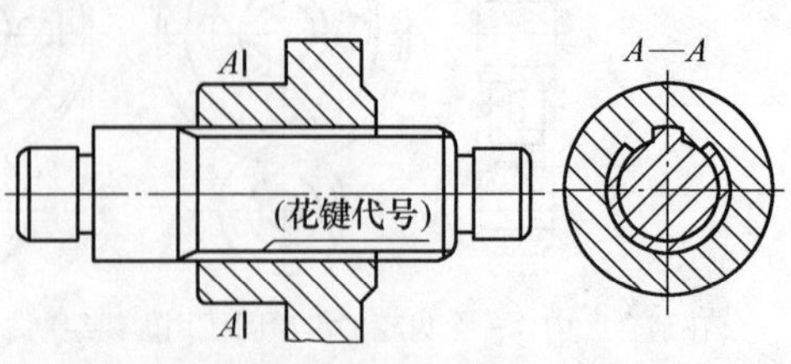
采用有关标准规定的花键代号标注时，其注法如图所示</td></tr>
</table>

续表 11-8

分类		图例及画法说明
花键的画法	渐开线花键	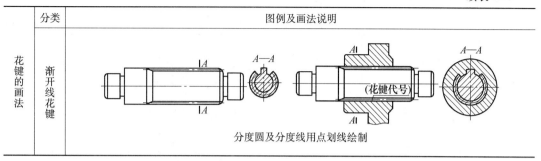 分度圆及分度线用点划线绘制

11.3　一般标准

表 11-9 所示为直径、长度和高度等的标准尺寸。

表 11-9　标准尺寸（直径、长度和高度等）（摘自 GB/T 2822—2005）　　　　（mm）

R10	R20	R10	R20	R40	R10	R20	R40	R10	R20	R40	R10	R20	R40
1.25	1.25	12.5	12.5	12.5	40.0	40.0	40.0	125	125	125	400	400	400
	1.40			13.2			42.5			132			425
1.60	1.60		14.0	14.0		45.0	45.0		140	140		450	450
	1.80			15.0			47.5			150			475
2.00	2.00	16.0	16.0	16.0	50.0	50.0	50.0	160	160	160	500	500	500
	2.24			17.0			53.0			170			530
2.50	2.50		18.0	18.0		56.0	56.0		180	180		560	560
	2.80			19.0			60.0			190			600
3.15	3.15	20.0	20.0	20.0	63.0	63.0	63.0	200	200	200	630	630	630
	3.55			21.2			67.0			212			670
4.00	4.00		22.4	22.4		71.0	71.0		224	224		710	710
	4.50			23.6			75.0			236			750
5.00	5.00	25.0	25.0	25.0	80.0	80.0	80.0	250	250	250	800	800	800
	5.60			26.5			85.0			265			850
6.30	6.30		28.0	28.0		90.0	90.0		280	280		900	900
	7.10			30.0			95.0			300			950
8.00	8.00	31.5	31.5	31.5	100	100	100	315	315	315	1000	1000	1000
	9.00			33.5			106			335			1060
10.0	10.0		35.5	35.5		112	112		355	355		1120	1120
	11.2			37.5			118			375			1180

注：1. 选用标准尺寸的顺序为 R10、R20、R40。

2. 本标准适用于机械制造业中有互换性或系列化要求的主要尺寸，其他结构尺寸也尽量采用。对已有专用标准（如滚动轴承、联轴器等）规定的尺寸，按专用标准选用。

表 11-10 所示为圆柱形轴伸的标准尺寸。

表 11-10　圆柱形轴伸（摘自 GB/T 1569—2005）　（mm）

d 基本尺寸	d 极限偏差	L 长系列	L 短系列	d 基本尺寸	d 极限偏差	L 长系列	L 短系列	d 基本尺寸	d 极限偏差	L 长系列	L 短系列
6	+0.006 / -0.002	16	—	19		40	28	40		110	82
7		16	—	20		50	36	42	+0.018 / +0.002　k6	110	82
8	+0.007 / -0.002	20	—	22	+0.009 / -0.004　j6	50	36	45		110	82
9		20	—	24		50	36	48		110	82
10	j6	23	20	25		60	42	50		110	82
11		23	20	28		60	42	55		110	82
12		30	25	30		80	58	60		140	105
14	+0.008 / -0.003	30	25	32		80	58	65	+0.030 / +0.011　m6	140	105
16		40	28	35	+0.018 / +0.002　k6	80	58	70		140	105
18		40	28	38		80	58	75		140	105

表 11-11 所示为中心孔的标准尺寸。

表 11-11　中心孔（摘自 GB/T 145—2001）　（mm）

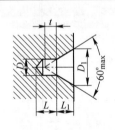

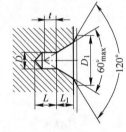

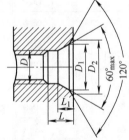

A 型不带护锥中心孔　　　　B 型带护锥中心孔　　　　C 型带螺纹中心孔

标记示例　直径 $D = 4$mm 的 A 型中心孔：中心孔 A4/8.5　GB/T 145—2001

D (A、B 型)	D_1 A 型	D_1 B 型	L_1(参考) A 型	L_1(参考) B 型	T(参考) A、B 型	D (C 型)	D_1	D_2	L	L_1(参考)	选择中心的参考数据 轴状原料最大直径 D_0	原料端部最小直径 D_0	零件最大质量/kg
2.0	4.25	6.3	1.95	2.54	1.8						>10~18	8	120
2.5	5.30	8.0	2.42	3.20	2.2						>18~30	10	200
3.15	6.70	10.00	3.07	4.03	2.8	M3	3.2	5.8	2.6	1.8	>30~50	12	500
4.00	8.50	12.50	3.90	5.05	3.5	M4	4.3	7.4	3.2	2.1	>50~80	15	800
(5.00)	10.60	16.00	4.85	6.41	4.4	M5	5.3	8.8	4.0	2.4	>80~120	20	1000
6.30	13.20	18.00	5.98	7.36	5.5	M6	6.4	10.5	5.0	2.8	>120~180	25	1500
(8.00)	17.00	22.40	7.79	9.36	7.0	M8	8.4	13.2	6.0	3.3	>180~220	30	2000
10.00	21.20	28.00	9.7	11.66	8.7	M10	10.5	16.3	7.5	3.8	>180~220	35	2500

注：括号内尺寸尽量不用。

表 11-12 所示为配合表面处的圆角半径和倒角尺寸的标准尺寸。

表 11-12　配合表面处的圆角半径和倒角尺寸（摘自 GB/T 6403.4—2008）　（mm）

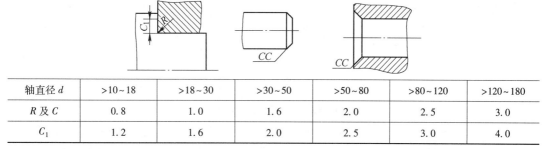

轴直径 d	>10~18	>18~30	>30~50	>50~80	>80~120	>120~180
R 及 C	0.8	1.0	1.6	2.0	2.5	3.0
C_1	1.2	1.6	2.0	2.5	3.0	4.0

注：1. 与滚动轴承相配合的轴及轴承座孔处的圆角半径，参见第 15 章滚动轴承的安装尺寸 r_a、r_b。

　　2. C_1 的数值不属于 GB/T 6403.4—2008，仅供参考。

表 11-13 所示为圆形零件自由表面过渡圆角半径和过盈配合联接轴用倒角的标准尺寸。

表 11-13　圆形零件自由表面过渡圆角半径和过盈配合联接轴用倒角　（mm）

圆角半径		$D-d$	2	5	8	10	15	20	25	30	35	40	50	55	65	70	90
		R	1	2	3	4	5	8	10	12	12	16	16	20	20	25	25
		$D-d$	100	130	140	170	180	220	230	290	300	360	370	450			
		R	30	30	40	40	50	50	60	60	80	80	100	100			
过盈配合联接轴用倒角		D	10	>10 ~18	>18 ~30	>30 ~50	>50 ~80	>80 ~120	>120 ~180	>180 ~260	>260 ~360	>360 ~500				
		a	1	1.5	2	3	5	5	8	10	10	12				
		α		30°				10°								

（上表左侧为图示：圆角半径图、过盈配合联接轴用倒角图 CC）

注：尺寸 $D-d$ 是表中数值的中间值时，则按较小尺寸来选取 R。例如，$D-d=98$，则按 90 选取 $R=25$。

表 11-14 所示为砂轮越程槽的标准尺寸。

表 11-14　砂轮越程槽（摘自 GB/T 4603.5—2008）　（mm）

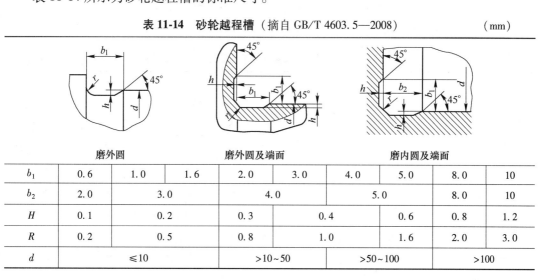

	磨外圆			磨外圆及端面			磨内圆及端面	
b_1	0.6	1.0	1.6	2.0	3.0	4.0	5.0	8.0	10
b_2	2.0	3.0		4.0		5.0		8.0	10
H	0.1	0.2		0.3		0.4		0.6	0.8	1.2
R	0.2	0.5		0.8		1.0		1.6	2.0	3.0
d	≤10			>10~50		>50~100		>100

表 11-15 所示为齿轮滚刀外径尺寸的标准尺寸。

表 11-15　齿轮滚刀外径尺寸（摘自 GB 6083—2016）　　（mm）

模数 m 系列		2	2.25	2.5	2.75	3	3.5	4	4.5	5	5.5	6	6.5	7	8	9	10
滚刀 外径 D	AA 级精度	80		90		100		112		125		140			160	180	200
	AB 级精度	71				80		90	95	100		112	118	125	125	140	150

表 11-16 所示为插刀孔刀槽的标准尺寸。

表 11-16　插刀孔刀槽（摘自 JB/ZQ 4239—1986）　　（mm）

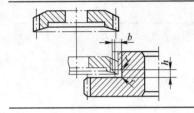

模数	2	2.5	3	4	5	6	7	8	9	10	12	14	16	18	20
h_{min}	5	6	6	6	7	7	7	8	8	8	9	9	9	10	10
b_{min}	5	6	7.5	10.5	13	15	16	19	22	24	28	33	38	42	46
r	0.5			1.0											

11.4　机械设计一般规范

表 11-17 所示为铸件最小壁厚的一般规范尺寸。

表 11-17　铸件最小壁厚（不小于）　　（mm）

铸造 方法	铸件尺寸	铸钢	灰铸铁	球墨 铸铁	可锻 铸铁	铝合金	镁合金	铜合金
砂型	~200×200	6~8	5~6	6	4~5	3	—	3~5
	>200×200~500×500	10~12	>6~10	12	5~8	4	3	6~8
	>500×500	18~25	15~20	—	—	5~7	—	—

注：1. 一般铸造条件下，各种灰铸铁的最小允许壁厚如下所示：

　　HT100、HT150，$\delta=4\sim6$；HT200，$\delta=6\sim8$；HT250，$\delta=8\sim15$；HT300、HT350，$\delta=15$。

　　2. 如有必要，在改善铸造条件下，灰铸铁最小壁厚可达 3mm，可锻铸铁可小于 3mm。

表 11-18 所示为铸造内圆角的一般规范尺寸。

表 11-18　铸造内圆角半径（摘自 JB/ZQ 4255—2006）　　（mm）

	$\dfrac{a+b}{2}$	过渡尺寸 R 值											
		内圆角 α											
		<50°		51°~75°		76°~105°		106°~135°		136°~165°		>165°	
		钢	铁	钢	铁	钢	铁	钢	铁	钢	铁	钢	铁
	≤8	4	4	4	4	6	4	8	6	16	10	20	16
	9~12	4	4	4	4	6	6	10	8	16	12	25	20
	13~16	4	4	6	4	8	6	12	10	20	16	30	25
	17~20	6	4	8	6	10	8	16	12	25	20	40	30
	21~27	6	6	10	8	12	10	20	16	30	25	50	40

续表 11-18

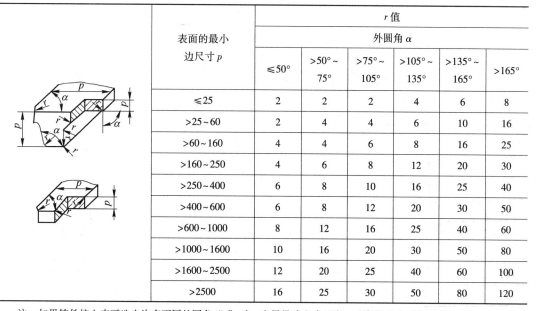

$\dfrac{a+b}{2}$	过渡尺寸 R 值										
	内圆角 α										
	<50°		51°~75°		76°~105°		106°~135°		136°~165°		>165°	
	钢	铁	钢	铁	钢	铁	钢	铁	钢	铁	钢	铁
28~35	8	6	12	10	16	12	25	20	40	30	60	50
36~45	10	8	16	12	20	16	30	25	50	40	80	60
46~60	12	10	20	16	25	20	35	30	60	50	100	80
61~80	16	12	25	20	30	25	40	35	80	60	120	100
81~110	20	16	25	20	35	30	50	40	100	80	160	120
111~150	20	16	30	25	40	35	60	50	100	80	160	120
151~200	25	20	40	30	50	40	80	60	120	100	200	160
201~250	30	25	50	40	60	50	100	80	160	120	250	200
251~300	40	30	60	50	80	60	120	100	200	160	300	250
>300	50	40	80	60	100	80	160	120	250	200	400	300

b/a	<0.4	0.5~0.65	0.66~0.8	>0.8
厚度变化 c≈	0.7(a-b)	0.8(a-b)	a-b	—

过渡距离 h≈		
	钢	8c
	铁	9c

表 11-19 所示为铸造外圆角的一般规范尺寸。

表 11-19　铸造外圆角半径（摘自 JB/ZQ 4256—2006）　　　　（mm）

| 表面的最小边尺寸 p | r 值 | | | | | |
| | 外圆角 α | | | | | |
	≤50°	>50°~75°	>75°~105°	>105°~135°	>135°~165°	>165°
≤25	2	2	2	4	6	8
>25~60	2	4	4	6	10	16
>60~160	4	4	6	8	16	25
>160~250	4	6	8	12	20	30
>250~400	6	8	10	16	25	40
>400~600	6	8	12	20	30	50
>600~1000	8	12	16	25	40	60
>1000~1600	10	16	20	30	50	80
>1600~2500	12	20	25	40	60	100
>2500	16	25	30	50	80	120

注：如果铸件按上表可选出许多不同的圆角"r"时，应尽量减少或只取一适当的"r"值以求统一。

表 11-20 所示为铸造过渡斜度的一般规范尺寸。

表 11-20　铸造过渡斜度（摘自 JB/ZQ 4254—1986）　　　　　　（mm）

铸铁和钢铸件的壁厚 δ	K	h	R
10~15	3	15	5
>15~20	4	20	5
>20~25	5	25	5
>25~30	6	30	8
>30~35	7	35	8
>35~40	8	40	10
>40~45	9	45	10
>45~50	10	50	10
>50~55	11	55	10
>55~60	12	60	15
>60~65	13	65	15
>65~70	14	70	15
>70~75	15	75	15

适于减速器的箱体、箱盖、联接管、汽缸及其他各种联接法兰的过渡处

表 11-21 所示为铸造斜度的一般规范尺寸。

表 11-21　铸造斜度（摘自 JB/ZQ 4257—1986）

斜度 $a:h$	角度 β	使 用 范 围
1:5	11°30′	$h<25mm$ 的钢和铁铸件
1:10	5°30′	h 在 25~500mm 时的钢和铁铸件
1:20	3°	
1:50	1°	$h>500mm$ 时的钢和铁铸件
1:100	30′	有色金属铸件

注：当设计不同壁厚的铸件时（参见表中的图），在转折点处斜角最大，还可增大到 30°~45°。

表 11-22 所示为过渡配合、过盈配合的嵌入倒角一般规范尺寸。

表 11-22　过渡配合、过盈配合的嵌入倒角　　　　　　（mm）

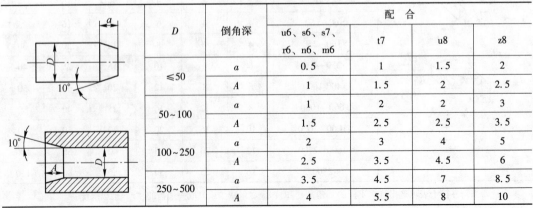

D	倒角深	配　合			
		u6、s6、s7、r6、n6、m6	t7	u8	z8
≤50	a	0.5	1	1.5	2
	A	1	1.5	2	2.5
50~100	a	1	2	2	3
	A	1.5	2.5	2.5	3.5
100~250	a	2	3	4	5
	A	2.5	3.5	4.5	6
250~500	a	3.5	4.5	7	8.5
	A	4	5.5	8	10

12 电 动 机

异步电动机具有结构简单、维修方便、工作效率较高、重量较轻、成本低、负载特性较硬等特点，能满足大多数工业生产机械的需要。它是各类电动机中应用最广、需要最多的一类电动机。

Y 系列电动机具有高效、节能、性能好、振动小、噪声低、寿命长、可靠性高、维护方便、启动转矩大等优点。其采用 B 级绝缘、外壳防护等级为 IP44，冷却方式为 IC411。

Y 系列三相异步电动机为全封闭自扇冷式笼型三相异步电动机，安装尺寸和功率等级是按照国际电工委员会（IEC）标准设计的，具有国际互换性的特点。用于空气中不含易燃、易炸或腐蚀性气体的场所。适用于电源电压为 380V 无特殊要求的机械上，如机床、泵、风机、运输机、搅拌机、农业机械等。也用于某些需要高启动转矩的机器上，如空气压缩机等。

Y 系列三相异步电动机的代号含义如下：

以"Y250S1-4"为例，"Y"—异步电动机；"250"—机座中心高，mm；"S"—机座代号（S—短机座，M—中机座，L—长机座）；"1"—铁心长度；"4"—极数。

表 12-1 所示为 Y 系列三相异步电动机的技术数据。

表 12-1　Y 系列三相异步电动机的技术数据（摘自 JB/T 10391—2006）

电动机型号	额定功率/kW	满载转速/r·min⁻¹	电流/A	堵转转矩（额定转矩）	最大转矩（额定转矩）	堵转电流（额定电流）
同步转速 3000r/min，2 极						
Y80M1-2	0.75	2830	1.81	2.3	2.2	7.0
Y80M2-2	1.1	2830	2.52	2.3	2.2	7.0
Y90S-2	1.5	2840	3.44	2.3	2.2	7.0
Y90L-2	2.2	2840	4.74	2.3	2.2	7.0
Y100L-2	3.0	2870	6.39	2.3	2.2	7.0
Y112M-2	4.0	2890	8.17	2.3	2.2	7.0
Y132S1-2	5.5	2920	11.1	2.3	2.2	7.0
Y132S2-2	7.5	2920	15.0	2.3	2.2	7.0
Y160M1-2	11	2930	21.8	2.3	2.2	7.0
Y160M2-2	15	2930	29.4	2.3	2.2	7.0
Y160L-2	18.5	2930	35.5	2.0	2.2	7.0
Y180M-2	22	2940	42.2	2.0	2.2	7.0
Y200L1-2	30	2950	56.9	2.0	2.2	7.0
Y200L2-2	37	2950	69.8	2.0	2.2	7.0
Y220M-2	45	2950	83.9	2.0	2.2	7.0
Y250M-2	55	2970	103	2.0	2.2	7.0

电动机型号	额定功率 /kW	满载转速 /r·min⁻¹	电流/A	堵转转矩 （额定转矩）	最大转矩 （额定转矩）	堵转电流 （额定电流）
同步转速 1500r/min，4 极						
Y80M1-4	0.55	1390	1.51	2.4	2.3	6.5
Y80M2-4	0.75	1390	2.01	2.3	2.3	6.5
Y90S-4	1.1	1400	2.75	2.3	2.3	6.5
Y90L-4	1.5	1400	3.65	2.3	2.3	6.5
Y100L1-4	2.2	1430	5.03	2.2	2.3	7.0
Y100L2-4	3.0	1420	6.82	2.2	2.3	7.0
Y112M-4	4.0	1440	8.77	2.2	2.3	7.0
Y132S-4	5.5	1440	11.6	2.2	2.3	7.0
Y132M-4	7.5	1440	15.4	2.2	2.3	7.0
Y160M-4	11	1460	12.6	2.2	2.3	7.0
Y160L-4	15	1460	30.3	2.2	2.3	7.0
Y180M-4	18.5	1470	35.9	2.0	2.2	7.0
Y180L-4	22	1470	42.5	2.0	2.2	7.0
Y200L-4	30	1470	56.8	2.0	2.2	7.0
Y225S-4	37	1480	69.8	1.9	2.2	7.0
Y225M-4	45	1480	84.2	1.9	2.2	7.0
Y250M-4	55	1480	103	2.0	2.2	7.0
同步转速 1000r/min，6 极						
Y90S-6	0.75	910	2.25	2.0	2.2	6.0
Y90L-6	1.1	910	3.15	2.0	2.2	6.0
Y100L-6	1.5	940	3.97	2.0	2.2	6.0
Y112M-6	2.2	940	5.61	2.0	2.2	6.0
Y132S-6	3.0	960	7.23	2.0	2.2	6.5
Y132M1-6	4.0	960	9.40	2.0	2.2	6.5
Y132M2-6	5.5	960	12.6	2.0	2.2	6.5
Y160M-6	7.5	970	17.0	2.0	2.0	6.5
Y160L-6	11	970	24.6	2.0	2.0	6.5
Y180L-6	15	970	31.4	1.8	2.0	6.5
Y200L1-6	18.5	970	37.7	1.8	2.0	6.5
Y200L2-6	22	970	44.6	1.8	2.0	6.5
Y225M-6	30	980	59.6	1.7	2.0	6.5
Y250M-6	37	980	72	1.8	2.0	6.5

电动机型号	额定功率 /kW	满载转速 /r·min⁻¹	电流/A	堵转转矩 （额定转矩）	最大转矩 （额定转矩）	堵转电流 （额定电流）
同步转速 750r/min，8 极						
Y132S-8	2.2	710	5.81	2.0	2.0	5.5
Y132M-8	3.0	710	7.72	2.0	2.0	5.5
Y160M1-8	4.0	715	9.91	2.0	2.0	6.0
Y160M2-8	5.5	715	13.3	2.0	2.0	6.0
Y160L-8	7.5	715	17.7	2.0	2.0	5.5
Y180L-8	11	730	25.1	1.7	2.0	5.5
Y200L-8	15	730	34.1	1.8	2.0	6.0
Y225S-8	18.5	735	41.3	1.7	2.0	6.0
Y225M-8	22	735	47.6	1.8	2.0	6.0
Y250M-8	30	735	63.0	1.8	2.0	6.0

表 12-2 所示为 Y 系列三相异步电动机的安装及外形尺寸。

表 12-2　Y 系列三相异步电动机的安装及外形尺寸　　　　　　　　　　（mm）

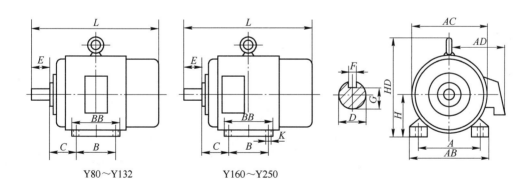

Y80～Y132　　　　Y160～Y250

机座号	极数	A	B	C	D	E	F	G	H	K	AB	AC	AD	HD	BB	L
80	2, 4	125	100	50	19	40	6	15.5	80	10	165	165	150	170	130	385
90S	2, 4, 6	140	100	56	24 +0.009 -0.004	50	8	20	90	10	180	175	155	190	130	310
90L		140	125	56		50	8	20	90		180	175	155	190	155	335
100L		160	140	63	28	60	8	24	100	12	205	205	180	245	170	380
112M		190	140	70		60		24	112	12	245	230	190	265	180	400

续表 12-2

机座号	极数	A	B	C	D		E	F	G	H	K	AB	AC	AD	HD	BB	L
132S	2, 4, 6, 8	216	140	89	38		80	10	33	132	12	280	270	210	315	200	475
132M			178													238	515
160M		254	210	108	42	+0.018 +0.002	110	12	37	160	15	330	325	255	385	270	600
160L			254													314	645
180M		279	241	121	48			14	42.5	180		355	360	285	430	311	670
180L			279													349	710
200L		318	305	133	55			16	49	200		395	400	310	475	379	775
225S	4, 8	356	286	149	60	+0.030 +0.011	140	18	53	225	19	435	450	345	530	368	820
225M	2		311		55		110	16	49							393	815
	4, 6, 8				60												845
250M	2	406	349	168	60		140	18	53	250	24	490	495	385	575	455	930
	4, 6, 8				65				58								

常用工程材料

13.1　黑色金属材料

表 13-1 所示为热处理工艺代号。

表 13-1　热处理工艺代号（摘自 GB/T 12603—2005）

热处理工艺名	代号	说　明	热处理工艺名	代号	说　明
退火	511	整体退火热处理	固体渗碳	531-04	固体渗碳化学热处理
正火	512	整体正火热处理	真空渗碳	531-02	液体渗碳化学热处理
淬火	513	整体淬火热处理	气体渗碳	531-01	气体渗碳化学热处理
淬火及回火	514	整体淬火及回火热处理	碳氮共渗	532	碳氮共渗化学热处理
调质	515	整体调质热处理	液体渗氮	533-03	液体渗氮化学热处理
表面热处理	520	加热表面淬火、回火热处理	气体渗氮	533-01	气体渗氮化学热处理
表面淬火和回火	521	火焰加热表面淬火和回火热处理	离子渗氮	533-08	等离子渗氮化学热处理

注：代号含义如下：

前三位为热处理工艺基础分类代号，第 1 位为热处理总称；附加分类代号与基础分类代号之间用半字线连接，采用两位数字和英文做后缀的方法。例如，533-08。

表 13-2 所示为灰铸铁、球墨铸铁的性能参数。

表 13-2　灰铸铁（摘自 GB/T 9439—2010）、**球墨铸铁**（摘自 GB/T 1348—2009）

类别	牌　号	力　学　性　能				应　用　举　例
		σ_b /N·mm^{-2}	$\sigma_{0.2}$ /N·mm^{-2}	δ/%	硬度 HBS	
		不小于				
灰铸铁	HT100	100			≤170	支架、盖、把手等
	HT150	150			125~205	端盖、轴承座、手轮等
	HT200	200			150~230	机架、机体、中压阀体等
	HT250	250			180~250	机体、轴承座、缸体、联轴器、齿轮等
	HT300	300			200~275	
	HT350	350			220~290	齿轮、凸轮、床身、导轨等
球墨铸铁	QT400-15	400	250	15	130~180	齿轮、箱体、管路、阀体、盖、中低压阀体等
	QT450-10	450	310	10	160~210	
	QT500-7	500	320	7	170~230	汽缸、阀体、轴瓦等
	QT600-3	600	370	3	190~270	曲轴、缸体、车轮等
	QT700-2	700	420	2	225~305	

表 13-3 所示为普通碳素钢的性能参数。

表 13-3　普通碳素钢（摘自 GB/T 700—2006）

牌号	等级	拉伸试验													冲击试验		应用举例
		屈服点 σ_s/N·mm^{-2}						抗拉强度 σ_b /N·mm^{-2}	伸长率 δ_s/%						温度/℃	V型冲击功（纵向）/J	
		钢材厚度（直径）/mm							钢材厚度（直径）/mm								
		≤16	>16~40	>40~60	>60~100	>100~150	>150		≤16	>16~40	>40~60	>60~100	>100~150	>150			
		不小于							不小于							不小于	
Q195	—	195	185	—	—	—	—	315~390	33	32	—	—	—	—	—	—	塑性好，常用其轧制薄板、拉制线材、制钉和焊接钢管
Q215	A	215	205	195	185	175	165	335~410	31	30	29	28	27	26	—	—	金属结构构件，拉杆、螺栓、短轴、心轴、凸轮，渗碳零件及焊接件
	B														20	27	
Q235	A	235	225	215	205	195	185	375~460	26	25	24	23	22	21	—	—	金属结构构件，心部强度要求不高的渗碳或氰化零件，吊钩、拉杆、套圈、齿轮、螺栓、螺母、连杆、轮轴、盖及焊接件
	B														20		
	C														0	27	
	D														−20		
Q225	A	255	245	235	225	215	205	410~510	24	23	22	21	20	19	—	—	轴、轴销、螺母、螺栓、垫圈、齿轮以及其他强度较高的零件
	B														20	27	
Q275	—	275	265	255	245	235	225	490~610	20	19	18	17	16	15	—	—	

注：新旧牌号对照：Q215→A2；Q235→A3；Q275→A5。Q 为代表屈服点的字母；215 为屈服极限值；A、B、C 为质量等级。

表 13-4 所示为优质碳素钢的性能参数。

表 13-4　优质碳素钢（摘自 GB/T 699—2015）

钢号	试样毛坯尺寸/mm	推荐热处理温度/℃			力学性能					钢材交货状态硬度 HBS 不大于		表面淬火后硬度 HRC	应用举例（非标准内容）
		正火	淬火	回火	σ_b /N·mm^{-2}	σ_s /N·mm^{-2}	δ_s /%	ψ /%	A_k /J	未热处理	退火钢		
					不小于								
08F	25	930			295	175	35	60		131			轧制薄板、制管、冲压制品；心部强度要求不高的渗碳和氰化零件；套筒、短轴、支架、离合器盘
08	25	930			325	195	33	60		131			
10F	25	930			315	185	33	55		137			用作拉杆、卡头、垫圈等；因无回火脆性、焊接性好，用作焊接零件
10	25	930			335	205	31	55		137			

钢号	试样毛坯尺寸/mm	推荐热处理温度/℃			力学性能					钢材交货状态硬度 HBS 不大于		表面淬火后硬度 HRC	应用举例（非标准内容）
		正火	淬火	回火	σ_b /N·mm⁻²	σ_s /N·mm⁻²	δ_s /%	ψ /%	A_k /J	未热处理	退火钢		
					不小于								
15F	25	920			355	205	29	55		143			用于受力不大韧性要求较高的零件、渗碳零件及紧固件和螺栓、法兰盘
15	25	920			375	225	27	55		143			
20	25	910			410	245	25	55		156			渗碳、氰化后作重型或中型机械受力不大的轴、螺栓、螺母、垫圈、齿轮、链轮
25	25	900	870	600	450	275	23	50		170			用于制造焊接设备和不受高应力的零件，如轴、螺栓、螺钉、螺母
30	25	880	860	600	490	295	21	50	63	179			用于制作重型机械上韧性要求高的锻件及制件，如汽缸、拉杆、吊环
35	25	870	850	600	530	315	20	45	55	197		35~45	用于制作曲轴、转轴、轴销、连杆、螺栓、螺母、垫圈、飞轮，多在正火、调质下使用
40	25	860	840	600	570	335	19	45	47	217	187		热处理后作机床及重型、中型机械的曲轴、轴、齿轮、连杆、键、活塞等，正火后可作圆盘
45	25	850	840	600	600	355	16	40	39	229	197	40~50	用于制作要求综合力学性能高的各种零件，通常在正火或调质下使用，用于制造轴、齿轮、链轮、螺栓、螺母、销、键、拉杆等
50	25	830	830	600	630	375	14	40	31	241	207		用于要求有一定耐磨性、一定冲击作用的零件，如轮圈、轧辊、摩擦盘等
55	25	820	820	600	645	380	13	35		255	217		
65	25	810			695	410	10	30		255	229		用于制作弹簧、弹簧垫圈、凸轮、轧辊等
15Mn	25	920			410	245	26	55		163			制作心部力学性能要求较高且须渗碳的零件
25Mn	25	900	870	600	490	295	22	50	71	207			用于制作渗碳件，如凸轮、齿轮、联轴器、销等
40Mn	25	860	840	600	590	355	17	45	47	229	207	40~50	用于制作轴、曲轴、连杆及高应力下工作的螺栓、螺母
50Mn	25	830	830	600	645	390	13	40	31	255	217	45~55	多在淬火回火后使用，作齿轮、齿轮轴、摩擦盘、凸轮
65Mn	25	810			735	430	9	30		285	229		耐磨性高，用作圆盘、衬板、齿轮、花键轴、弹簧

表 13-5 所示为合金结构钢的性能参数。

表 13-6 所示为一般工程用铸钢的性能参数。

表 13-5 合金结构钢（摘自 GB/T 3077—2015）

牌号	试样毛坯尺寸/mm	淬火温度/℃ 第一次淬火	第二次淬火	淬火冷却剂	回火温度/℃	回火冷却剂	抗拉强度 σ_b /N·mm⁻²	屈服点 σ_s /N·mm⁻²	伸长率 δ_s /%	断面收缩率 ψ /%	冲击功 A_k /J	钢材退火或高温回火供应状态布氏硬度 HBS 不大于	表面淬火硬度 HRC	应用举例（非标准内容）
							不小于							
30Mn2	25	840	—	水	500	水	785	635	12	45	63	207	不大于	起重机行车轴、变速箱齿轮、冷镦螺栓及较大截面的调质零件
35Mn2	25	840	—	水	500	水	835	685	12	45	55	207	40~50	对于截面较小的零件可以代替40Cr，做直径≤15mm的冷镦螺栓及小轴
45Mn2	25	840	—	油	550	水或油	885	735	10	45	47	217	45~55	在直径≤60mm时，与40Cr相当，可做万向联轴节、齿轮轴、蜗杆、曲轴、连杆、花键轴、摩擦盘等
35SiMn	25	900	—	水	570	水或油	885	735	15	45	47	229	45~55	可代替40Cr做中小型轴类、齿轮等零件及430℃以下的重要紧固件
42SiMn	25	880	—	水	590	水	885	735	15	40	47	229	45~55	可代替40Cr、34CrMo钢，做大齿圈
37SiMn2MoV	25	870	—	水或油	650	水或空气	980	835	12	50	63	269	50~55	可代替34CrNiMo等做高强度重等负荷轴、曲轴、齿轮、蜗杆等零件
20CrMnTi	15	880	870	油	200	水或空气	1080	835	10	45	55	217	渗碳 56~62	可代替镍铬钢用于承受高速、中等或重负荷及冲击磨损等重要零件，如渗碳齿轮、凸轮等
20CrMnMo	15	850	—	油	200	水或空气	1175	885	10	45	55	217	渗碳 56~62	用于要求表面高硬度、耐磨，心部有较高强度、韧性的零件，如传动齿轮和曲轴
35CrMo	25	850	—	油	550	水或油	980	835	12	45	63	229	40~45	可代替40CrNi做大截面齿轮和重载传动轴等
20Cr	15	880	780~820	水或油	200	水或空气	835	540	10	40	47	179	渗碳 56~62	用于要求心部强度较高，承受磨损、尺寸较大的渗碳零件，如齿轮、蜗杆、凸轮、活塞销等

续表 13-5

牌号	试样毛坯尺寸/mm	热处理 淬火 第一次淬火 温度/℃	淬火 第二次淬火	淬火 冷却剂	回火 温度/℃	回火 冷却剂	力学性能（不小于） 抗拉强度 σ_b /N·mm^{-2}	屈服点 σ_s /N·mm^{-2}	伸长率 δ_s /%	断面收缩率 ψ /%	冲击功 A_k /J	钢材退火或高温回火供应状态布氏硬度 HBS（不大于）	表面淬火硬度 HRC	应用举例（非标准内容）
40Cr	25	850	—	油	520	水或油	980	785	9	45	47	207	48~55	用于受变载、中速中载、强烈磨损而无很大冲击的重要零件，如重要的齿轮、轴、曲轴、连杆等
20SiMnVB	15	900	—	油	200	水或空气	1175	980	10	45	55	207	渗碳 56~62	代替 20CrMnTi
18Cr2Ni4WA	15	950	850	空气	200	水或空气	1175	835	10	45	78	269	渗碳 56~62	用于制作承受很高载荷、强烈磨损、截面尺寸较大的重要零件，如重要的齿轮与轴
20CrNiMoA	25	850	—	油	600	水或油	980	835	12	55	78	269		用于制作重负荷、大截面、重要调质零件，如大型的轴和齿轮

表 13-6　一般工程用铸钢（摘自 GB/T 11352—2009）

牌号	化学成分/%（≤） C	Si	Mn	S	P	力学性能（≥） σ_s 或 $\sigma_{0.2}$ /N·mm^{-2}	σ_b /N·mm^{-2}	按合同选择 δ /%	ψ /%	A_k /kJ·m^{-2}	特性（非标准内容）	应用举例（非标准内容）
ZG200-400	0.20	0.60	0.80	0.035	0.035	200	400	25	40	600	强度和硬度较低，韧性和塑性良好，低温冲击韧性大，脆性转变温度低，焊接性良好，铸造性能差	机座、变速箱体等
ZG230-450	0.30	0.60	0.80	0.035	0.035	230	450	22	32	450	较高的强度和硬度，韧性和塑性较好，铸造性比低碳钢好，有一定的焊接性能	机座、机架、箱体、锤轮等
ZG270-500	0.40	0.60	0.90	0.035	0.035	270	500	18	25	350		飞轮、机架、蒸汽锤、汽缸等
ZG310-570	0.50	0.60	0.90	0.035	0.035	310	570	15	21	300		联轴器、齿轮、汽缸、轴、机架
ZG340-640	0.60	0.60	0.90	0.035	0.035	340	640	10	18	200	塑性和韧性低，强度和硬度高，铸造和焊接性能均差	起重运输机齿轮、联轴器、轴等重要零件

表 13-7 所示为合金铸钢的性能参数。

表 13-7 合金铸钢（摘自 JB/T 6402—2006）

牌号	力 学 性 能						应 用 举 例
	σ_b /N·mm^{-2}	σ_s 或 $\sigma_{0.2}$ /N·mm^{-2}	δ/%	ψ/%	α_k /(N·m)·cm^{-2}	硬度 HBS	
	不少于						
ZG40Mn	640	295	12	30		163	齿轮、凸轮等
ZG20SiMn	510	295	14	30	39	156	缸体、阀、弯头、叶片等
ZG35SiMn	640	415	12	25	27		轴、齿轮轴
ZG20MnMo	490	295	16		39	156	缸体、泵壳等压力容器
ZG35CrMnSi	690	345	14	30		217	齿轮、滚轮
ZG40Cr	630	345	18	26		212	齿轮

13.2 有色金属材料

表 13-8 所示为铸造铜合金相关数据。

表 13-8 铸造铜合金（摘自 GB/T 1176—2013）

合金名称与牌号	铸造方法	力学性能（>）				应 用 举 例
		σ_b /N·mm^{-2}	$\sigma_{0.2}$ /N·mm^{-2}	δ_s /%	硬度 HBS	
5-5-5 锡青铜 ZCuSn5Pb5Zn5	GS、GM	200	90	13	590*	用于较高负荷、中等滑动速度下工作的耐磨、耐腐蚀零件，如轴瓦、衬套、蜗轮等
	GZ、GC	250	100	13	635*	
10-1 锡青铜 ZCuSn10P1	GS	220	130	3	785*	用于负荷小于 20MPa 和滑动速度小于 8m/s 条件下工作的耐磨零件，如齿轮、蜗轮、轴瓦等
	GM	310	170	2	885*	
	GZ	330	170	4	885*	
10-2 锡青铜 ZCuSn10Zn2	GS	240	120	12	685*	用于中等负荷和小滑动速度下工作的管配件及阀体、泵体、齿轮、蜗轮、叶轮等
	GM	245	140	6	785*	
	GZ、GC	270	140	7	785*	
8-13-3-2 铝青铜 ZCuAl8Mn13FeNi2	GS	645	280	20	1570	用于强度高、耐蚀重要零件，如船舶螺旋桨、高压阀体；耐压耐磨的齿轮、蜗轮、衬套等
	GM	670	310	18	1665	
9-2 铝青铜 ZCuAl9Mn2	GS	390		20	835	用于制造耐磨、结构简单的大型铸件，如衬套、蜗轮及增压器内气封等
	GM	440		20	930	
10-3 铝青铜 ZCuAl10Fe3	GS	490	180	13	980*	制造强度高、耐磨、耐蚀零件，如蜗轮、轴承、衬套、耐热管配件
	GM	540	200	15	1080*	
	GZ、GC	540	200	15	1080*	
9-4-4-2 铝青铜 ZCuAl9Fe4Ni4Mn2	GS	630	250	16	1570	制造高强度、耐磨及高温下工作的重要零件，如船舶螺旋桨、轴承、齿轮、蜗轮、螺母、法兰、导向套管等

续表 13-8

合金名称与牌号	铸造方法	力学性能（>）				应 用 举 例
		σ_b /N·mm^{-2}	$\sigma_{0.2}$ /N·mm^{-2}	δ_s /%	硬度 HBS	
25-6-3-3 铝黄铜 ZCuZn25Al6Fe3Mn3	GS	725	380	10	1570*	适于高强度、耐磨零件，如桥梁支承板、螺母、螺杆、耐磨板、蜗轮等
	GM	740	400	7	1665*	
	GZ、GC	740	400	7	1665*	
38-2-2 锰黄铜 ZCuZn38Mn2Pb2	GS	245		10	685	一般用途结构件，如套筒、轴瓦、滑块等
	GM	345		18	785	

注：1. GS—砂型铸造，GM—金属型铸造，GZ—离心铸造，GC—连续铸造。

2. 带"＊"的数据为参考值。布氏硬度试验，力的单位为牛顿（N）。

表 13-9 所示为铸造轴承合金相关数据。

表 13-9 铸造轴承合金（摘自 GB/T 1174—1992）

组别	牌 号	力学性能			应 用 举 例
		σ_b /N·mm^{-2}	δ/%	硬度 HBS	
锡锑轴承合金	ZSnb12Pb10Cu4			29	一般机器主轴承衬，但不适于高温
	ZSnSb11Cu6	90	6	27	用于 350kW 以上的涡轮机、内燃机等高速机械轴承
	ZSnSb4Cu4	80	7	20	耐蚀、耐热、耐磨，适用于涡轮机、内燃机、高速轴承及轴承衬
	ZSnSb8Cu4	80	10.6	24	用于一般负荷压力大的大机器的轴承及轴承衬
铅锑轴承合金	ZPbSb16Sn16Cu2	78	0.2	30	用于功率小于 350kW 的压缩机、轧钢机用减速器及离心泵轴承
	ZPbSb15Sn5Cu3Cd2	68	0.2	32	用于功率为 100~250kW 的电动机、球磨机和矿山水泵等机械的轴承
	ZPbSb15Sn10	60	1.8	24	中等压力机械的轴承，也适用于高温轴承

13.3 非金属材料

表 13-10 所示为工业用橡胶板的相关数据。

表 13-10 工业用橡胶板（摘自 GB/T 5574—2008）

项 目		规 格										
厚度 /mm	公称尺寸	0.5, 1.0, 2.5	2.0, 2.5, 3.0	4.0	5.0	6.0	8	10	12	14	16, 18, 20, 22	25, 30, 40, 50
	偏差	±0.2	±0.3	±0.4	±0.5	±0.8	±1	±1.2	±1.4		±1.5	±2.0
宽度 /mm	公称尺寸	500~2000										
	偏差	±20										

续表 13-10

性能（由天然橡胶或合成橡胶为主体材料制成的橡胶板）		
耐油性能（100℃，3号标准油中浸泡72h）	A 类	不耐油
	B 类	中等耐油，体积变化率（ΔV）为+40%～+90%
	C 类	耐油，体积变化率（ΔV）为-5%～+40%
拉伸强度/MPa		1 型≥3；2 型≥4；3 型≥5；4 型≥7；5 型≥10；6 型≥14；7 型≥17
拉断伸长率/%		1 级≥100；2 级≥150；3 级≥200；4 级≥250；5 级≥300；6 级≥350；7 级≥400；8 级≥500；9 级≥600
国际公称橡胶硬度（或邵尔 A 硬度）（偏差±0.5）		H3：30；H4：40；H5：50；H6：60；H7：70；H8：80
耐热空气老化性能（A_r）		A_r1：70℃×72h，老化后拉伸强度降低率≤25%，拉断伸长率降低率≤35% A_r2：100℃×72h，老化后拉伸强度降低率≤20%，拉断伸长率降低率≤35% B 类和 C 类橡胶板必须符合 A_r2 要求。标记中不专门标注
附件性能（由供需方商定）	耐热性能	H_r1：100℃；H_r2：125℃；H_r3：150℃，试验周期为 168h
	耐低温性能	T_b1：-20℃；T_b2：-40℃
	压缩永久变形	C_s：试验条件为 70℃×24h
	耐臭氧老化	O_r：试验条件是臭氧浓度为 50MPa（50×10⁻⁸），40℃×96h

注：1. 橡胶板长度及偏差、表面花纹及颜色由供需双方商定。

2. 标记示例。拉伸强度为 5MPa，拉断伸长率为 400%，公称硬度为 60IRHD，拉撕裂的不耐油橡胶板，标记为：工业胶板 GB/T 5574-A-05-4-H6-Ts，其中，GB/T 5574 为标准号，A 为耐油性能，05 为拉伸强度，4 为拉断伸长率，H6 为公称硬度，Ts 为拉撕裂性能。

3. 胶板表面不允许有裂纹、穿孔。

表 13-11 所示为耐油石棉橡胶板的相关数据。

表 **13-11**　耐油石棉橡胶板（摘自 GB/T 539—2008）

标记	表面颜色	密度/g·cm⁻³	规格/mm			适用条件		性　能			用　途
			厚度	长度	宽度	温度/℃（≤）	压力/MPa（≤）	抗拉强度/MPa（≥）	吸油率/%（≤）	浸油增厚/%（≤）	
NY150	暗红	1.6~2.0	0.4 0.5 0.6	550 620 1000	550 620 1200	150	1.5	8	23	—	作炼油设备，管道及汽车、拖拉机、柴油机的输油管道接合处的密封
NY250	绿色		0.8 0.9			250	2.5	9	23	20	作炼油设备及管道法兰连接处的密封
NY400	灰褐色		1.2 1.5 2.0	1260 1350 1500	1260 1500	400	4	26	9	15	作热油、石油裂化、煤蒸馏设备及管道法兰连接处的密封
HNY300	蓝色		2.5 3.0			300	—	10.8	23	15	作航空燃油、石油基润滑油及冷气系统的密封

注：标记示例。宽度 550mm，长度 1000mm，厚度 2mm，最高温度 250℃一般工业用耐油石棉橡胶板标记为：石棉板 NY250-2×550×1000　GB/T 539—2008。

14 联 接

14.1 螺纹与螺纹联接

14.1.1 普通螺纹

表 14-1 所示为普通螺纹基本尺寸。

表 14-1 普通螺纹基本尺寸（摘自 GB/T 196—2003） （mm）

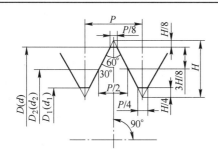

$$H = 0.866p$$

$$d_2 = d - 2 \times \frac{3}{8} H = d - 0.6495p$$

$$d_1 = d - 2 \times \frac{5}{8} H = d - 0.825p$$

图中：D—内螺纹大径，d—外螺纹大径；

D_2—内螺纹中径，d_2—外螺纹中径；

D_1—内螺纹小径，d_1—外螺纹小径；

p—螺距，H—原始三角形高度

标记示例

公差直径为 10mm、螺纹为右旋、中径及顶径公差带代号均为 6g、螺纹旋合长度 N 的粗牙普通螺纹：M10-6g

公差直径为 10mm、螺距为 2mm、螺纹为右旋、中径及顶径公差带代号均为 6H、螺纹旋合长度 N 的细牙普通内螺纹：M10×1-6H

公差直径为 20mm、螺距为 2mm、螺纹为左旋、中径及顶径公差带代号分别为 5g 和 6g、螺纹旋合长度 S 的细牙普通螺纹：M20×2 左-5g6g-S

公差直径为 20mm、螺距为 2mm、螺纹为右旋、内螺纹中径及顶径公差带代号均为 6H、外螺纹中径及顶径公差带代号均为 6g、螺纹旋合长度 N 的细牙普通螺纹的螺纹副：M20×2-6H/6g

公称直径 D、d		螺距	中径	小径	公称直径 D、d		螺距	中径	小径
第一系列	第二系列	p	D_2 或 d_2	D_1 或 d_1	第一系列	第二系列	p	D_2 或 d_2	D_1 或 d_1
5		0.8	4.480	4.134	10		1.5	9.026	8.376
		0.5	4.675	4.459			1.25	9.188	8.647
							1	9.350	8.917
							0.75	9.513	9.188
6		1	5.350	4.917	12		1.75	10.863	10.106
		0.75	5.513	5.188			1.5	11.026	10.376
							1.25	11.188	10.674
							1	11.350	10.917
8		1.25	7.188	6.647		14	2	12.701	11.835
		1	7.350	6.917			1.5	13.026	12.376
		0.75	7.518	7.188			(1.25)	13.188	12.647
							1	13.350	12.917

续表 14-1

公称直径 D、d 第一系列	第二系列	螺距 p	中径 D_2或d_2	小径 D_1或d_1	公称直径 D、d 第一系列	第二系列	螺距 p	中径 D_2或d_2	小径 D_1或d_1
16		2	14.701	13.835	36		4	33.402	31.670
		1.5	15.026	14.376			3	34.051	32.752
		1	15.350	14.917			2	34.701	33.835
	18	2.5	16.376	15.294			1.5	35.026	34.376
		2	16.701	15.835		39	4	36.402	34.670
		1.5	17.026	16.376			3	37.051	35.752
		1	17.350	16.917			2	37.701	36.835
20		2.5	18.376	17.294			1.5	38.026	37.376
		2	18.701	17.835	42		4.5	39.077	37.129
		1.5	19.026	18.376			3	40.051	38.752
		1	19.350	18.917			2	40.701	39.835
	22	2.5	20.376	19.294			1.5	41.026	40.376
		2	20.701	19.835		45	4.5	42.077	40.129
		1.5	21.026	20.376			3	43.051	41.752
		1	21.350	20.917			2	43.701	42.835
24		3	22.051	20.752			1.5	44.026	43.376
		2	22.701	21.835	48		5	44.752	42.587
		1.5	23.026	22.376			3	46.051	44.752
		1	23.350	22.917			2	46.701	45.835
	27	3	25.051	23.752			1.5	47.026	46.376
		2	25.701	24.835		52	5	48.752	46.587
		1.5	26.026	25.376			3	50.051	48.752
		1	26.350	25.917			2	50.701	49.835
30		3.5	27.727	26.211			1.5	51.026	50.376
		2	28.701	27.835	56		5.5	52.428	50.046
		1.5	29.026	28.376			4	53.402	51.670
		1	29.350	28.917			3	54.051	52.752
	33	3.5	30.727	29.211			2	54.701	53.835
		2	31.701	30.835			1.5	55.026	54.376
		1.5	32.026	31.376					

注：1. $d \leqslant 68$mm，p 项第一个数字为粗牙螺距，后几个数字为细牙螺距。

　　2. M14×1.25 仅用于火花塞。

表 14-2 所示为内、外螺纹选用公差带。

表 14-2　内、外螺纹选用公差带（摘自 GB/T 197—2003）

精度	内　螺　纹 公差位置						外　螺　纹 公差位置						
	G			H			e	f	g			h		
	S	N	L	S	N	L	N	N	S	N	L	S	N	L
精密					4H 5H	4H 5H 5H 6H	5H 6H						(3h、4h)	*4h	(5h、4h)

续表 14-2

精度	内 螺 纹						外 螺 纹							
	公差位置						公差位置							
	G			H			e	f	g			h		
	S	N	L	S	N	L	N	N	S	N	L	S	N	L
中等	(5G)	(6G)	(7G)	*5H	☐*6H	*7H	*6c	*6f	(5g、6g)	☐*6g	(7g、6g)	(5h、6h)	*6h	(7h、6h)
粗糙		(7G)			7H					8g			8h	

注：1. 大量生产的精制紧固件螺纹，推荐采用带方框的公差带。
　　2. 带"*"的公差带应优先选用，括号内的公差带尽可能不用。
　　3. 内、外螺纹的选用公差带可以任意组合，为了保证足够的接触高度，完工后的零件最好组合成 H/g、H/h 或 G/h 的配合。
　　4. 精密、中等、粗糙三种精度选用原则：精密——用于精密螺纹，当要求配合性质变动较小时采用；中等——一般用途；粗糙——对精度要求不高或制造比较困难时采用。
　　5. S、N、L 分别表示短、中等、长三种旋合长度。

表 14-3 所示为螺纹旋合长度。

表 14-3　螺纹旋合长度（摘自 GB/T 197—2003）　　　　　　（mm）

公称直径 D、d >	公称直径 D、d ≤	螺距 p	旋合长度 S ≤	旋合长度 N >	旋合长度 N ≤	旋合长度 L >	公称直径 D、d >	公称直径 D、d ≤	螺距 p	旋合长度 S ≤	旋合长度 N >	旋合长度 N ≤	旋合长度 L >
5.6	11.2	0.5	1.6	1.6	4.7	4.7	22.4	45	1	4	4	12	12
		0.75	2.4	2.4	7.1	7.1			1.5	6.3	6.3	19	19
		1	3	3	9	9			2	8.5	8.5	25	25
									3	12	12	36	36
		1.25	4	4	12	12			3.5	15	15	45	45
									4	18	18	53	53
		1.5	5	5	15	15			4.5	21	21	63	63
11.2	22.4	1	3.8	3.8	11	11	45	90	1.5	7.5	7.5	22	22
		1.25	4.5	4.5	13	13			2	9.5	9.5	28	28
		1.5	5.6	5.6	16	16			3	15	15	45	45
		1.75	6	6	18	18			4	19	19	56	56
		2	8	8	24	24			5	24	24	71	71
		2.5	10	10	30	30			5.5	28	28	85	85
									6	32	32	95	95

14.1.2　螺纹联接的标准件

14.1.2.1　螺栓

表 14-4 所示为六角头螺栓—A 和 B 级、六角头螺栓—全螺纹—A 和 B 级、六角头螺栓—细牙—A 和 B 级、六角头螺栓—细牙—全螺纹—A 和 B 级等尺寸。

表 14-5 所示为六角头螺栓—C 级、六角头螺栓—全螺纹—C 级等尺寸。

表14-4 六角头螺栓—A和B级（摘自GB/T 5782A—2000），六角头螺栓—全螺纹—A和B级（摘自GB/T 5783A—2000）六角头螺栓—细牙—A和B级（摘自GB/T 5785A—1986），六角头螺栓—细牙—全螺纹—A和B级（摘自GB/T 5786A—2000）（mm）

GB/T 5782A, GB/T 5785A

GB/T 5783, GB/T 5786

标记示例 螺纹规格 d=M12，公称长度 l=80mm，性能等级 8.8 级，表面氧化、A 级的六角头螺栓：螺栓 GB/T 5782A M12×80

螺纹规格 d		M3	M4	M5	M6	M8	M10	M12	(M14)	M16	(M18)	M20	(M22)	M24	(M27)	M30	M36	M42	M48	M56	M64
d×P	GB/T 5785A / GB/T 5786A	—	—	—	—	M8×1	M10×1	M12×1.5	(M14×1.5)	M16×1.5	(M18×1.5)	M20×2	(M22×2)	M24×2	(M27×2)	M30×2	M36×3	M42×3	M48×3	M56×4	M64×4
S		5.5	7	8	10	13	16	18	21	24	27	30	34	36	40	46	55	65	75	85	95
k		2	2.8	3.5	4	5.3	6.4	7.5	8.8	10	11.5	12.5	14	15	17	18.7	22.5	26	30	35	40
e		6.1	7.7	8.8	11.1	14.4	17.9	20	23.4	26.8	30	33.5	37.1	40	45.2	50.9	60.8	72	82.6	93.6	104.9
r		0.1	0.2	0.2	0.25	0.4	0.4	0.6	0.6	0.6	0.6	0.8	0.8	0.8	1	1	1	1.2	1.6	2	2
c (max)		0.4	0.4	0.5	0.5	0.6	0.6	0.6	0.6	0.8	0.8	0.8	0.8	0.8	0.8	1	1	1	1	1	1
d_w	A (min)	4.6	5.9	6.9	8.9	11.6	14.6	16.6	19.6	22.5	25.3	28.2	31.7	33.6	—	—	—	—	—	—	—
	B (min)	—	—	6.7	8.7	11.4	14.4	16.4	19.4	22	24.8	27.7	31.4	33.2	38	42.7	51.1	60.6	69.4	78.7	88.2
a [a]	GB/T 5783A—2000 max	1.5	2.1	2.4	3	3.75	4.5	5.25	6	6	7.5	7.5	7.5	9	9	10.5	12	13.5	15	16.5	18
	GB/T 5783A—2000 min																				
	GB/T 5786A—2000 max	—	—	—	—	3	3	4.5	4.5	4.5	4.5	6	6	6	6	6	9	9	9	12	12
	GB/T 5786A—2000 min																				

续表 14-4

螺纹规格 d (d×P)		M3	M4	M5	M6	M8	M10	M12	(M14)	M16	(M18)	M20	(M22)	M24	(M27)	M30	M36	M42	M48	M56	M64
d×P	GB/T 5782A GB/T 5783A																				
	GB/T 5785A GB/T 5786A	—	—	—	—	M8 ×1	M10× 1	M12× 1.5	(M14 ×1.5)	M16× 1.5	(M18 ×1.5)	M20× 2	(M22 ×2)	M24× 2	(M27 ×2)	M30× 2	M36× 3	M42× 3	M48× 3	M56× 4	M64× 4
b 参考	l≤125	12	14	16	18	22	26	30	34	38	42	46	50	54	60	66	78				
	125<l≤200	—	—	—	—	28	32	36	40	44	48	52	56	60	66	72	84	96	108	124	140
	l>200	—	—	—	—	—	—	—	53	57	61	65	69	73	79	85	97	109	121	137	153
l 范围 (GB/T 5782A—2000)		20~ 30	25~ 40	25~ 50	30~ 60	35~ 80	40~ 100	45~ 120	50~ 140	55~ 160	60~ 180	65~ 200	70~ 220	80~ 240	90~ 260	90~ 300	110~ 360	130~ 400	140~ 400	160~ 400	200~ 400
l 范围（全螺纹） (GB/T 5283A—2000)		6~ 30	8~ 40	10~ 50	12~ 60	16~ 80	20~ 100	25~ 100	30~ 140	35~ 100	35~ 180	40~ 100	45~ 200	40~ 100	45~ 200	40~ 100	40~ 100	80~ 500	100~ 500	110~ 500	120~ 500

L系列: 6, 8, 10, 12, 16, 20, 25, 30, 35, 40, 45, 50, (55), 60, (65), 70, 80, 90, 100, 110, 120, 130, 140, 150, 160, 180, 200, 220, 240, 260, 280, 300, 320, 340, 360, 380, 400, 420, 440, 460, 480, 500

技术条件	材料	GB/T 5782, GB/T 5785, GB/T 5786	钢	不锈钢
		GB/T 5783		
	性能等级	GB/T 5782, GB/T 5785, GB/T 5786	d≤39 时为 8.8；d>39 时按协议	d≤20 时为 A2-70，20<d≤39 时，为 A2-50；d>39 时按协议
		GB/T 5783	8.8	A2-70（A—奥氏体；70—σ_b=700 MPa）
	表面处理	GB/T 5782, GB/T 5785, GB/T 5786	氧化；镀锌钝化	不处理
		GB/T 5783	氧化	不处理
	螺纹公差			6g

注: 1. A级用于 d≤24 和 l≤10d 或 ≤150mm 的螺栓；B级用于 d>24 和 l>10d 或 >150mm 的螺栓。
2. M3~M36 为商品规格，M42~M64 为通用规格，尽量不采用的规格还有 M33、M39、M45、M52 和 M60。
3. 在 GB/T 5785A、GB/T 5786A 中，还有（M10×1.25）、（M20×1.25）、（M12×1.5），对应于 M10×1、M12×1.5、M20×2。

表14-5 六角头螺栓—C级（摘自 GB/T 5780—2000）、六角头螺栓—全螺纹—C级（摘自 GB/T 5781A—2000） （mm）

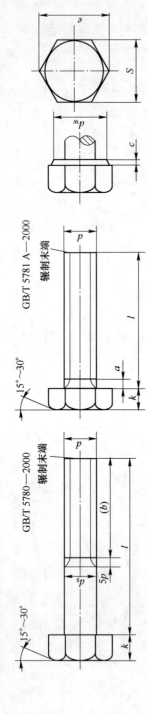

GB/T 5780—2000 辗制末端 GB/T 5781 A—2000 辗制末端

标记示例

螺纹规格 d=M12、公称长度 l=80mm，性能等级为4.8级，不经表面处理，C级的六角头螺栓：螺栓 GB/T 5780—2000 M12×80

螺纹规格 d=M12、公称长度 l=80mm，性能等级为4.8级，不经表面处理，全螺纹、C级的六角头螺栓：螺栓 GB/T 5781A—2000 M12×80

螺纹规格 d		M5	M6	M8	M10	M12	(M14)	M16	(M18)	M20	(M22)	M24	(M27)	M30	(M33)	M36	(M39)	M42	M45	M48	(M52)	M56	(M60)	M64
b 参考	l≤125	16	18	22	26	30	34	38	42	46	50	54	60	66	72	78	84	—	—	—	—	—	—	—
	125<l≤200	—	—	28	32	36	40	44	48	52	56	60	66	72	78	84	90	96	102	108	116	124	132	140
	l>200	—	—	—	—	—	53	57	61	65	69	73	79	85	91	97	103	109	115	121	129	137	145	153
c（max）		0.5	0.5	0.6	0.6	0.6	0.8	0.8	0.8	0.8	0.8	0.8	0.8	0.8	0.8	0.8	0.8	1	1	1	1	1	1	1
d_x（max）		5.48	6.48	8.58	10.58	12.7	14.7	16.7	18.7	20.8	22.84	24.84	27.84	30.84	34	37	40	43	46	49	53.2	57.2	61.2	65.2
d_w（min）		6.7	8.7	11.4	14.4	16.4	19.2	22	24.9	27.7	31.4	33.2	38	42.7	46.5	51.1	55.9	60.6	64.7	69.4	74.2	78.7	83.4	88.2
a（max）		3.2	4	5	6	7	6	8	7.5	10	7.5	12	9	14	10.5	16	12	13.5	13.5	15	15	16.5	16.5	18

续表 14-5

螺纹规格 d	M5	M6	M8	M10	M12	(M14)	M16	(M18)	M20	(M22)	M24	(M27)	M30	(M33)	M36	(M39)	M42	M45	M48	(M52)	M56	(M60)	M64
e (min)	8.63	10.89	14.2	17.59	19.85	22.73	26.17	29.56	32.95	37.29	39.55	45.2	50.85	55.37	60.79	66.44	72.02	76.95	82.6	88.25	93.56	99.21	104.86
k (公称)	3.5	4	5.3	6.4	7.5	8.8	10	11.5	12.5	14	15	17	18.7	21	22.5	25	26	28	30	33	35	38	40
r (min)	0.2	0.25	0.4	0.4	0.6	0.6	0.6	0.6	0.8	1	0.8	1	1	1	1	1	1.2	1.2	1.6	1.6	2	2	2
s (max)	8	10	13	16	18	21	24	27	30	34	36	41	46	50	55	60	65	70	75	80	85	90	95
l 范围 GB/T 5780A—2000	25~50	30~60	35~80	45~100	45~120	60~140	55~160	80~180	65~200	90~220	80~240	100~260	90~300	130~320	110~300	150~400	160~420	180~440	180~480	200~500	220~500	240~500	260~500
l 范围 GB/T 5781A—2000	10~40	12~50	16~65	20~80	25~100	30~140	35~100	35~180	40~100	45~220	50~100	55~280	60~100	65~100	70~100	80~400	80~420	90~440	90~480	100~500	110~500	120~500	120~500

l 系列	10, 12, 16, 20~50 (5进位), (55), 50, (65), 70~160 (10进位), 180, 220, 240, 260, 280, 300, 320, 340, 360, 380, 400, 420, 440, 460, 480, 500

技术要求	材料	性能等级		螺纹公差	公差产品等级	表面处理
	钢	d≤39: 4.6、4.8;	d>39: 按协议	8g	C	不经处理；镀锌钝化

注: 1. 尽量不采用括号内规格。
2. M42、M48、M56、M64 为通用规格，其余为商品规格。
3. GB/T 5781A—2000 螺纹公差为 6g。

14.1.2.2 螺母

表14-6所示为 I 型六角螺母—A 级和 B 级、I 型六角螺母—细牙—A 级和 B 级、六角薄螺母—A 级和 B 级、六角薄螺母—细牙—A 级和 B 级等尺寸。

表 14-6 I 型六角螺母—A 级和 B 级（摘自 GB/T 6170—2000）**I 型六角螺母—细牙—A 级和 B 级**（摘自 GB/T 6171—2000）**六角薄螺母—A 级和 B 级**（摘自 GB/T 6172.1—2000）**六角薄螺母—细牙—A 级和 B 级**（摘自 GB/T 6173—2000）

（mm）

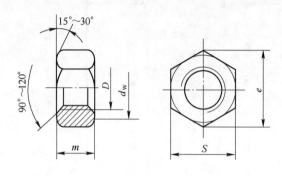

标记示例

螺纹规格 D=M10、性能等级为 10 级、不经表面处理、A 级的 II 型六角螺母：

螺母 GB/T 6170—2000

螺纹规格 D=M16×1.5、性能等级为 8 级、不经表面处理、A 级的 I 型六角螺母：

螺母 GB/T 6171—2000 M16×1.5

螺纹规格 D GB 6170—2000		M5	M6	M8	M10	M12	M16	M20	M24	M30	M36	M42
螺纹规格 $D×P$ GB 6171—2000				M8×1	M10 ×1	M12 ×1.5	M16×1.5	M20×2	M24×2	M30 ×2	M36 ×3	M42 ×3
c（max）		0.5	0.5	0.6	0.6	0.6	0.8	0.8	0.8	0.8	0.8	1
d_w（min）		6.9	8.9	11.6	14.6	16.6	22.5	27.7	33.2	42.7	51.1	60.6
e（min）		8.79	11.05	14.38	17.77	20.03	26.75	32.95	39.55	50.85	60.79	72.02
m （max）	I 型	4.7	5.2	6.8	8.4	10.8	14.8	18	21.5	25.6	31	34
	薄螺母	2.7	3.2	4	5	6	8	10	12	15	18	21
S（max）		8	10	13	16	18	24	30	36	46	55	65

技术条件	材料	性能等级	螺纹公差	产品等级		
	钢	$D≤39$ 时， I 型：6，8，10； $D>39$ 时， 按协议；薄螺母： 04，05	6H	A 用于 $D≤16$ B 用于 $D>16$ （GB/T 6175—2000）		

表14-7所示为 II 型六角螺母—A 级和 B 级、II 型六角螺母—细牙—A 级和 B 级等尺寸。

表 14-7　Ⅱ型六角螺母—A 级和 B 级（摘自 GB/T 6175—2000）

Ⅱ型六角螺母—细牙—A 级和 B 级（摘自 GB/T 6176—2000）　　　（mm）

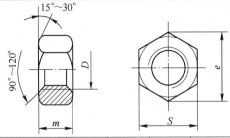

标记示例

　　螺纹规格 D＝M10、性能等级为 9 级、不经表面处理、A 级的Ⅱ型六角螺母：

　　螺母　GB/T 6175—2000　M10

螺纹规格 D	M5	M6	M8	M10	M12	(M14)	M16	M20	M24	M30	M36
e（min）	8.8	11.1	14.4	17.8	20	23.4	26.8	33	39.6	50.9	60.8
S（max）	8	10	13	16	18	21	24	30	36	46	55
m（max）	5.1	5.7	7.5	9.3	12	14.1	16.4	20.3	23.9	28.6	34.7
技术条件	材料：钢		性能等级：9～12			螺纹公差：6H		表面处理：①不经处理；②镀锌钝化				

表 14-8 所示为圆螺母和小圆螺母等尺寸。

表 14-8　圆螺母和小圆螺母（摘自 GB/T 812—1988、GB/T 810—1988）　　　（mm）

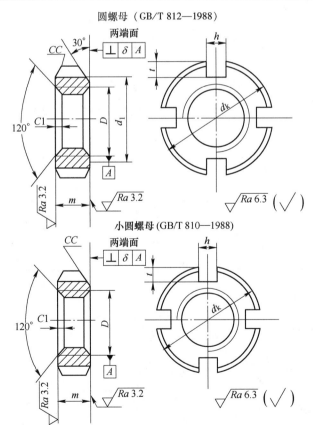

圆螺母（GB/T 812—1988）

小圆螺母 (GB/T 810—1988)

标记示例　螺母　GB/T 812—1988　M16×1.5　　　螺母　GB/T 810—1988　M16×1.5

（螺纹规格 D＝M16×1.5，材料为 45 钢、槽或全部热处理硬度 35～45HRC、表面氧化的圆螺母和小圆螺母）

续表 14-8

圆螺母（GB/T 812—1988）

螺纹规格 D×P	d_k	d_1	m	h max	h min	t max	t min	C	C_1
M10×1	22	16	8	4.3	4	2.6	2	0.5	0.5
M12×1.25	25	19							
M14×1.5	28	20							
M16×1.5	30	22							
M18×1.5	32	24							
M20×1.5	35	27							
M22×1.5	38	30	10	5.3	5	3.1	2.5	1	
M24×1.5	42	34							
M25×1.5 *									
M27×1.5	45	37							
M30×1.5	48	40							
M33×1.5	52	43		6.3	6	3.6	3		
M35×1.5 *									
M36×1.5	55	46							
M39×1.5	58	49							
M40×1.5 *									
M42×1.5	62	53							
M45×1.5	68	59							
M48×1.5	72	61	12	8.36	8	4.25	3.5	1.5	
M50×1.5 *									
M52×1.5	78	67							
M55×2 *									
M56×2	85	74							
M60×2	90	79							
M64×2	95	84							1
M65×2 *									
M68×2	100	88							
M72×2	105	93	15	10.36	10	4.75	4		
M75×2 *									
M76×2	110	98							
M80×2	115	103							
M85×2	120	108							
M90×2	125	112	18	12.43	12	5.75	5		
M95×2	130	117							
M100×2	135	122							
M105×2	140	127							

续表 14-8

小圆螺母（GB/T 810—1988）

螺纹规格	D_k	m	h		t		C	C_1
$D×P$			max	min	max	min		
M10×1	20	6	4.3	4	2.6	2	0.5	0.5
M12×1.25	22							
M14×1.5	25							
M16×1.5	28							
M18×1.5	30							
M20×1.5	32							
M22×1.5	35	8	5.3	5	3.1	2.5		
M24×1.5	38							
M27×1.5	42							
M30×1.5	45							
M33×1.5	48							
M36×1.5	52		6.3	6	3.6	3		
M39×1.5	55							
M42×1.5	58							
M45×1.5	62						1	
M48×1.5	68							
M52×1.5	72							
M56×2	78	10	8.36	8	4.25	3.5		
M60×2	80							
M64×2	85							
M68×2	90							
M72×2	95							1
M76×2	100							
M80×2	105	12	10.36	10	4.75	4		
M85×2	110							
M90×2	115							
M95×2	120						1.5	
M100×2	125		12.43	12	5.75	5		
M105×2	130	15						

技术条件	材料	螺纹公差	热处理及表面处理
	45钢	6H	（1）槽或全部热处理后35~45HRC；（2）调质后24~30HRC；（3）氧化

注：1. 槽数 n：当 $D≤M100×2$ 时，$n=4$；当 $D≥M105×2$ 时，$n=6$。

　　2. "＊"仅用于滚动轴承锁紧装置。

14.1.2.3　轴端挡圈

表 14-9 所示为轴端挡圈尺寸。

表 14-9　轴端挡圈（摘自 GB/T 891—1986、GB/T 892—1986）　　　　　（mm）

螺钉紧固轴端挡圈（GB/T 891—1986）

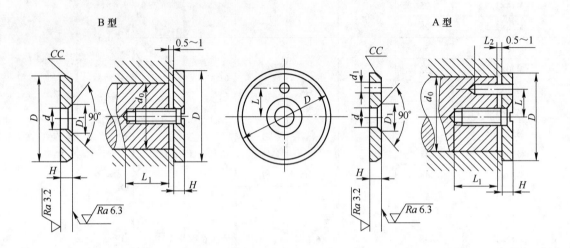

螺栓紧固轴端挡圈（GB/T 891—1986）

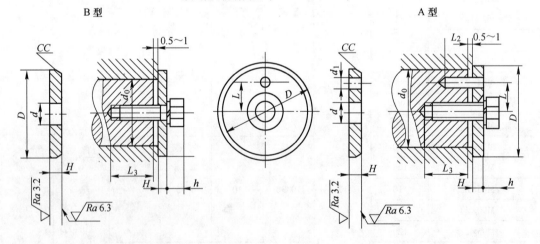

标记示例

公称直径 $D=45$mm、材料为 Q235-A、不经表面处理的 A 型螺栓紧固轴端挡圈：

挡圈　GB/T 892—1986　45

按 B 型制造时，应加标记 B：

挡圈　GB/T 892—1986　B45

续表 14-9

轴径 d_0 ≤	公称直径 D	H		L		d	C	d_1	GB/T 891—1986			GB/T 892—1986		安装尺寸				
		基本尺寸	极限偏差	基本尺寸	极限偏差				D_1	螺钉 GB/T 819—2000	圆柱销 GB/T 119.1—2000	螺栓 GB/T 5783A—2000	圆柱销 GB/T 119.1—2000	垫圈 GB/T 93—1987	L_1	L_2	L_3	h
14	20	4																
16	22	4																
18	25	4		7.5		5.5	0.5	2.1	11	M5×12	A2×10	M5×16	A2×10	5	14	6	16	5.1
20	28	4			±0.11													
22	30	4																
25	32	5																
28	35	5		10														
30	38	5	0 −0.30			6.6	1	3.2	13	M6×16	A3×12	M6×20	A3×12	6	18	7	20	6
32	40	5																
35	45	5		12														
40	50	5																
45	55	6			±0.135													
50	60	6		16														
55	65	6																
60	70	6				9	1.5	4.2	17	M8×20	A4×14	M8×25	A4×14	8	22	8	24	8
65	75	6		20														
70	80	6			±0.165													
75	90	8	0 −0.36	25		13	2	5.2	25	M12×25	A5×16	M12×30	A5×16	12	26	10	28	11.5
85	100	8																

注：1. 当挡圈装在带中心孔的轴端时，紧固用螺钉（螺栓）允许加长。
　　2. 材料为 Q235-A 和 35、45 钢。

14.2　键和销联接

14.2.1　普通平键联接

表 14-10 所示为平键联接的剖面和键槽、普通平键的形式和尺寸。

表 14-10　平键联接的剖面和键槽（摘自 GB/T 1096—2003）

普通平键的形式和尺寸（摘自 GB/T 1096—2003）　　　　　　　　　（mm）

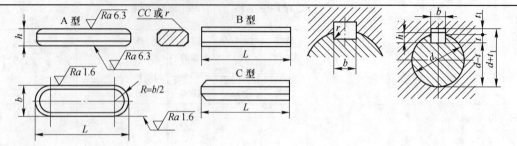

标记示例

$b=16$mm、$h=10$mm、$L=100$mm 的圆头普通平键（A 型）：GB/T 1096　键　16×10×100

$b=16$mm、$h=10$mm、$L=100$mm 的单圆头普通平键（C 型）：GB/T 1096　键　C16×10×100

轴	键	键槽											
		宽度 b					深度				半径 r		
			极限偏差				轴 t		毂 t_1				
公称直径 d	公称尺寸 $b×h$	公称尺寸 b	较松键联接		一般键联接		较紧键联接	公称尺寸	极限偏差	公称尺寸	极限偏差	最小	最大
			轴 H9	毂 D10	轴 N9	毂 J_s9	轴和毂 P9						
自 6~8	2×2	2	+0.025 0	+0.060 +0.020	−0.004 −0.029	±0.0125	−0.006 −0.031	1.2	+0.1 0	1	+0.1 0	0.08	0.16
>8~10	3×3	3						1.8		1.4			
>10~12	4×4	4	+0.030 0	+0.078 +0.030	0 −0.030	±0.015	−0.012 −0.042	2.5		1.8		0.16	0.25
>12~17	5×5	5						3.0		2.3			
>17~22	6×6	6						3.5		2.8			
>22~30	8×7	8	+0.036 0	+0.098 +0.040	0 −0.036	±0.018	−0.015 −0.051	4.0		3.3		0.25	0.40
>30~38	10×8	10						5.0		3.3			
>38~44	12×8	12	+0.043 0	+0.120 +0.050	0 −0.043	±0.0215	−0.018 −0.061	5.0		3.3			
>44~50	14×9	14						5.5		3.8			
>50~58	16×10	16						6.0	+0.2 0	4.3	+0.2 0		
>58~65	18×11	18						7.0		4.4		0.40	0.60
>65~75	20×22	20	+0.052 0	+0.149 +0.065	0 −0.052	±0.026	−0.022 −0.074	7.5		4.9			
>75~85	22×14	22						9.0		5.4			
>85~95	25×14	25						9.0		5.4			
>95~110	28×16	28						10.0		6.4			
>110~130	32×18	32	+0.062 0	+0.180 +0.080	0 −0.062	±0.031	−0.026 −0.088	11.0		7.4			
键的长度系列		6, 8, 10, 12, 14, 16, 18, 20, 22, 25, 28, 32, 36, 40, 45, 50, 56, 63, 70, 80, 90, 100, 110, 125, 140, 160, 180, 200, 220, 250, 280, 320, 360												

注：1.（$d−t$）和（$d+t_1$）两组组合尺寸的极限偏差按相应的 t 和 t_1 的极限偏差选取,但（$d−t$）极限偏差值应取负号(−)。

　　2. 在工作图中,轴槽深用 t 或（$d−t$）标注,轮毂槽深用（$d+t_1$）标注。轴槽及轮毂槽对称度公差按 7~9 级选取。

　　3. 平键的材料通常为 45 钢。

14.2.2 销联接

表 14-11 所示为圆柱销和圆锥销的形式和尺寸。

表 14-11 圆柱销和圆锥销（摘自 GB/T 119.1—2000、GB/T117—2000） （mm）

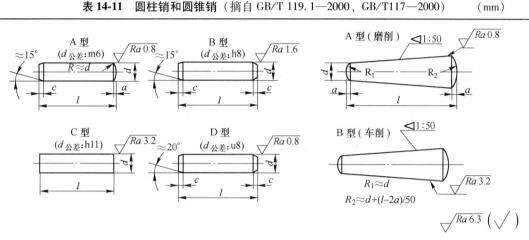

标记示例

公称直径 $d=8$mm、长度 $l=30$mm、材料为 35 钢、热处理硬度 28~38HRC、表面氧化处理的 A 型圆柱销：

销 GB/T 119.1—2000 A8×30

公称直径 $d=10$mm、长度 $l=60$mm、材料为 35 钢、热处理硬度 28~38HRC、表面氧化处理的 A 型圆锥销：

销 GB/T 117—2000 A10×60

			2	3	4	5	6	8	10	12	16	20	25	30
	公称		2	3	4	5	6	8	10	12	16	20	25	30
d	圆柱销	A 型	min	2.002	3.002	4.004	5.004	6.004	8.006	10.006	12.007	16.007	20.008	25.008	30.008
			max	2.008	3.008	4.012	5.012	6.012	8.015	10.015	12.018	16.018	20.021	25.021	30.021
		B 型	min	1.986	2.986	3.982	4.982	5.982	7.978	9.978	11.973	15.973	19.967	24.967	29.967
			max	2	3	4	5	6	8	10	12	16	20	25	30
		C 型	min	1.94	2.94	3.925	4.925	5.925	7.91	9.91	11.89	15.89	19.87	24.87	29.87
			max	2	3	4	5	6	8	10	12	16	20	25	30
		D 型	min	2.018	3.018	4.023	5.023	6.023	8.028	10.028	12.033	16.033	20.041	25.048	30.048
			max	2.032	3.032	4.041	5.041	6.041	8.050	10.050	12.06	16.06	20.074	25.081	30.081
	圆锥销		min	1.96	2.96	3.95	4.95	5.95	7.94	9.94	11.93	15.93	19.92	24.92	29.92
			max	2	3	4	5	6	8	10	12	16	20	25	30
$a\approx$				0.25	0.40	0.5	0.63	0.80	1.0	1.2	1.6	2.0	2.5	3.0	4.0
$c\approx$				0.35	0.50	0.63	0.80	1.2	1.6	2.0	2.5	3.0	3.5	4.0	5.0
l 商品规格范围	圆柱销			6~20	8~28	8~35	10~50	12~60	14~80	16~95	22~140	26~180	35~200	50~200	60~200
	圆锥销			10~35	12~45	14~55	18~60	22~90	22~120	26~160	32~180	40~200	45~200	50~200	55~200
l 系列公称				6，8，12，14，16，18，20，22，24，26，28，30，32，35~100（10 进位），120，140，160，180，200											

注：1. 材料为 35、45 钢。

2. 热处理硬度 28~38HRC、38~46HRC。

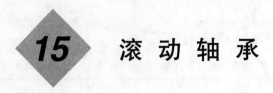

15 滚动轴承

15.1 常用滚动轴承的尺寸及性能

表 15-1 所示为调心球轴承尺寸。

表 15-1 调心球轴承（摘自 GB/T 281—2013）

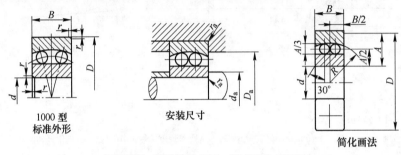

1000 型标准外形　　　安装尺寸　　　简化画法

标记示例 滚动轴承 1206 GB/T 281—2013

轴承型号	当量动负荷 $F_a/F_r \leqslant e$, $P=F_r+YF_a$; $F_a/F_r>e$, $P=0.65F_r+YF_a$								当量静负荷 $P_0=F_r+Y_0F_a$						
	基本尺寸/mm				安装尺寸/mm			e	$F_a/F_r \leqslant e$	$F_a/F_r >e$	Y_0	基本额定负荷/kN		极限转速 /r·min^{-1}	
	d	D	B	r_s min	d_a min	D_a max	r_{as} max		Y	Y		C_r	C_{0r}	脂润滑	油润滑
1204	20	47	14	1	26	41	1	0.27	2.3	3.6	2.4	7.65	3.18	10000	14000
1205	25	52	15	1	31	46	1	0.27	2.3	3.6	2.4	9.32	4.02	9000	12000
1206	30	62	16	1	36	56	1	0.24	2.6	4.0	2.7	12.2	5.78	7500	9500
1207	35	72	17	1.1	42	65	1	0.23	2.7	4.2	2.9	12.2	6.62	6700	8500
1208	40	80	18	1.1	47	73	1	0.22	2.9	4.4	3.0	14.8	8.52	6300	8000
1209	45	85	19	1.1	52	78	1	0.21	2.9	4.6	3.1	16.8	9.55	5600	7000
1210	50	90	20	1.1	57	83	1	0.2	3.1	4.8	3.3	17.5	9.80	5300	6700
1211	55	100	21	1.5	64	91	1.5	0.2	3.2	5.0	3.4	20.5	13.2	4800	6000
1212	60	110	22	1.5	69	101	1.5	0.19	3.4	5.3	3.6	23.2	15.5	4500	5600
1213	65	120	23	1.5	74	111	1.5	0.17	3.7	5.7	3.9	23.8	17.2	4000	5000
1214	70	125	24	1.5	79	116	1.5	0.18	3.5	5.4	3.7	26.5	18.8	3800	4800
1215	75	130	25	1.5	84	121	1.5	0.17	3.6	5.6	3.8	29.8	21.5	3600	4500
1216	80	140	26	2	90	130	2	0.18	3.6	5.5	3.7	30.5	23.5	3400	4300
1217	85	150	28	2	95	140	2	0.17	3.7	5.7	3.9	37.5	28.5	3200	4000
1218	90	160	30	2	100	150	2	0.17	3.8	5.7	4.0	43.5	31.8	3000	3800
1219	95	170	32	2.1	107	158	2.1	0.17	3.7	5.7	3.9	48.8	36.0	2800	3600
1220	100	180	34	2.1	112	168	2.1	0.18	3.5	5.4	3.7	52.8	40.5	2600	3400

轴承型号	当量动负荷 $F_a/F_r \leqslant e$, $P = F_r + YF_a$; $F_a/F_r > e$, $P = 0.65F_r + YF_a$							当量静负荷 $P_0 = F_r + Y_0 F_a$							
	基本尺寸/mm				安装尺寸/mm			e	F_a/F_r $\leqslant e$	F_a/F_r $>e$	Y_0	基本额定负荷/kN		极限转速 /r·min^{-1}	
	d	D	B	r_s min	d_a min	D_a max	r_{as} max		Y	Y		C_r	C_{0r}	脂润滑	油润滑
1304	20	52	15	1.1	27	45	1	0.29	2.2	3.4	2.3	9.60	4.02	9500	13000
1305	25	62	17	1.1	32	55	1	0.27	2.3	3.5	2.4	13.8	5.98	8000	10000
1306	30	72	19	1.1	37	65	1	0.26	2.4	3.8	2.6	16.5	7.75	7000	9000
1307	35	80	21	1.5	44	71	1.5	0.25	2.6	4.0	2.7	19.2	9.80	6300	8000
1308	40	90	23	1.5	49	81	1.5	0.24	2.6	4.0	2.7	22.8	12.2	5600	7000
1309	45	100	25	1.5	54	91	1.5	0.25	2.5	3.9	2.6	29.2	15.8	5000	6300
1310	50	110	27	2	60	100	2	0.24	2.7	4.1	2.8	33.2	17.5	4800	6000
1311	55	120	29	2	65	110	2	0.23	2.7	4.2	2.8	39.5	22.5	4300	5300
1312	60	130	31	2.1	72	118	2.1	0.23	2.8	4.3	2.9	44.0	26.5	4000	5000
1313	65	140	33	2.1	77	128	2.1	0.23	2.8	4.3	2.9	47.5	29.2	3600	4500
1314	70	150	35	2.1	82	138	2.1	0.22	2.8	4.4	2.9	57.2	35.2	3400	4300
1315	75	160	37	2.1	87	148	2.1	0.22	2.8	4.4	3.0	60.8	38.2	3200	4000
1316	80	170	39	2.1	92	158	2.1	0.22	2.9	4.5	3.1	68.0	42.2	3000	3800
1317	85	180	41	3	99	166	2.5	0.22	2.9	4.5	3.0	75.2	48.5	2800	3600
1318	90	190	43	3	104	176	2.5	0.22	2.8	4.4	2.9	89.5	56.2	2600	3400
1319	95	200	45	3	109	186	2.5	0.23	2.8	4.3	2.9	102	63.8	2400	3200
1320	100	215	47	3	114	201	2.5	0.24	2.7	4.1	2.8	110	72.8	2000	2800
2204	20	47	18	1	26	41	1	0.48	1.3	2.0	1.4	9.62	3.88	10000	14000
2205	25	52	18	1	31	46	1	0.41	1.5	2.3	1.5	9.62	4.28	9000	12000
2206	30	62	20	1	36	56	1	0.39	1.6	2.4	1.7	11.8	5.68	7500	9500
2207	35	72	23	1.1	42	65	1.1	0.38	1.7	2.6	1.8	16.8	8.32	6700	8500
2208	40	80	23	1.1	47	73	1.1	0.34	1.9	2.9	2.0	17.2	9.45	6300	8000
2209	45	85	23	1.1	52	78	1	0.31	2.1	3.2	2.2	17.8	10.8	5600	7000
2210	50	90	23	1.1	57	83	1	0.29	2.2	3.4	2.3	17.8	11.2	5300	6700
2211	55	100	25	1.5	64	91	1.5	0.28	2.3	3.5	2.4	20.5	13.2	4800	6000
2212	60	110	28	1.5	69	101	1.5	0.28	2.3	3.5	2.4	26.2	16.8	4500	5600
2213	65	120	31	1.5	74	111	1.5	0.28	2.3	3.5	2.4	33.5	21.5	4000	5000
2214	70	125	31	1.5	79	116	1.5	0.27	2.4	3.7	2.5	33.8	22.8	3800	4800
2215	75	130	31	1.5	84	121	1.5	0.25	2.5	3.9	2.6	34.0	23.8	3600	4500
2216	80	140	33	2	90	130	2	0.25	2.5	3.9	2.6	37.5	26.8	3400	4300
2217	85	150	36	2	95	140	2	0.25	2.5	3.8	2.6	44.8	31.5	3200	4000
2218	90	160	40	2	100	150	2	0.27	2.4	3.7	2.5	53.8	38.0	3000	3800
2219	95	170	43	2.1	107	158	2.1	0.26	2.4	3.7	2.5	63.8	45.2	2800	3600
2220	100	180	46	2.1	112	168	2.1	0.27	2.3	3.6	2.5	74.8	53.2	2600	3400

轴承型号	当量动负荷 $F_a/F_r \leqslant e,\ P=F_r+YF_a$;$\ F_a/F_r>e,\ P=0.65F_r+YF_a$											当量静负荷 $P_0=F_r+Y_0F_a$					
	基本尺寸/mm				安装尺寸/mm			e	F_a/F_r $\leqslant e$	F_a/F_r $>e$	Y_0	基本额定 负荷/kN		极限转速 /r·min^{-1}		
	d	D	B	r_s min	d_a min	D_a max	r_{as} max		Y	Y		C_r	C_{0r}	脂润滑	油润滑	
2304	20	52	21	1.1	27	45	1	0.51	1.2	1.9	1.3	13.8	5.28	9500	13000	
2305	25	62	24	1.1	32	55	1	0.47	1.3	2.1	1.4	18.8	7.45	8000	10000	
2306	30	72	27	1.1	37	65	1	0.44	1.4	2.2	1.5	24.2	10.0	7000	9000	
2307	35	80	31	1.5	44	71	1.5	0.46	1.4	2.1	1.4	30.2	12.8	6300	8000	
2308	40	90	33	1.5	49	81	1.5	0.43	1.5	2.3	1.5	34.5	15.8	5600	7000	
2309	45	100	36	1.5	54	91	1.5	0.42	1.5	2.3	1.6	41.5	19.6	5000	6300	
2310	50	110	40	2	60	100	2	0.43	1.5	2.3	1.6	49.5	23.5	4800	6000	
2311	55	120	43	2	65	110	2	0.41	1.5	2.4	1.6	57.8	28.0	4300	5300	
2312	60	130	46	2.1	72	118	2.1	0.41	1.6	2.5	1.6	66.8	32.8	4000	5000	
2313	65	140	48	2.1	77	128	2.1	0.38	1.6	2.6	1.7	73.8	38.5	3600	4500	
2314	70	150	51	2.1	82	138	2.1	0.38	1.7	2.6	1.8	84.2	44.5	3400	4300	
2315	75	160	55	2.1	87	148	2.1	0.38	1.7	2.6	1.7	94.8	50.8	3200	4000	
2316	80	170	58	2.1	92	158	2.1	0.39	1.6	2.5	1.7	99.0	54.2	3000	3800	
2317	85	180	60	3	99	166	2.5	0.38	1.7	2.6	1.7	108	61.2	2800	3600	
2318	90	190	64	3	104	176	2.5	0.39	1.6	2.5	1.7	110	68.2	2600	3400	
2319	95	200	67	3	109	186	2.5	0.38	1.7	2.6	1.8	125	76.2	2400	3200	
2320	100	215	73	3	114	201	2.5	0.37	1.7	2.6	1.8	148	93.5	2000	2800	

注：GB/T 281—2013 仅给出轴承型号及尺寸，安装尺寸摘自 GB 5868—2003。

表 15-2 所示为调心滚子轴承尺寸。

表 15-2 调心滚子轴承（摘自 GB/T 288—2013）

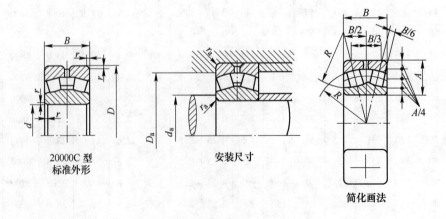

20000C 型
标准外形

安装尺寸

简化画法

标记示例 22208C GB/T 288—2013

轴承型号	当量动负荷 $F_a/F_r \leq e$, $P=F_r+YF_a$; $F_a/F_r>e$, $P=0.67F_r+YF_a$							当量静负荷 $P_0=F_r+Y_0F_a$							
	基本尺寸/mm				安装尺寸/mm			e	$F_a/F_r \leq e$ Y	$F_a/F_r >e$ Y	Y_0	基本额定负荷/kN		极限转速 /r·min⁻¹	
	d	D	B	R_s min	d_a min	D_a max	r_{as} max					C_r	C_{0r}	脂润滑	油润滑
22206C	30	62	20	1	36	54	1	0.33	2.0	3.0	2.0	46.0	33.5	6500	8000
22207C	35	72	23	1.1	42	65	1	0.31	2.1	3.2	2.1	59.5	44.5	5500	6500
22208C	40	80	23	1.1	47	73	1	0.28	2.4	3.6	2.3	70.2	53.0	5000	6000
22209C	45	85	23	1.1	52	78	1	0.27	2.5	3.8	2.5	73.2	56.5	4500	5500
22210C	50	90	23	1.1	57	83	1	0.24	2.8	4.1	2.7	75.5	59.0	4000	5000
22211C	55	100	25	1.5	64	91	1.5	0.24	2.8	4.1	2.7	92.2	72.2	3600	4600
22212C	60	110	28	1.5	69	101	1.5	0.24	2.8	4.1	2.7	110	88.2	3200	4000
22213C	65	120	31	1.5	74	111	1.5	0.25	2.7	4.0	2.6	135	112	2800	3600
22214C	70	125	31	1.5	79	116	1.5	0.23	2.9	4.3	2.8	140	115	2600	3400
22215C	75	130	31	1.5	84	121	1.5	0.22	3.0	4.5	2.9	145	122	2400	3200
22216C	80	140	33	2	90	130	2	0.22	3.0	4.5	2.9	158	135	2200	3000
22217C	85	150	36	2	95	140	2	0.22	3.0	4.4	2.9	188	158	2000	2800
22218C	90	160	40	2	100	150	2	0.23	2.9	4.4	2.8	215	182	1900	2600
22219C	95	170	43	2.1	107	158	2.1	0.24	2.9	4.4	2.7	248	215	1900	2600
22220C	100	180	46	2.1	112	168	2.1	0.23	2.9	4.3	2.8	275	242	1800	2400
22308C	40	90	33	1.5	49	81	1.5	0.38	1.8	2.6	1.7	105	82.0	4300	5300
22309C	45	100	36	1.5	54	91	1.5	0.38	1.8	2.6	1.7	128	100	3800	4800
22310C	50	110	40	2	60	100	2	0.37	1.8	2.7	1.8	158	125	3400	4300
22311C	55	120	43	2	65	110	2	0.37	1.8	2.7	1.8	185	150	3000	3800
22312C	60	130	46	2.1	72	118	2.1	0.37	1.8	2.7	1.8	212	172	2800	3600
22313C	65	140	48	2.1	77	128	2.1	0.35	1.9	2.9	1.9	232	188	2400	3200
22314C	70	150	51	2.1	82	138	2.1	0.35	1.9	2.9	1.9	262	215	2200	3000
22315C	75	160	55	2.1	87	148	2.1	0.35	1.9	2.9	1.9	305	258	2000	2800
22316C	80	170	58	2.1	92	158	2.1	0.35	1.9	2.9	1.9	345	295	1900	2600
22317C	85	180	60	3	99	166	2.5	0.34	1.9	3.0	2.0	375	322	1800	2400
22318C	90	190	64	3	104	176	2.5	0.34	2.0	2.9	2.0	435	382	1800	2400
22319C	95	200	67	3	109	186	2.5	0.34	2.0	3.0	2.0	465	410	1700	2200
22320C	100	215	73	3	114	201	2.5	0.35	1.9	2.9	1.9	542	185	1400	1800

注：GB/T 288—2013 仅给出轴承型号及尺寸，安装尺寸摘自 GB 5868—1986。

表15-3 所示为圆锥滚子轴承尺寸。

表 15-3　圆锥滚子轴承（摘自 GB/T 297—1994）

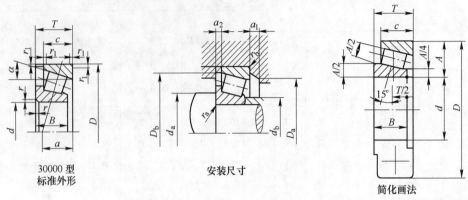

30000 型
标准外形

安装尺寸

简化画法

标记示例　滚动轴承 30308　GB/T 297—1994

当量动负荷	当量静负荷
$F_a/F_r \leqslant e$，$P=F_r$；$F_a/F_r > e$，$P=0.4F_r+YF_a$	$P_0=0.5F_r+Y_0F_a$；若 $P_0<F_r$，取 $P_0=F_r$

轴承型号	基本尺寸/mm d	D	T	B	C	其他尺寸/mm $a\approx$	r_s min	R_{1s} min	安装尺寸/mm d_a min	d_b max	D_a max	D_b min	a_1 min	a_2 min	r_{as} max	r_{bs} max	e	Y	Y_0	基本额定负荷/kN C_r	C_{0r}	极限转速/r·min⁻¹ 脂润滑	油润滑
30203	17	40	13.25	12	11	9.8	1	1	23	23	34	37	2	2.5	1	1	0.35	1.7	1	19.8	13.2	9000	12000
30204	20	47	15.25	14	12	11.2	1	1	26	27	41	43	2	3.5	1	1	0.35	1.7	1	26.8	18.2	8000	10000
30205	25	52	16.25	15	13	12.6	1	1	31	31	46	48	2	3.5	1	1	0.37	1.6	0.9	32.2	23	7000	9000
30206	30	62	17.25	16	14	13.8	1	1	36	37	56	58	2	3.5	1	1	0.37	1.6	0.9	41.2	29.5	6000	7500
30207	35	72	18.25	17	15	15.3	1.5	1.5	42	44	65	67	3	3.5	1.5	1.5	0.37	1.6	0.9	51.5	37.2	5300	6700
30208	40	80	19.75	18	16	16.9	1.5	1.5	47	49	73	75	3	4	1.5	1.5	0.37	1.6	0.9	59.8	42.8	5000	6300
30209	45	85	20.75	19	16	18.6	1.5	1.5	52	53	78	80	3	5	1.5	1.5	0.4	1.5	0.8	64.2	47.8	4500	5600
30210	50	90	21.75	20	17	20	1.5	1.5	57	58	83	86	3	5	1.5	1.5	0.42	1.4	0.8	72.2	55.2	4300	5300
30211	55	100	22.75	21	18	21	2	1.5	64	64	91	95	4	5	2	1.5	0.4	1.5	0.8	86.5	65.5	3800	4800
30212	60	110	23.75	22	19	22.4	2	1.5	69	69	101	103	4	5	2	1.5	0.4	1.5	0.8	97.8	74.5	3600	4500
30213	65	120	24.75	23	20	24	2	1.5	74	77	111	114	4	5	2	1.5	0.4	1.5	0.8	112	86.2	3200	4000
30214	70	125	26.25	24	21	25.9	2	1.5	79	81	116	119	4	5.5	2	1.5	0.42	1.4	0.8	125	97.5	3000	3800
30215	75	130	27.25	25	22	27.4	2	1.5	84	85	121	125	4	5.5	2	1.5	0.44	1.4	0.8	130	105	2800	3600
30216	80	140	28.25	26	22	28	2.5	2	90	90	130	133	4	6	2.1	2	0.42	1.4	0.8	150.8	120	2600	3400
30217	85	150	30.5	28	24	29.9	2.5	2	95	96	140	142	5	6.5	2.1	2	0.42	1.4	0.8	168	135	2400	3200
30218	90	160	32.5	30	26	32.4	2.5	2	100	102	150	151	5	6.5	2.1	2	0.42	1.4	0.8	188	152	2200	3000
30219	95	170	34.5	32	27	35.1	3	2.5	107	108	158	160	5	7.5	2.5	2.1	0.42	1.4	0.8	215	175	2000	2800
30220	100	180	37	34	29	36.5	3	2.5	112	114	168	169	5	8	2.5	2.1	0.42	1.4	0.8	240	198	1900	2600
30303	17	47	15.25	14	12	10	1	1	23	25	41	43	3	3.5	1	1	0.29	2.1	1.2	26.8	17.2	8500	11000
30304	20	52	16.25	15	13	11	1.5	1.5	27	28	45	48	3	3.5	1.5	1.5	0.3	2	1.1	31.5	20.8	7500	9500
30305	25	62	18.25	17	15	13	1.5	1.5	32	34	55	58	3	3.5	1.5	1.5	0.3	2	1.1	44.8	30	6300	8000
30306	30	72	20.75	19	16	15	1.5	1.5	37	40	65	66	3	5	1.5	1.5	0.31	1.9	1	55.8	38.5	5600	7000
30307	35	80	22.75	21	18	17	2	1.5	44	45	71	74	3	5	2	1.5	0.31	1.9	1	71.2	50.2	5000	6300
30308	40	90	25.25	23	20	19.5	2	1.5	49	52	81	84	3	5.5	2	1.5	0.35	1.7	1	86.2	63.8	4500	5600
30309	45	100	27.25	25	22	21.5	2	1.5	54	59	91	94	3	5.5	2	1.5	0.35	1.7	1	102	76.2	4000	5000
30310	50	110	29.25	27	23	23	2.5	2	60	65	100	103	4	6.5	2.1	2	0.35	1.7	1	122	92.5	3800	4800
30311	55	120	31.5	29	25	25	2.5	2	65	70	110	112	4	6.5	2.1	2	0.35	1.7	1	145	112	3400	4300
30312	60	130	33.5	31	26	26.5	3	2.5	72	76	118	121	5	7.5	2.5	2.1	0.35	1.7	1	162	125	3200	4000
30313	65	140	36	33	28	29	3	2.5	77	83	128	131	5	8	2.5	2.1	0.35	1.7	1	185	142	2800	3600
30314	70	150	38	35	30	30.6	3	2.5	82	89	138	141	5	8	2.5	2.1	0.35	1.7	1	208	162	2600	3400
30315	75	160	40	37	31	32	3	2.5	87	95	148	150	5	9	2.5	2.1	0.35	1.7	1	238	188	2400	3200

续表 15-3

当量动负荷	当量静负荷
$F_a/F_r \leq e$，$P = F_r$；$F_a/F_r > e$，$P = 0.4F_r + YF_a$	$P_0 = 0.5F_r + Y_0F_a$；若 $P_0 < F_r$，取 $P_0 = F_r$

轴承型号	基本尺寸/mm					其他尺寸/mm			安装尺寸/mm								e	Y	Y_0	基本额定负荷/kN		极限转速 /r·min⁻¹	
	d	D	T	B	C	$a \approx$	r_s min	R_{1s} min	d_a min	d_b max	D_a max	D_b min	a_1 min	a_2 min	r_{as} max	r_{bs} max				C_r	C_{0r}	脂润滑	油润滑
30316	80	170	42.5	39	33	34	3	2.5	92	102	158	160	5	9.5	2.5	2.1	0.35	1.7	1	262	208	2200	3000
30317	85	180	44.5	41	34	36	4	3	99	107	166	168	6	10.5	3	2.5	0.35	1.7	1	288	228	2000	2800
30318	90	190	46.5	43	36	37.5	4	3	104	113	176	178	6	10.5	3	2.5	0.35	1.7	1	322	260	1900	2600
30319	95	200	49.5	45	38	40	4	3	109	118	186	185	6	11.5	3	2.5	0.35	1.7	1	348	282	1800	2400
30320	100	215	51.5	47	39	42	4	3	114	127	201	199	6	12.5	3	2.5	0.35	1.7	1	382	310	1600	2000
32206	30	62	21.25	20	17	15.4	1	1	36	36	56	58	3	4.5	1	1	0.37	1.6	0.9	49.2	37.2	6000	7500
32207	35	72	24.25	23	19	17.6	1.5	1.5	42	42	65	68	3	5.5	1.5	1.5	0.37	1.6	0.9	67.5	52.5	5300	6700
32208	40	80	24.75	23	19	19	1.5	1.5	47	48	73	75	3	6	1.5	1.5	0.37	1.6	0.9	74.2	56.8	5000	6300
32209	45	85	24.75	23	19	19	1.5	1.5	52	53	78	81	3	6	1.5	1.5	0.4	1.5	0.8	79.5	62.8	4500	5600
32210	50	90	24.75	23	19	21	1.5	1.5	57	57	83	86	3	6	1.5	1.5	0.42	1.4	0.8	84.8	68	4300	5300
32211	55	100	26.75	25	21	22.5	2	1.5	64	64	91	96	4	6	2	1.5	0.4	1.5	0.8	102	81.5	3800	4800
32212	60	110	29.75	28	24	24.9	2	1.5	69	68	101	105	4	6	2	1.5	0.4	1.5	0.8	125	102	3600	4500
32213	65	120	32.75	31	27	27.2	2	1.5	74	75	111	115	4	6	2	1.5	0.4	1.5	0.8	152	125	3200	4000
32214	70	125	33.25	31	27	27.9	2	1.5	79	79	116	120	4	6.5	2	1.5	0.42	1.4	0.8	158	135	3000	3800
32215	75	130	35.25	31	27	30.2	2	1.5	84	84	121	126	4	6.5	2	1.5	0.44	1.4	0.8	160	135	2800	3600
32216	80	140	35.25	33	28	31.3	2.5	2	90	89	130	135	5	7.5	2.1	2	0.42	1.4	0.8	188	158	2600	3400
32217	85	150	38.5	36	30	34	2.5	2	95	95	140	143	5	8.5	2.1	2	0.42	1.4	0.8	215	185	2400	3200
32218	90	160	42.5	40	34	36.7	2.5	2	100	101	150	153	5	8.5	2.1	2	0.42	1.4	0.8	258	225	2200	3000
32219	95	170	45.5	43	37	39	3	2.5	107	106	158	163	5	8.5	2.5	2.1	0.42	1.4	0.8	285	255	2000	2800
32220	100	180	49	46	39	41.8	3	2.5	112	113	168	172	5	10	2.5	2.1	0.42	1.4	0.8	322	292	1900	2600
32303	17	47	20.25	19	16	12	1	1	23	24	41	43	3	4.5	1	1	0.29	2.1	1.2	33.5	23	8500	11000
32304	20	52	22.25	21	18	13.4	1.5	1.5	27	26	45	48	3	4.5	1.5	1.5	0.3	2	1.1	40.8	28.8	7500	9500
32305	25	62	25.25	24	20	15.5	1.5	1.5	32	32	55	58	3	5.5	1.5	1.5	0.3	2	1.1	58.5	42.5	6300	8000
32306	30	72	28.75	27	23	18.8	1.5	1.5	37	38	65	66	4	6	1.5	1.5	0.31	1.9	1	77.5	58.8	5600	7000
32307	35	80	32.75	31	25	20.5	2	1.5	44	43	71	74	4	8	2	1.5	0.31	1.9	1	93.8	72.2	5000	6300
32308	40	90	35.25	33	27	23.4	2	1.5	49	49	81	83	4	8.5	2	1.5	0.35	1.7	1	110	87.8	4500	5600
32309	45	100	38.25	36	30	25.6	2	1.5	54	56	91	93	4	8.5	2	1.5	0.35	1.7	1	138	111.8	4000	5000
32310	50	110	42.25	40	33	28	2.5	2	60	61	100	102	5	9.5	2.1	2	0.35	1.7	1	168	140	3800	4800
32311	55	120	45.5	43	35	30.6	2.5	2	65	66	110	111	5	10.5	2.1	2	0.35	1.7	1	192	162	3400	4300
32312	60	130	48.5	46	37	32	3	2.5	72	72	118	122	6	11.5	2.5	2.1	0.35	1.7	1	215	180	3200	4000
32313	65	140	51	48	39	34	3	2.5	77	79	128	131	6	12	2.5	2.1	0.35	1.7	1	245	208	2800	3600
32314	70	150	54	51	42	36.5	3	2.5	82	84	138	141	6	12	2.5	2.1	0.35	1.7	1	285	242	2600	3400
32315	75	160	58	55	45	39	3	2.5	87	91	148	150	7	13	2.5	2.1	0.35	1.7	1	328	288	2400	3200
32316	80	170	61.5	58	48	42	3	2.5	92	97	158	160	7	13.5	2.5	2.1	0.35	1.7	1	365	322	2200	3000
32317	85	180	63.5	60	49	43.6	4	3	99	102	166	168	8	14.5	3	2.5	0.35	1.7	1	398	352	2000	2800
32318	90	190	67.5	64	53	46	4	3	104	107	176	178	8	14.5	3	2.5	0.35	1.7	1	452	405	1900	2600
32319	95	200	71.5	67	55	49	4	3	109	114	186	187	8	16.5	3	2.5	0.35	1.7	1	488	438	1800	2400
32320	100	215	77.5	73	60	53	4	3	114	122	201	201	8	17.5	3	2.5	0.35	1.7	1	568	515	1600	2000

注：GB/T 297—1994 仅给出轴承型号及尺寸，安装尺寸摘自 GB 5868—1986。

表 15-4 所示为深沟球轴承尺寸。

表15-4 深沟球轴承（摘自 GB/T 276—2013）

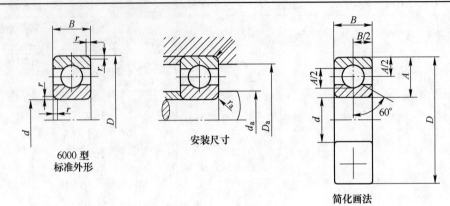

6000 型
标准外形

安装尺寸

简化画法

标记示例 滚动轴承 6216 GB/T 276—2013

F_a/C_0	e	Y	当量动负荷	当量静负荷
0.014	0.19	2.30		
0.028	0.22	1.99		
0.056	0.26	1.71		
0.084	0.28	1.55	$F_a/F_r \leqslant e$, $P = F_r$;	$F_a/F_r \leqslant 0.8$, $P_0 = F_r$
0.11	0.30	1.45	$F_a/F_r > e$, $P = 0.56F_r + YF_a$	$F_a/F_r > 0.8$, $P_0 = 0.6F_r + 0.5F_a$
0.17	0.34	1.31		取上列两式计算结果的较大者
0.28	0.38	1.15		
0.42	0.42	1.04		
0.56	0.44	1.00		

轴承型号	基本尺寸/mm				安装尺寸/mm			基本额定负荷/kN		极限转速/r·min⁻¹	
	d	D	B	r_s min	d_a min	D_a max	r_{as} max	C_r	C_{0r}	脂润滑	油润滑
6204	20	47	14	1	26	41	1	9.88	6.18	14000	18000
6205	25	52	15	1	31	46	1	10.8	6.95	12000	16000
6206	30	62	16	1	36	56	1	15.0	10.0	9500	13000
6207	35	72	17	1.1	42	65	1	19.8	13.5	8500	11000
6208	40	80	18	1.1	47	73	1	22.8	15.8	8000	10000
6209	45	85	19	1.1	52	78	1	24.5	17.5	7000	9000
6210	50	90	20	1.1	57	83	1	27.0	19.8	6700	8500
6211	55	100	21	1.5	64	91	1.5	33.5	25.0	6000	7500
6212	60	110	22	1.5	69	101	1.5	36.8	27.8	5600	7000
6213	65	120	23	1.5	74	111	1.5	44.0	34.0	5000	6300
6214	70	125	24	1.5	79	116	1.5	46.8	37.5	4800	6000
6215	75	130	25	1.5	84	121	1.5	50.8	41.2	4500	5600
6216	80	140	26	2	90	130	2	55.0	44.8	4300	5300
6217	85	150	28	2	95	140	2	64.0	53.2	4000	5000
6218	90	160	30	2	100	150	2	73.8	60.5	3800	4800
6219	95	170	32	2.1	107	158	2.1	84.8	70.5	3600	4500
6220	100	180	34	2.1	112	168	2.1	94.0	79.0	3400	4300

轴承型号	基本尺寸/mm				安装尺寸/mm			基本额定负荷/kN		极限转速/r·min⁻¹	
	d	D	B	r_s min	d_a min	D_a max	r_{as} max	C_r	C_{0r}	脂润滑	油润滑
6304	20	52	15	1.1	27	45	1	12.2	7.78	13000	17000
6305	25	62	17	1.1	32	55	1	17.2	11.2	10000	14000
6306	30	72	19	1.1	37	65	1	20.8	14.2	9000	12000
6307	35	80	21	1.5	44	71	1.5	25.8	17.8	8000	10000
6308	40	90	23	1.5	49	81	1.5	31.2	22.2	7000	9000
6309	45	100	25	1.5	54	91	1.5	40.8	29.8	6300	8000
6310	50	110	27	2	60	100	2	47.5	35.6	6000	7500
6311	55	120	29	2	65	110	2	55.2	41.8	5600	6700
6312	60	130	31	2.1	72	118	2.1	62.8	48.5	5300	6300
6313	65	140	33	2.1	77	128	2.1	72.2	565	4500	5600
6314	70	150	35	2.1	82	138	2.1	80.2	63.2	4300	5300
6315	75	160	37	2.1	87	148	2.1	87.2	71.5	4000	5000
6316	80	170	39	2.1	92	158	2.1	94.5	80.0	3800	4800
6317	85	180	41	3	99	166	2.5	102	89.2	3600	4500
6318	90	190	43	3	104	176	2.5	112	100	3400	4300
6319	95	200	45	3	109	186	2.5	122	112	3200	4000
6320	100	215	47	3	114	201	2.5	132	132	2800	3600
6404	20	72	19	1.1	27	65	1	23.8	16.8	9500	13000
6405	25	80	21	1.5	34	71	1.5	29.5	21.2	8500	11000
6406	30	90	23	1.5	39	81	1.5	36.5	26.8	8000	10000
6407	35	100	25	1.5	44	91	1.5	43.8	32.5	6700	8500
6408	40	110	27	2	50	100	2	50.2	37.8	6300	8000
6409	45	120	29	2	55	110	2	59.5	45.5	5600	7000
6410	50	130	31	2.1	62	118	2.1	71.0	55.2	5200	6500
6411	55	140	33	2.1	67	128	2.1	77.5	62.5	4800	6000
6412	60	150	35	2.1	72	138	2.1	83.8	70.0	4500	5600
6413	65	160	37	2.1	77	148	2.1	90.8	78.0	4300	5300
6414	70	180	42	3	84	166	2.5	108	99.2	3800	4800
6415	75	190	45	3	89	176	2.5	118	115	3600	4500
6416	80	200	48	3	94	186	2.5	125	125	3400	4300
6417	85	210	52	4	103	192	3	135	138	3200	4000
6418	90	225	54	4	108	207	3	148	188	2800	3600
6420	100	250	58	4	118	232	3	172	195	2400	3200

注：GB/T 276—2013 仅给出轴承型号及尺寸，安装尺寸摘自 GB 5868—2003。

138

表 15-5 所示为角接触球轴承尺寸。

表 15-5　角接触球轴承（摘自 GB/T 292—2007）

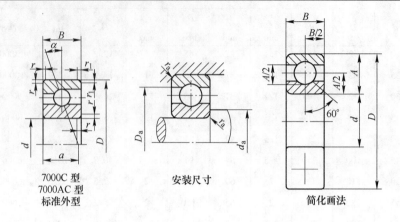

7000C 型
7000AC 型
标准外型

安装尺寸

简化画法

标记示例　滚动轴承 7216C　GB/T 292—2007

当量负荷	类型	7000C										7000AC				
当量动负荷		$F_a/F_r \leq e$, $P=F_r$ $F_a/F_r>e$, $P_r=0.44F_r+YF_a$										$F_a/F_r \leq 0.68$, $P=F_r$ $F_a/F_r>0.68$, $P_r=0.41F_r+0.87F_a$				
当量静负荷		$P_{0r}=0.5F_r+0.46F_a \geqslant F_r$										$P_{0r}=0.5F_r+0.38F_a \geqslant F_r$				

轴承型号		基本尺寸 /mm			其他尺寸/mm				安装尺寸 /mm			基本额定动 负荷 C_r/kN		基本额定静 负荷 C_{0r}/kN		极限转 速/r·min⁻¹	
		d	D	B	a		r_s	r_{1s}	d_a	D_a	r_{as}	7000C	7000 AC	7000C	7000 AC	脂润 滑	油润 滑
					7000C	7000AC	min	min	min	max	max						
7204C	7204AC	20	47	14	11.5	14.9	1	0.3	26	41	1	11.2	10.8	7.46	7.00	13000	18000
7205C	7205 AC	25	52	15	12.7	16.4	1	0.3	31	46	1	12.8	12.2	8.95	8.38	11000	16000
7206 C	7206 AC	30	62	16	14.2	18.7	1	0.3	36	56	1	17.8	16.8	12.8	12.2	9000	13000
7207 C	7207 AC	35	72	17	15.7	21	1.1	0.6	42	65	1	23.5	22.5	17.5	16.5	8000	11000
7208 C	7208 AC	40	80	18	17	23	1.1	0.6	47	73	1	26.8	25.8	20.5	19.2	7500	10000
7209 C	7209 AC	45	85	19	18.2	24.7	1.1	0.6	52	78	1	29.8	28.2	23.8	22.5	6700	9000
7210 C	7210 AC	50	90	20	194	26.3	1.1	0.6	57	83	1	32.8	31.5	26.8	25.2	6300	8500
7211 C	7211 AC	55	100	21	20.9	28.6	1.5	0.6	64	91	1.5	40.8	38.8	33.8	31.8	5600	7500
7212 C	7212 AC	60	110	22	22.4	30.8	1.5	0.6	69	101	1.5	44.8	42.8	37.8	35.5	5300	7000
7213 C	7213 AC	65	120	23	24.2	33.5	1.5	0.6	74	111	1.5	53.8	51.2	46.0	43.2	4800	6300
7214 C	7214 AC	70	125	24	25.3	35.1	1.5	0.6	79	116	1.5	56.0	53.2	49.2	46.2	4500	6700
7215 C	7215 AC	75	130	25	26.4	36.6	1.5	0.6	84	121	1.5	60.8	57.8	54.2	50.8	4300	5600
7216 C	7216 AC	80	140	26	27.7	38.9	2	1	90	130	2	68.8	65.5	63.2	59.2	4000	5300
7217 C	7217 AC	85	150	28	29.9	41.6	2	1	95	140	2	76.8	72.8	69.8	65.5	3800	5000
7218 C	7218 AC	90	160	30	31.7	44.2	2	1	100	150	2	94.2	89.8	87.8	82.2	3600	4800
7219 C	7219 AC	95	170	32	33.8	46.9	2.1	1.1	107	158	2.1	102	98.8	95.5	89.2	3400	4500
7220 C	7220 AC	100	180	34	35.8	49.7	2.1	1.1	112	168	2.1	114	108	115	100	3200	4300

续表 15-5

轴承型号		基本尺寸 /mm			其他尺寸/mm				安装尺寸 /mm			基本额定动 负荷 C_r/kN		基本额定静 负荷 C_{0r}/kN		极限转 速/r·min^{-1}	
		d	D	B	a		r_s min	r_{1s} min	d_a min	D_a max	r_{as} max	7000C	7000 AC	7000C	7000 AC	脂润 滑	油润 滑
					7000C	7000AC											
7304 C	7304 AC	20	52	15	11.3	16.8	1.1	0.6	27	45	1	14.2	13.8	9.68	9.10	12000	17000
7305 C	7305 AC	25	62	17	13.1	19.1	1.1	0.6	32	55	1	21.5	20.8	15.8	14.8	9500	14000
7306C	7306AC	30	72	19	15	22.2	1.1	0.6	37	65	1	26.2	25.2	19.8	18.5	8500	12000
7307 C	7307 AC	35	80	21	16.6	24.5	1.5	0.6	44	71	1.5	34.2	32.8	26.8	24.8	7500	10000
7308 C	7308 AC	40	90	23	18.5	27.5	1.5	0.6	49	81	1.5	40.2	38.5	32.3	30.5	6700	9000
7309 C	7309 AC	45	100	25	20.2	30.2	1.5	0.6	54	91	1.5	49.2	47.5	39.8	37.2	6000	8000
7310 C	7310 AC	50	110	27	22	33	2	1.0	60	100	2	58.5	55.5	47.2	44.5	5600	7500
7311 C	7311 AC	55	120	29	23.8	35.8	2	1.0	65	110	2	70.5	67.2	60.5	56.8	5000	6700
7312 C	7312 AC	60	130	31	25.6	38.7	2.1	1.1	72	118	2.1	80.5	77.8	70.2	65.8	4800	6300
7313 C	7313 AC	65	140	33	27.4	41.5	2.1	1.1	77	128	2.1	91.5	89.8	80.5	75.5	4300	5600
7314 C	7314 AC	70	150	35	29.2	44.3	2.1	1.1	82	138	2.1	102	98.5	91.5	86.0	4000	5300
7315 C	7315 AC	75	160	37	31	47.2	2.1	1.1	87	148	2.1	112	108	105	97.0	3800	5000
7316 C	7316 AC	80	170	39	32.8	50	2.1	1.1	92	158	2.1	122	118	118	108	3600	4800
7317 C	7317 AC	85	180	41	34.6	52.8	3	1.1	99	166	2.5	132	125	128	122	3400	4500
7318 C	7318 AC	90	190	43	36.4	55.6	3	1.1	104	176	2.5	142	135	142	135	3200	4300
7319 C	7319 AC	95	200	45	38.2	58.5	3	1.1	109	186	2.5	152	145	158	148	3000	4000
7320 C	7320 AC	100	215	47	40.2	61.9	3	1.1	114	201	2.5	162	165	175	178	2600	3600
7406AC		30	90	23	26.1		1.5	0.6	39	81	1	42.5		32.2		7500	10000
7407AC		35	100	25	29		1.5	0.6	44	91	1.5	53.8		42.5		6300	8500
7408AC		40	110	27	31.8		2	1	50	100	2	62.0		49.5		6000	8000
7409AC		45	120	29	34.6		2	1	55	110	2	66.8		52.8		5300	7000
7410AC		50	130	31	37.4		2.1	1.1	62	118	2.1	76.5		64.2		5000	6700
7412AC		60	150	35	43.1		2.1	1.1	72	138	2.1	102		90.8		4300	5600
7414AC		70	180	42	51.5		3	1.1	84	166	2.5	125		125		3600	4800
7416AC		80	200	48	58.1		3	1.1	94	186	2.5	152		162		3200	4300
7418AC		90	215	54	64.8		4	1.5	108	197	3	178		205		2800	3600

注：1. 7000C 的单列 $F_a/F_r>e$ 的 Y；双列 $F_a/F_r \leqslant e$ 的 Y_1，$F_a/F_r>e$ 的 Y_2：

F_a/C_0	e	Y	Y_1	Y_2
0.015	0.38	1.47	1.65	2.39
0.029	0.40	1.40	1.57	2.28
0.058	0.43	1.30	1.46	2.11
0.087	0.46	1.23	1.38	2.00
0.12	0.47	1.19	1.34	1.93
0.17	0.50	1.12	1.26	1.82
0.29	0.55	1.02	1.14	1.66
0.44	0.56	1.00	1.12	1.63
0.58	0.56	1.00	1.12	1.63

2. 成对安装角接触球轴承，是由两套相同的单列角接触球轴承选配组成，作为一个支承整体。

按其外圈不同端面的组合分为：

（1）背对背方式构成 7000C/DB、7000AC/DB、7000B/DB；

（2）面对面方式构成 7000C/DF、7000AC/DF、7000B/DF。

类型 当量负荷	7000C/DB 7000C/DF	7000AC/DB 70000AC/DF	7000B/DB 7000B/DF
当量动负荷	$F_a/F_r \leqslant e$，$P=F_r+Y_1 F_a$	$F_a/F_r \leqslant 0.68$，$P=F_r+0.92F_a$	$F_a/F_r \leqslant 1.14$，$P=F_r+0.55F_a$
	$F_a/F_r>e$，$P=0.72F_r+Y_2 F_a$	$F_a/F_r>0.68$，$P=0.67F_r+1.41F_a$	$F_a/F_r>1.14$，$P=0.57F_r+0.93F_a$
当量静负荷	$P_0=F_r+0.92F_a$	$P_0=F_r+0.76F_a$	$P_0=F_r+0.52F_a$

3. GB/T 292—2007 仅给出轴承型号及尺寸，安装尺寸摘自 GB 5868—2003。

表 15-6 所示为圆柱滚子轴承尺寸。

表 15-6 圆柱滚子轴承（摘自 GB/T 283—2007）

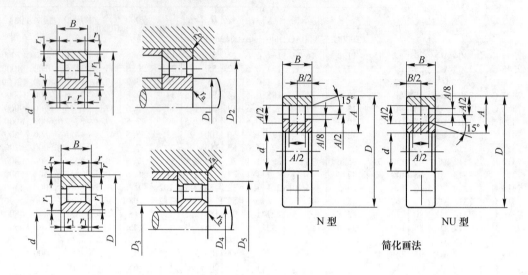

N 型　　　　　　　NU 型

简化画法

标记示例　滚动轴承 N206E　GB/T 283—2007　滚动轴承 NU416　GB/T 283—2007

轴承型号		当量动负荷 $P=F_r$						当量静负荷 $P_0=F_r$									
		尺寸/mm					安装尺寸/mm							基本额定负荷/kN		极限转速/r·min⁻¹	
		d	D	B	r_s min	r_{1s} min	D_1 min	D_2 max	D_3 min	D_4 min	D_5 max	r_{as} max	r_{bs} max	C_r	C_{0r}	脂润滑	油润滑
N204E	NU204E	20	47	14	1	0.6	25	42	24	29	42	1	0.6	25.8	15.8	12000	16000
N205E	NU205E	25	52	15	1	0.6	30	47	29	34	47	1	0.6	27.5	17.5	11000	14000
N206E	NU206E	30	62	16	1	0.6	36	56	34	40	57	1	0.6	36.2	22.8	8500	11000
N207E	NU207E	35	72	17	1.1	0.6	42	64	40	46	65.5	1	0.6	46.5	30.2	7500	9500
N208E	NU208E	40	80	18	1.1	1.1	47	72	47	52	73.5	1	1	51.5	33.2	7000	9000
N209E	NU209E	45	85	19	1.1	1.1	52	77	52	57	78.5	1	1	58.2	39.2	6300	8000
N210E	NU210E	50	90	20	1.1	1.1	57	83	57	62	83.5	1	1	60.8	41.8	6000	7500
N211E	NU211E	55	100	21	1.5	1.1	63.5	91	61.5	68	92	1.5	1	79.5	57.2	5300	6700
N212E	NU212E	60	110	22	1.5	1.5	69	100	68	75	102	1.5	1.5	88.8	61.8	5000	6300
N213E	NU213E	65	120	23	1.5	1.5	74	108	73	81	112	1.5	1.5	102	71.5	4500	5600
N214E	NU214E	70	125	24	1.5	1.5	79	114	78	86	117	1.5	1.5	112	81.5	4300	5300
N215E	NU215E	75	130	25	1.5	1.5	84	120	83	90	122	1.5	1.5	122	92.2	4000	5000
N216E	NU216E	80	140	26	2	2	90	128	89	97	131	2	2	130	98.5	3800	4800
N217E	NU217E	85	150	28	2	2	95	137	94	104	141	2	2	155	115	3600	4500
N218E	NU218E	90	160	30	2	2	100	146	99	109	151	2	2	172	130	3400	4300
N219E	NU218E	95	170	32	2.1	2.1	107	155	106	116	159	2.1	2.1	205	158	3200	4000
N220E	NU220E	100	180	34	2.1	2.1	112	164	111	122	169	2.1	2.1	232	182	3000	3800

当量动负荷							当量静负荷									
$P=F_r$							$P_0=F_r$									

轴承型号		尺寸/mm					安装尺寸/mm							基本额定负荷/kN		极限转速/r·min^{-1}	
		d	D	B	r_s min	r_{1s} min	D_1 min	D_2 max	D_3 min	D_4 min	D_5 max	r_{as} max	r_{bs} max	C_r	C_{0r}	脂润滑	油润滑
N304E	NU304E	20	52	15	1.1	0.6	26.5	47	24	30	45.5	1	0.6	29.2	17.5	11000	15000
N305E	NU305E	25	62	17	1.1	1.1	31.5	55	31.5	37	55.5	1	1	38.5	23.8	9000	12000
N306E	NU306E	30	72	19	1.1	1.1	37	64	36.5	44	65.5	1	1	49.2	31.5	8000	10000
N307E	NU307E	35	80	21	1.5	1.1	44	71	42	48	72	1.5	1	61.5	40.5	7000	9000
N308E	NU308E	40	90	23	1.5	1.5	49	80	48	55	82	1.5	1.5	76.2	50.0	6300	8000
N309E	NU309E	45	100	25	1.5	1.5	54	89	53	60	92	1.5	1.5	92.0	62.2	5600	7000
N310E	NU310E	50	110	27	2	2	60	98	59	67	101	2	2	102	71.0	5300	6700
N311E	NU311E	55	120	29	2	2	65	107	64	72	111	2	2	128	89.0	4800	6000
N312E	NU312E	60	130	31	2.1	2.1	72	116	71	79	119	2.1	2.1	142	99.2	4500	5600
N313E	NU313E	65	140	33	2.1	2.1	77	125	76	85	129	2.1	2.1	168	120	4000	5000
N314E	NU314E	70	150	35	2.1	2.1	82	134	81	92	139	2.1	2.1	190	138	3800	4800
N315E	NU315E	75	160	37	2.1	2.1	87	143	86	97	149	2.1	2.1	225	165	3600	4500
N316E	NU316E	80	170	39	2.1	2.1	92	151	91	105	159	2.1	2.1	242	178	3400	4300
N317E	NU317E	85	180	41	3	3	99	160	98	110	167	2.5	2.5	275	208	3200	4000
N318E	NU318E	90	190	43	3	3	104	169	103	117	177	2.5	2.5	295	220	3000	3800
N319E	NU319E	95	200	45	3	3	109	178	108	124	187	2.5	2.5	312	238	2800	3600
N320E	NU320E	100	215	47	3	3	114	190	113	132	202	2.5	2.5	360	268	2600	3200
N406	NU406	30	90	23	1.5	1.5	39	—	38	47	82	1.5	1.5	54.5	35.5	7000	9000
N407	NU407	35	100	25	1.5	1.5	44	—	43	55	92	1.5	1.5	67.5	45.5	6000	7500
N408	NU408	40	110	27	2	2	50	—	49	60	101	2	2	86.2	59.8	5600	7000
N409	NU409	45	120	29	2	2	55	—	54	66	111	2	2	97.0	67.5	5000	6300
N410	NU410	50	130	31	2.1	2.1	62	—	61	73	119	2	2	115	80.8	4800	6000
N411	NU411	55	140	33	2.1	2.1	67	—	66	79	129	2.1	2.1	122	88.0	4300	5300
N412	NU412	60	150	35	2.1	2.1	72	—	71	85	139	2.1	2.1	148	108	4000	5000
N413	NU413	65	160	37	2.1	2.1	77	—	76	91	149	2.1	2.1	162	118	3800	4800
N414	NU414	70	180	42	3	3	84	—	83	102	167	2.5	2.5	205	155	3400	4300
N415	NU415	75	190	45	3	3	89	—	88	107	177	2.5	2.5	238	182	3200	4000
N416	NU416	80	200	48	3	3	94	—	93	112	187	2.5	2.5	272	210	3000	3800
N417	NU417	85	210	52	4	4	103	—	101	115	194	3	3	298	230	2800	3600
N418	NU418	90	225	54	4	4	108	—	106	125	209	3	3	335	262	2400	3200
N419	NU419	95	240	55	4	4	113	—	111	136	224	3	3	360	285	2200	3000
N420	NU420	100	250	58	4	4	118	—	116	141	234	3	3	398	320	2000	2800

续表 15-6

轴承型号		尺寸/mm					安装尺寸/mm							基本额定负荷/kN		极限转速/r·min⁻¹	
		当量动负荷 $P=F_r$						当量静负荷 $P_0=F_r$									
		d	D	B	r_s min	r_{1s} min	D_1 min	D_2 max	D_3 min	D_4 min	D_5 max	r_{as} max	r_{bs} max	C_r	C_{0r}	脂润滑	油润滑
N2205	NU2205	25	52	18	1	0.6	30	—	29	34	47	1	0.6	20.2	12.0	11000	14000
N2206	NU2206	30	62	20	1	0.6	36	—	34	40	57	1	0.6	27.5	18.5	8500	11000
N2207	NU2207	35	72	23	1.1	0.6	42	—	40	46	65.5	1	0.6	41.8	29.8	7500	9500
N2208	NU2208	40	80	23	1.1	1.1	47	—	47	52	73.5	1	1	49.5	35.5	7000	9000
N2209	NU2209	45	85	23	1.1	1.1	52	—	52	57	78.5	1	1	52.2	38.0	6300	8000
N2210	NU2210	50	90	23	1.1	1.1	57	—	57	62	83.5	1	1	54.5	40.8	6000	7500
N2211	NU2211	55	100	25	1.5	1.1	63.5	—	61.5	69	92	1.5	1	67.5	51.5	5300	6700
N2212	NU2212	60	110	28	1.5	1.5	69	—	68	76	102	1.5	1.5	86.8	69.5	5000	6300
N2213	NU2213	65	120	31	1.5	1.5	74	—	73	82	112	1.5	1.5	102	84.8	4500	5600
N2214	NU2214	70	125	31	1.5	1.5	79	—	78	87	117	1.5	1.5	102	84.8	4300	5300
N2215	NU2215	75	130	31	1.5	1.5	84	—	83	91	122	1.5	1.5	118	96.8	4000	5000
N2216	NU2216	80	140	33	2	2	90	—	89	98	131	2	2	138	115	3800	4800
N2217	NU2217	85	150	36	2	2	95	—	94	104	141	2	2	158	135	3600	4500
N2218	NU2218	90	160	40	2	2	100	—	99	110	151	2	2	182	158	3400	4300
N2219	NU2219	95	170	43	2.1	2.1	107	—	106	116	159	2.1	2.1	205	175	3200	4000
N2220	NU2220	100	180	46	2.1	2.1	112	—	111	123	169	2.1	2.1	228	198	3000	3800

注: 1. 代号后带 E 为加强型圆柱滚子轴承, 是近年来经过优化设计的结构, 负荷能力高, 优先选用。

2. GB/T 283—2007 仅给出轴承型号及尺寸, 安装尺寸摘自 GB 5868—2003。

15.2　轴承的轴向游隙

表 15-7 所示为角接触轴承和推力球轴承的轴向游隙尺寸。

表 15-7　角接触轴承和推力球轴承的轴向游隙

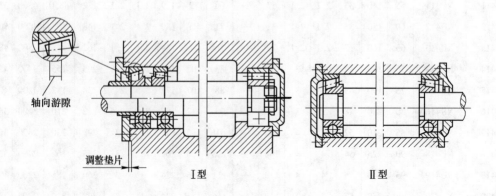

轴向游隙

调整垫片

Ⅰ型　　　Ⅱ型

轴承内径 d /mm		角接触球轴承允许轴向游隙范围/μm						I 型轴承间允许的距离（大概值）
		接触角 α＝15°				α＝25°及40°		
		I 型		II 型		I 型		
超过	到	最小	最大	最小	最大	最小	最大	
—	30	20	40	30	50	10	20	8d
30	50	30	50	40	70	15	30	7d
50	80	40	70	50	100	20	40	6d
80	120	50	100	60	150	30	50	5d
120	180	80	150	100	200	40	70	4d
180	280	120	200	150	250	50	100	(2~3) d

轴承内径 d /mm		圆锥滚子轴承允许轴向游隙的范围/μm						I 型轴承允许的距离（大概值）
		接触角 α＝10°~15°				α＝25°~30°		
		I 型		II 型		I 型		
超过	到	最小	最大	最小	最大	最小	最大	
—	30	20	40	40	70	—	—	14d
30	50	40	70	50	100	20	40	12d
50	80	50	100	80	150	30	50	11d
80	120	80	150	120	200	40	70	10d
120	180	120	200	200	300	50	100	9d
180	260	160	250	250	350	80	150	6.5d

轴承内径 d /mm		双向和双联单向推力球轴承允许轴向游隙的范围/μm					
		轴承尺寸系列					
		11		12,13 和 22,23		14 和 24	
超过	到	最小	最大	最小	最大	最小	最大
—	50	10	20	20	40	—	—
50	120	20	40	40	60	60	80
120	140	40	60	60	80	80	120

注：1. 工作时，不致因轴的热胀冷缩造成轴承损坏时，可取表中最小值，反之取最大值。必要时应根据具体条件再稍加大，使游隙等于或稍大于轴因热胀产生的伸长量 ΔL。ΔL 的近似计算式：$\Delta L \approx 1.13(t_2 - t_1) L/100(\mu m)$。式中，$t_1$—周围环境温度，℃；$t_2$—工作时轴的温度，℃；$L$—轴上两端轴承之间的距离，mm。

2. 尺寸系列 11、12、22、13、23、14、24，即旧标准中直径系列1、2、3、4。

3. 本表值为非标准内容。

16　联 轴 器

表 16-1 所示为联轴器轴孔和联接型式与尺寸。

表 16-1　联轴器轴孔和联接型式与尺寸（摘自 GB/T 3852—2008）　　　（mm）

	长圆柱形孔（Y 型）	有沉孔的短圆柱形孔（J 型）	无沉孔的短圆柱形孔（J₁ 型）	有沉孔的圆锥形孔（Z 型）	无沉孔的圆锥形孔（Z₁ 型）
轴孔					
键槽	A 型　B 型　B₁ 型				C 型

尺 度 系 列

轴孔直径 d、d_2	长 度			沉 孔		键 槽							
	Y 型	J、J₁、Z、Z₁型		d_1	R	A 型、B 型、B₁ 型					C 型		
	L	L_1	L			b	t		t_1		b	t_2	
							公称尺寸	偏差	公称尺寸	偏差		公称尺寸	偏差
20						6	22.8	+0.10	25.6	+0.20	4	10.9	
22	52	38	52	38		6	24.8		27.6		4	11.9	
24					1.5		27.3		30.6			13.4	
25	62	44	62	48		8	28.3		31.6		5	13.7	
28							31.3		34.6			15.2	
30							33.3		36.6			15.8	±0.1
32	82	60	82	55			35.3	+0.20	38.6	+0.40		17.3	
35						10	38.3		41.6		6	18.3	
38							41.3		44.6			20.3	
40					2		43.3		46.6			21.2	
42				65		12	45.3		48.6		10	22.2	
45	112	84	112				48.8		52.6			23.7	
48				80	14		51.8		55.6		12	25.2	±0.2

续表 16-1

轴孔直径 d、d_2	长 度			沉 孔		键 槽								
	Y 型	J、J_1、Z、Z_1 型		d_1	R	A 型、B 型、B_1 型					C 型			
	L	L1	L			b	t		t_1		b	t_2		
							公称尺寸	偏差	公称尺寸	偏差		公称尺寸	偏差	
50	112	84	112	95	2	14	53.8	+0.2 0	57.6	+0.4 0	12	26.2	±0.2	
55					2.5	16	59.3		63.6		14	29.2		
56							60.3		64.6			29.7		

注：1. 轴孔与轴伸端的配合：当 $d=20\sim30$ 时，配合为 H7/j6；当 $d=30\sim50$ 时，配合为 H7/k6；当 $d>50$ 时，配合为 H7/m6，根据使用要求也可选用 H7/r6 或 H7/n6 的配合。

2. 圆锥形轴孔 d_2 的极限偏差为 js10（圆锥角度及圆锥形状公差不得超过直径公差范围）。

3. 键槽宽度 b 的极限偏差为 P9（或 Js9、D10）。

表 16-2 所示为凸缘联轴器尺寸。

表 16-2　凸缘联轴器（摘自 GB/T 5834—2003）　　　　　　　　（mm）

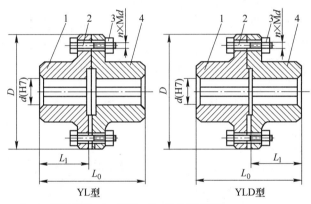

标记示例

YL5 联轴器 $\dfrac{J30\times60}{J_1B28\times44}$ GB/T 5834—2003

主动端：J 型轴孔，A 型键槽，$d=30\text{mm}$，$L_1=60\text{mm}$；

从动端：J_1 型轴孔，B 型键槽，$d=28\text{mm}$，$L_1=44\text{mm}$

YL 型　　　　　　　　　YLD 型

1，4—半联轴器；2—螺栓；3—尼龙锁紧螺母

型号	公称转矩 T_n/ N·m	许用转速 n/r·min⁻¹		轴孔直径 * d (H7)	轴孔长度		D	D_1	螺栓		L_0		质量 m/kg	转动惯量 I/ kg·m²
		铁	钢		Y 型 L	J、J_1 型 L_1			数量 **	直径	Y 型	J、J_1 型		
YL5 YLD5	63	5500	9000	22，24	52	38	105	85	4 (4)	M8	108	80	3.19	0.013
				25，28	62	44					128	92		
				30，(32)	82	60					168	124		
YL6 YLD6	100	5200	8000	24	52	38	110	90	4 (4)	M8	108	80	3.39	0.017
				25，28	62	44					128	92		
				30，32，(35)	82	60					168	124		

146

续表 16-2

型号	公称转矩 T_n/ N·m	许用转速 $n/r·min^{-1}$ 铁	许用转速 $n/r·min^{-1}$ 钢	轴孔直径 * d（H7）	轴孔长度 Y 型 L	轴孔长度 J、J_1 型 L_1	D	D_1	螺栓 数量 **	螺栓 直径	L_0 Y 型	L_0 J、J_1 型	质量 m/kg	转动惯量 I/ kg·m²
YL7 YLD7	160	4800	7600	28	62	44	120	95	4 (3)	M10	128	92	5.66	0.029
				30, 32, 35, 38	82	60					168	124		
				(40)	112	82					228	172		
YL8 YLD8	250	4300	7000	32, 35, 38	82	60	130	105			169	125	7.29	0.043
				40, 42, (45)	112	84					229	173		
YL9 YLD9	400	4100	6800	38	82	60	140	115	6 (3)	M10	169	125	9.35	0.064
				40, 42, 45, 48, (50)	112	84					229	173		
YL10 YLD10	630	3600	6000	45, 48, 50, 55, (56)			160	130	6 (4)	M12			12.46	0.112
				(60)	142	107					289	219		
YL11 YLD11	1000	3200	5300	50, 55, 56	112	84	180	150	8 (4)		229	173	17.97	0.205
				60, 63, 65, (70)	142	107					289	219		
YL12 YLD12	1600	2900	4700	60, 63, 65, 70, 71, 75			200	170	12 (6)				30.62	0.443
				(80)	172	132					349	269	29.52	0.463
YL13 YLD13	2500	2600	4300	70, 71, 75	142	107	220	185	8 (6)	M16	289	219	35.58	0.646
				80, 85, (90)	172	132					349	269		

注：1. "＊"栏内带括号的轴孔直径仅适用于钢制联轴器。

2. "＊＊"栏内带括号的值为铰制孔用螺栓数量。

3. 联轴器质量和转动惯量是按材料为铸铁（括弧内为铸钢），最小轴孔、最大轴伸长度的近似计算值。

表 16-3 所示为弹性套柱销联轴器尺寸。

表 16-3　弹性套柱销联轴器（摘自 GB/T 4323—2002）　　　　（mm）

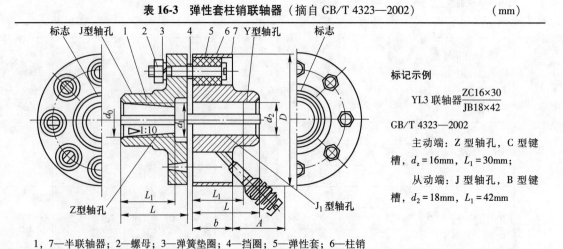

标记示例

YL3 联轴器 $\dfrac{ZC16\times30}{JB18\times42}$

GB/T 4323—2002

主动端：Z 型轴孔，C 型键槽，$d_z=16mm$，$L_1=30mm$；

从动端：J 型轴孔，B 型键槽，$d_2=18mm$，$L_1=42mm$

1, 7—半联轴器；2—螺母；3—弹簧垫圈；4—挡圈；5—弹性套；6—柱销

型号	公称转矩 T_n/ N·m	许用转速 n/r·min⁻¹ 铁	钢	轴孔直径* d_1、d_2、d_z	轴孔长度 Y型 L	J、J_1、Z型 L_1	Z型 L	D	A	b	质量 m/kg	转动惯量 I/kg·m²	许用补偿量 径向 Δy	角向 $\Delta\alpha$
TL1	6.3	6600	8800	9	20	14	—	71	18	16	1.16	0.0004	0.2	1.5°
				10, 11	25	17	—							
				12, (14)	32	20								
TL2	16	5500	7600	12, 14	32	20	42	80			1.64	0.001		
				16, (18), (19)	42	30								
TL3	31.5	4700	6300	16, 18, 19	42	30	52	95	35	23	1.9	0.002		
				20, (22)	52	38								
TL4	63	4200	5700	20, 22, 24	52	38	52	106			2.3	0.004		
				(25), (28)	62	44	62							
TL5	125	3600	4600	25, 28	62	44	62	130	45	38	8.36	0.011	0.3	
				30, 32, (35)	82	60	82							
TL6	250	3300	3800	32, 35, 38	82	60	82	160			10.36	0.026		
				40, (42)										
TL7	500	2800	3600	40, 42, 45, (48)	112	84	112	190			15.6	0.06		
TL8	710	2400	3000	45, 48, 50, 55, (56)	112	84	112	224			25.4	0.13		1°
				(60), (63)	142	107	142	65	48			0.4		
TL9	1000	2100	2850	50, 55, 56	112	84	112	250			30.9	0.20		
				60, 63, (65), (70), (71)			142							

注：1. "＊"栏内带括号的轴孔直径仅适用于钢制联轴器。

　　2. 短时过载不得超过公称转矩 T_n 值的 2 倍。

　　3. 轴孔形式及长度 L、L_1 可根据需要选取。

　　4. 表中联轴器质量、转动惯量是近似值。

表 16-4 所示为弹性柱销联轴器尺寸。

表 16-4　弹性柱销联轴器（摘自 GB/T 5014—2003）　　　　（mm）

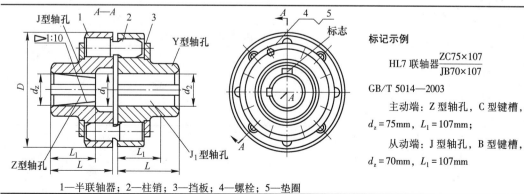

标记示例

HL7 联轴器 $\dfrac{\text{ZC75×107}}{\text{JB70×107}}$

GB/T 5014—2003

　　主动端：Z 型轴孔，C 型键槽，

$d_z = 75\text{mm}$，$L_1 = 107\text{mm}$；

　　从动端：J 型轴孔，B 型键槽，

$d_z = 70\text{mm}$，$L_1 = 107\text{mm}$

1—半联轴器；2—柱销；3—挡板；4—螺栓；5—垫圈

型号	公称转矩 T_n/ N·m	许用转速 n/r·min⁻¹ 铁	钢	轴孔直径* d_1、d_2、d_z	轴孔长度 Y型 L	J、J_1、Z型 L_1	Z型 L	D	质量 m/kg	转动惯量 I/ kg·m²	许用补偿量 径向 Δy	轴向 Δx	角向 $\Delta \alpha$
HL1	160	7100	7100	12, 14	32	27	32	90	2	0.006		±0.5	
				16, 18, 19	42	30	42						
				20, 22, (24)	52	38	52						
HL2	315	5600	5600	20, 22, 24				120	5	0.253		±1	
				25, 28	62	44	62						
				30, 32, (35)	82	60	82						
HL3	630	5000	5000	30, 32, 35, 38				160	8	0.6	0.15		
				40, 42, (45), (48)	112	84	112						≤0.5°
HL4	1250	2800	4000	40, 42, 45, 48, 50, 55, 56				195	22	3.4		±1.5	
				(60), (63)									
HL5	2000	2500	3550	50, 55, 56, 60, 63, 65, 70, (71), (75)	142	107	142	220	30	5.4			
HL6	3150	2100	2800	60, 63, 65, 70, 71, 75, 80				280	53	15.6			
				(85)	172	132	172						
HL7	6300	1700	2240	70, 71, 75	142	107	142	320	98	41.1		±2	
				80, 85, 90, 95	172	132	172						
				100, (110)							0.20		
HL8	10000	1600	2120	80, 85, 90, 95, 100, 110, (120), (125)	212	167	212	360	119	56.5			
HL9	16000	1250	1800	100, 110, 120, 125				410	197	133.3			
				130, (140)	252	202	252						
HL10	25000	1120	1560	110, 120, 125	212	167	212	480	322	273.2	0.25	±2.5	
				130, 140, 150	252	202	252						
				160, (170), (180)	302	242	302						

注: 1. "＊"栏内带括号的值仅适用于钢制联轴器。

　　2. 轴孔形式及长度 L、L_1 可根据需要选取。

表 16-5 所示为滚子链联轴器尺寸。

表 16-5　滚子链联轴器（摘自 GB/T 6069—2002）　　　　　　　（mm）

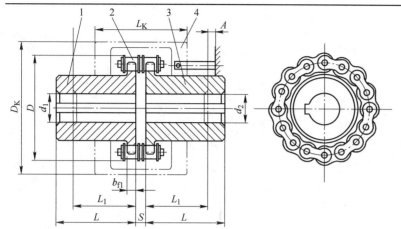

标记示例

GL7 联轴器 $\dfrac{J_1 B45 \times 84}{JB_1 50 \times 84}$

GB/T 6069—2002

主动端：J1 型轴孔，B 型键槽，$d_1 = 45mm$，$L = 84mm$；

从动端：J 型轴孔，B_1 型键槽，$d_2 = 50mm$，$L = 84mm$

1，3—半联轴器；2—双排滚子链；4—罩壳

型号	公称转矩 T_n/N·m	许用转速 n/r·min^{-1} 不装罩壳	安装罩壳	轴孔直径* d_1、d_2	轴孔长度 L、L_1 Y型	J_1型	链号	齿数 Z	D	b_{f1}	S	A	D_K	L_K	许用补偿量 径向 Δy	轴向 Δx
GL3	100	1000	4000	20、22、24	52	38	14	14	68.8	7.2	6.7	12	85	80		
				25	62	44						6				
GL4	160	1000	4000	24	52	—	08B	16	76.91	7.2	6.7	—	95	88	0.25	1.9
				25、28	62	44						6				
				30、32	82	60						—				
GL5	250	800	3150	28	62	—	10A	16	94.46	8.9	9.2	—	112	100		
				30、32、35、38	82	60										
				40	112	84									0.32	2.3
GL6	400	630	2500	32、35、38	82	60	10A	20	116.57	8.9	9.2	—	140	105		
				40、42、45、48、50	112	84										
GL7	630	630	2500	40、42、45、48、50、55	112	84	12A	18	127.78	11.9	10.9	—	150	122	0.38	2.8
				60	142	107										
GL8	1000	500	2240	45、48、50、55	112	84	16A	16	154.33	15	14.3	12	180	135		
				60、65、70	142	107						—				
GL9	1600	400	2000	50、55	112	84	16A	20	186.5	15	14.3	12	215	145	0.5	3.8
				60、65、70、75	142	107						—				
				80	172	132										

注：带罩壳时标记加 F，如 GL7F 联轴器。

表 16-6 所示为梅花形弹性联轴器尺寸。

表 16-6　梅花形弹性联轴器（摘自 GB/T 5272—2002）　　　　　　　（mm）

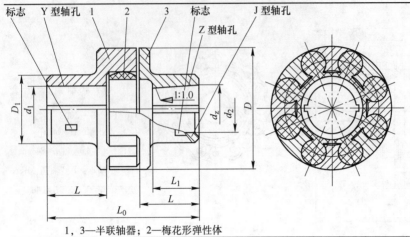

标记示例

ML3 联轴器 $\dfrac{ZA30×60}{YB25×62}$

MT3-a

GB/T 5272—2002

主动端：Z 型轴孔，A 型键槽，$d_z = 30$mm，$L_1 = 60$mm；

从动端：Y 型轴孔，B 型键槽，$d_2 = 25$mm，$L = 62$mm，MT3 型弹性件硬度为 a

1，3—半联轴器；2—梅花形弹性体

型号	公称转矩 T_n /N·m 弹性件硬度 HA			许用转速 n /r·min^{-1}		轴孔直径 d_z、d_1、d_2	轴孔长度		L_0	D	D_1	弹性件型号	质量 m /kg	转动惯量 I/ kg·m^2	许用补偿量		
	a	b	c	铁	钢		Y	Z、J							径向 Δy	轴向 Δx	角向 $\Delta \alpha$
	≥75	≥85	≥94				L	L_1									
ML3	90	140	280	6700	9000	22、34	52	38	128	85	60	MT3-a	2.5	0.178	0.8	2.0	2°
						25、28	62	44	148			MT3-b					
						30、32、35、38	82	60	188			MT3-c					
ML4	140	250	400	5500	7300	25、28	62	44	151	105	72	MT4-a	4.3	0.142		2.5	
						30、32、35、38	82	60	191			MT4-b					
						40、42	112	84	251			MT4-c					
ML5	250	400	710	4600	6100	30、32、35、38	82	60	197	125	90	MT5-a	6.2	0.73	1.0	3.0	1.5°
						40、42、45、48	112	84	257			MT5-b MT5-c					
ML6	400	630	1120	4000	5300	(35)、(38)	82	60	203	145	104	MT6-a	8.6	1.85			
						(40)、(42)、45、48、50、55	112	84	263			MT6-b MT6-c					
ML7	710	1120	2240	3400	4500	(45)、(48)、50、55	112	84	265	170	130	MT7-a MT7-b	14.0	3.88		3.5	
						60、63、65	142	107	325			MT7-c					
ML8	1120	1800	3550	2900	3800	(50)、(55)	112	84	272	200	156	MT8-a	25.7	9.22	1.5	4.0	
						60、63、65、70、71、75	142	107	332			MT8-b MT8-c					

注：1. 带括号的轴孔直径可适用 Z 型轴孔。

　　2. 表中 a、b、c 为弹性件硬度代号。

　　3. 表中质量为联轴器最大质量。

17 极限与配合、形位公差及表面粗糙度

17.1 极限与配合

表 17-1 所示为极限与配合的术语、定义及标法。

表 17-1 极限与配合的术语、定义及标法（摘自 GB/T 1800.1—2009、GB/T 1800.2—2009）

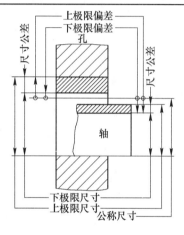

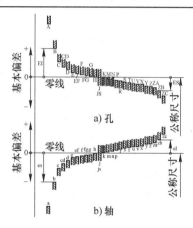

a) 孔

b) 轴

术语	定 义	术语	定 义
公称尺寸与零线	由图样规范确定的理想形状要素的尺寸。极限与配合的图解中确定偏差的一条基准线即零偏差线称零线。通常零线表示基本尺寸，见极限与配合的示意图	基本偏差	用以确定公差带相对于零线位置的上极限偏差或下极限偏差，即基本偏差系列的各上、下极限偏差中靠近零线的那个偏差称基本偏差。它基本与公差等级无关，只表示公差带的位置，即对一定的基本尺寸当基本偏差的代号确定后，不论公差等级是多少，其基本偏差的数值是一样的。
实际尺寸	通过测量获得的某一孔、轴的尺寸		国标对孔、轴各规定了 28 种基本偏差，分别用大写拉丁字母和小写拉丁字母表示，如图示基本偏差系列，其中轴从 a 至 h，基本偏差为上极限偏差 es，从 j 至 zc，基本偏差为下极限偏差 ei；其中孔从 A 至 H，基本偏差为下极限偏差 EI，从 J 至 ZC，基本偏差为上极限偏差 ES。其中 H 和 h 的基本偏差为零，js 或 JS 为上极限偏差（+IT/2）或下极限偏差（−IT/2）。基本偏差数值由标准附录中规定的公式计算而得。轴（孔）远离零线另一侧的下极限偏差或上极限偏差，根据轴（孔）的基本偏差和标准公差按下式计算： 轴：$ei=es-IT$，$es=ei+IT$ 孔：$ES=EI+IT$，$EI=ES-IT$
极限尺寸	尺寸要素允许的尺寸的两个极端。尺寸要素允许的最大尺寸称为上极限尺寸，尺寸要素允许的最小尺寸称为下极限尺寸，它以基本尺寸为基数来确定		
尺寸偏差	某一尺寸减其公称尺寸所得的代数差称尺寸偏差，简称偏差，上极限尺寸减其公称尺寸所得的代数差称为上极限偏差（孔为 ES，轴为 es）；下极限尺寸减其公称尺寸所得代数差称为下极限偏差（孔为 EI，轴为 ei）。偏差可以为正、负或零		

术语	定　义	术语	定　义
尺寸公差与标准公差	允许尺寸变动的量称为尺寸公差。它等于上极限尺寸与下极限尺寸代数差的绝对值，也等于上极限偏差与下极限偏差代数差的绝对值，简称公差。用以确定公差带大小的任一公差称标准公差。标准公差数值是根据不同的尺寸分段和公差等级，按规定的标准公式计算后化整而得，见表 17-2、表 17-3	配合及配合公差	基本尺寸相同的，相互结合的孔和轴公差带之间的关系称配合。配合有基孔制和基轴制，并分间隙配合、过渡配合和过盈配合三类。属于哪一类配合取决于孔、轴公差带的相互关系 　　允许间隙或过盈的变动量称配合公差，它等于相互配合的孔公差和轴公差之和
公差等级与尺寸精度	确定尺寸精确程度的等级称公差等级。属于同一公差等级的公差，对所有基本尺寸，虽数值不同，但具有同等的精确程度。国标规定了 20 个标准公差等级，即 IT01、IT0、IT2…IT18，等级依次降低，公差依次增大 　　零件的尺寸精度就是零件要素的实际尺寸接近理论尺寸的准确程度，愈准确者精度愈高，它由公差等级确定，精度愈高，公差等级愈小	基孔制与基轴制	基本偏差为一定的孔的公差带，与不同基本偏差的轴的公差带形成各种配合的一种制度称为基孔制。基孔制是孔为基准孔，其下偏差为零，即基本偏差为 H 的孔 　　基本偏差为一定的轴的公差带，与不同基本偏差的孔的公差带形成各种配合的一种制度称为基轴制。基轴制是轴为基准轴，其上偏差为 h 的轴
尺寸公差带	限制尺寸变动量的区域。在公差带图中为代表上、下极限偏差的两条直线所限定的一个区域（孔公差或轴公差）。其大小由标准公差确定，其位置由基本偏差确定。由标准公差和基本偏差可组成各种公差带，公差带的代号用基本偏差代号与公差等级数字组成，如 H9、F8、P7 为孔的公差带代号；h7、f8、p6 为轴的公差带代号	尺寸偏差注法	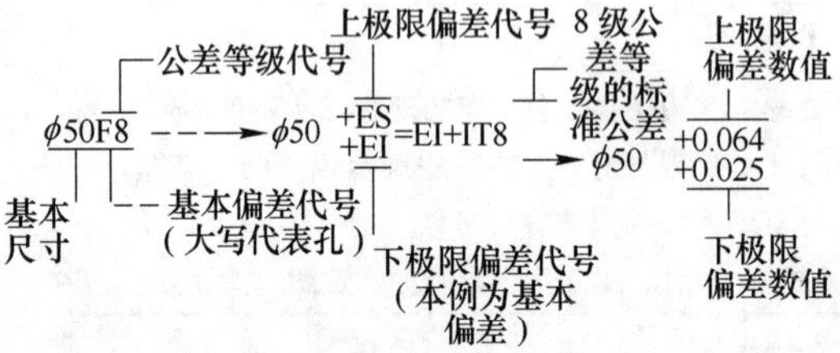
最大实体极限（MML）	对应于孔或轴最大实体尺寸的那个极限尺寸，即： 　　——轴的最大极限尺寸； 　　——孔的最小极限尺寸。 　　最大实体尺寸是孔或轴具有允许的材料量为最多时状态下的极限尺寸		
最小实体极限（LML）	对应于孔或轴最小实体尺寸的那个极限尺寸，即： 　　——轴的下极限尺寸； 　　——孔的上极限尺寸。 　　最小实体尺寸是孔或轴具有允许的材料量为最少时状态下的极限尺寸	配合代号标法	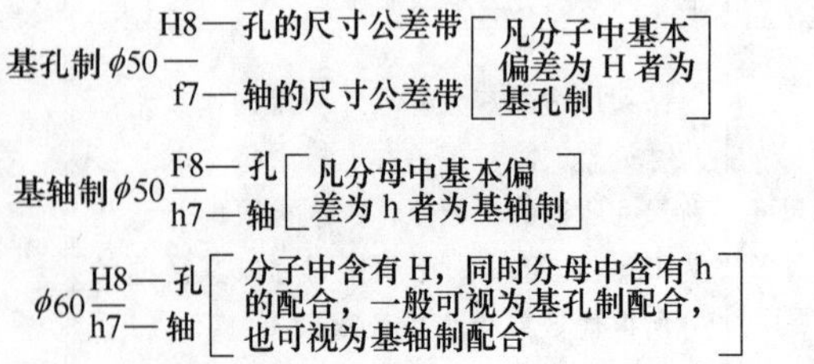

表 17-2 所示为标准公差数值表。

表 17-2　标准公差数值表（摘自 GB/T 1800.3—2009）

基本尺寸 /mm		标准公差等级																
大于	至	IT1	IT2	IT3	IT4	IT5	IT6	IT7	IT8	IT9	IT10	IT11	IT12	IT13	IT14	IT15	IT16	IT17	IT18
		μm																
—	3	0.8	1.2	2	3	4	6	10	14	25	40	60	0.1	0.14	0.25	0.4	0.6	1	1.4
3	6	1	1.5	2.5	4	5	8	12	18	30	48	75	0.12	0.18	0.3	0.48	0.75	1.2	1.8
6	10	1	1.5	2.5	4	6	9	15	22	36	58	90	0.15	0.22	0.36	0.58	0.9	1.5	2.2
10	18	1.2	2	3	5	8	11	18	27	43	70	110	0.18	0.27	0.43	0.7	1.1	1.8	2.7
18	30	1.5	2.5	4	6	9	13	21	33	52	84	130	0.21	0.33	0.52	0.84	1.3	2.1	3.3
30	50	1.5	2.5	4	7	11	16	25	39	62	100	160	0.25	0.39	0.62	1	1.6	2.5	3.9
50	80	2	3	5	8	13	19	30	46	74	120	190	0.3	0.46	0.74	1.2	1.9	3	4.6
80	120	2.5	4	6	10	15	22	35	54	87	140	220	0.35	0.54	0.87	1.4	2.2	3.5	5.4
120	180	3.5	5	8	12	18	25	40	63	100	160	250	0.4	0.63	1	1.6	2.5	4	6.3
180	250	4.5	7	10	14	20	29	46	72	115	185	290	0.46	0.72	1.15	1.85	2.9	4.6	7.2
250	315	6	8	12	16	23	32	52	81	130	210	320	0.52	0.81	1.3	2.1	3.2	5.2	8.1
315	400	7	9	13	18	25	36	57	89	140	230	360	0.57	0.89	1.4	2.3	3.6	5.7	8.9
400	500	8	10	15	20	27	40	63	97	155	250	400	0.63	0.97	1.55	2.5	4	6.3	9.7
500	630	9	11	16	22	32	44	70	110	175	280	440	0.7	1.1	1.75	2.8	4.4	7	11
630	800	10	13	18	25	36	50	80	125	200	320	500	0.8	1.25	2	3.2	5	8	12.5
800	1000	11	15	21	28	40	56	90	140	230	360	560	0.9	1.4	2.3	3.6	5.6	9	14
1000	1250	13	18	24	33	47	66	105	165	260	420	660	1.05	1.65	2.6	4.2	6.6	10.5	16.5
1250	1600	15	21	29	39	55	78	125	195	310	500	780	1.25	1.95	3.1	5	7.8	12.5	19.5
1600	2000	18	25	35	46	65	92	150	230	370	600	920	1.5	2.3	3.7	6	9.2	15	23
2000	2500	22	30	41	55	78	110	175	280	440	700	1100	1.75	2.8	4.4	7	11	17.5	28

注：1. 基本尺寸大于 500mm IT1 至 IT5 的标准公差数值为试行的。

　　2. 基本尺寸小于或等于 1mm 时，无 IT14 至 IT18。

表 17-3 所示为 IT01 和 IT0 的公差数值。

表 17-3　IT01 和 IT0 的公差数值

基本尺寸 /mm		标准公差等级		基本尺寸 /mm		标准公差等级		基本尺寸 /mm		标准公差等级	
		IT01	IT0			IT01	IT0			IT01	IT0
大于	至	公差/μm		大于	至	公差/μm		大于	至	公差/μm	
—	3	0.3	0.5	30	50	0.6	1	250	315	2.5	4
3	6	0.4	0.6	50	80	0.8	1.2	315	400	3	5
6	10	0.4	0.6	80	120	1	1.5	400	500	4	6
10	18	0.5	0.8	120	180	1.2	2				
18	30	0.6	1	180	250	2	3				

表 17-4 所示为孔的极限偏差值。

表 17-4　孔的极限偏差值（基本尺寸>10~500mm）　　　　　　　（μm）

公差带	等级	基本尺寸/mm									
		>10~18	>18~30	>30~50	>50~80	>80~120	>120~180	>180~250	>250~315	>315~400	>400~500
D	8	+77	+98	+119	+146	+174	+208	+242	+271	+299	+327
		+50	+65	+80	+100	+120	+145	+170	+190	+210	+230
	▼9	+93	+117	+142	+174	+207	+245	+285	+320	+350	+385
		+50	+65	+80	+100	+120	+145	+170	+190	+210	+230
	10	+120	+149	+180	+220	+260	+305	+355	+400	+440	+480
		+50	+65	+80	+100	+120	+145	+170	+190	+210	+230
F	6	+27	+33	+41	+49	+58	+68	+79	+88	+98	+108
		+16	+20	+25	+30	+36	+43	+50	+56	+62	+68
	7	+34	+41	+50	+60	+71	+83	+96	+108	+119	+131
		+16	+20	+25	+30	+36	+43	+50	+56	+62	+68
	▼8	+43	+53	+64	+76	+90	+106	+122	+137	+151	+165
		+16	+20	+25	+30	+36	+43	+50	+56	+62	+68
	9	+59	+72	+87	+104	+123	+143	+165	+186	+202	+223
		+16	+20	+25	+30	+36	+43	+50	+56	+62	+68
G	6	+17	+20	+25	+29	+34	+39	+44	+49	+54	+60
		+6	+7	+9	+10	+12	+14	+15	+17	+18	+20
	▼7	+24	+28	+34	+40	+47	+54	+61	+69	+75	+83
		+6	+7	+9	+10	+12	+14	+15	+17	+18	+20
	8	+33	+40	+48	+56	+66	+77	+87	+98	+107	+117
		+6	+7	+9	+10	+12	+14	+15	+17	+18	+20
H	5	+8	+9	+11	+13	+15	+18	+20	+23	+25	+27
		0	0	0	0	0	0	0	0	0	0
	6	+11	+13	+16	+19	+22	+25	+29	+32	+36	+40
		0	0	0	0	0	0	0	0	0	0
	▼7	+18	+21	+25	+30	+35	+40	+46	+52	+57	+63
		0	0	0	0	0	0	0	0	0	0
	▼8	+27	+33	+39	+46	+54	+63	+72	+81	+89	+97
		0	0	0	0	0	0	0	0	0	0
	▼9	+43	+52	+62	+74	+87	+100	+115	+130	+140	+155
		0	0	0	0	0	0	0	0	0	0
	10	+70	+84	+100	+120	+140	+160	+185	+210	+230	+250
		0	0	0	0	0	0	0	0	0	0
	▼11	+110	+130	+160	+190	+220	+250	+290	+320	+360	+400
		0	0	0	0	0	0	0	0	0	0
J	7	+10	+12	+14	+18	+22	+26	+30	+36	+39	+43
		−8	−9	−11	−12	−13	−14	−16	−16	−18	−20
	8	+15	+20	+24	+28	+34	+41	+47	+55	+60	+66
		−12	−13	−15	−18	−20	−22	−25	−26	−29	−31
Js	6	±5.5	±6.5	±8	±9.5	±11	±12.5	±14.5	±16	±18	±20
	7	±9	±10	±12	±15	±17	±20	±23	±26	±28	±31

续表 17-4

公差带	等级	基本尺寸/mm									
		>10~18	>18~30	>30~50	>50~80	>80~120	>120~180	>180~250	>250~315	>315~400	>400~500
Js	8	±13	±16	±19	±23	±27	±31	±36	±40	±44	±48
	9	±21	±26	±31	±37	±43	±50	±57	±65	±70	±77
K	6	+2 / −9	+2 / −11	+3 / −13	+4 / −15	+4 / −18	+4 / −21	+5 / −24	+5 / −27	+7 / −29	+8 / −32
	▼7	+6 / −12	+6 / −15	+7 / −18	+9 / −21	+10 / −25	+12 / −28	+13 / −33	+16 / −36	+17 / −40	+18 / −45
	8	+8 / −19	+10 / −23	+12 / −27	+14 / −32	+16 / −38	+20 / −43	+22 / −50	+25 / −56	+28 / −61	+29 / −68
N	6	−9 / −20	−11 / −24	−12 / −28	−14 / −33	−16 / −38	−20 / −45	−22 / −51	−25 / −57	−26 / −62	−27 / −67
	▼7	−5 / −23	−7 / −28	−8 / −33	−9 / −39	−10 / −45	−12 / −52	−14 / −60	−14 / −66	−16 / −73	−17 / −80
	8	−3 / −30	−3 / −36	−3 / −42	−4 / −50	−4 / −58	−4 / −67	−5 / −77	−5 / −86	−5 / −94	−6 / −103
	9	0 / −43	0 / −52	0 / −62	0 / −74	0 / −87	0 / −100	0 / −115	0 / −130	0 / −140	0 / −155
P	6	−15 / −26	−18 / −31	−21 / −37	−26 / −45	−30 / −52	−36 / −61	−41 / −70	−47 / −79	−51 / −87	−55 / −95
	▼7	−11 / −29	−14 / −35	−17 / −42	−21 / −51	−24 / −59	−28 / −68	−33 / −79	−36 / −88	−41 / −98	−45 / −108
	8	−18 / −45	−22 / −55	−26 / −65	−32 / −78	−37 / −91	−43 / −106	−50 / −122	−56 / −137	−62 / −151	−68 / −165
	9	−18 / −61	−22 / −74	−26 / −88	−32 / −106	−37 / −124	−43 / −143	−50 / −165	−56 / −186	−62 / −202	−68 / −223

注：标注"▼"者为优先公差等级，应优先选用。

表 17-5 所示为轴的极限偏差值。

表 17-5 轴的极限偏差值（基本尺寸>10~500mm） （μm）

公差带	等级	基本尺寸/mm									
		>10~18	>18~30	>30~50	>50~80	>80~120	>120~180	>180~250	>250~315	>315~400	>400~500
d	7	−50 / −68	−65 / −86	−80 / −105	−100 / −130	−120 / −155	−145 / −185	−170 / −216	−190 / −242	−210 / −267	−230 / −293
	8	−50 / −70	−65 / −98	−80 / −119	−100 / −146	−120 / −174	−145 / −208	−170 / −242	−190 / −271	−210 / −299	−230 / −327
	▼9	−50 / −93	−65 / −117	−80 / −142	−100 / −174	−120 / −207	−145 / −245	−170 / −285	−190 / −320	−210 / −350	−230 / −385
	10	−50 / −120	−65 / −149	−80 / −180	−100 / −220	−120 / −260	−145 / −305	−170 / −655	−190 / −400	−210 / −440	−230 / −480
	11	−50 / −160	−65 / −195	−80 / −240	−100 / −290	−120 / −340	−145 / −395	−170 / −460	−190 / −510	−210 / −570	−230 / −630

公差带	等级	基本尺寸/mm									
		>10~18	>18~30	>30~50	>50~80	>80~120	>120~180	>180~250	>250~315	>315~400	>400~500
e	6	−32	−40	−50	−60	−72	−85	−100	−110	−125	−135
		−43	−53	−66	−79	−94	−110	−129	−142	−161	−175
	7	−32	−40	−50	−60	−72	−85	−100	−110	−125	−135
		−50	−61	−75	−90	−107	−125	−146	−162	−182	−198
	8	−32	−40	−50	−60	−72	−85	−100	−110	−125	−135
		−59	−73	−89	−106	−126	−148	−172	−191	−214	−232
	9	−32	−40	−50	−60	−72	−85	−100	−110	−125	−135
		−75	−92	−112	−134	−159	−185	−215	−240	−265	−290
f	5	−16	−20	−25	−30	−36	−43	−50	−56	−62	−68
		−24	−29	−36	−43	−51	−61	−70	−79	−87	−95
	6	−16	−20	−25	−30	−36	−43	−50	−56	−62	−68
		−27	−33	−41	−49	−58	−68	−79	−88	−98	−108
	▼7	−16	−20	−25	−30	−36	−43	−50	−56	−62	−68
		−34	−41	−50	−60	−71	−83	−96	−108	−119	−131
	8	−16	−20	−25	−30	−36	−43	−50	−56	−62	−68
		−43	−53	−64	−76	−90	−106	−122	−137	−151	−165
	9	−16	−20	−25	−30	−36	−43	−50	−56	−62	−68
		−59	−72	−87	−104	−123	−143	−165	−186	−202	−223
g	5	−6	−7	−9	−10	−12	−14	−15	−17	−18	−20
		−14	−16	−20	−23	−27	−32	−35	−40	−43	−47
	▼6	−6	−7	−9	−10	−12	−14	−15	−17	−18	−20
		−17	−20	−25	−29	−34	−39	−44	−49	−54	−60
	7	−6	−7	−9	−10	−12	−14	−15	−17	−18	−20
		−24	−28	−34	−40	−47	−54	−61	−69	−75	−83
	8	−6	−7	−9	−10	−12	−14	−15	−17	−18	−20
		−33	−40	−48	−56	−66	−77	−87	−98	−107	−117
h	5	0	0	0	0	0	0	0	0	0	0
		−8	−9	−11	−13	−15	−18	−20	−23	−25	−27
	▼6	0	0	0	0	0	0	0	0	0	0
		−11	−13	−16	−19	−22	−25	−29	−32	−36	−40
	▼7	0	0	0	0	0	0	0	0	0	0
		−18	−21	−25	−30	−35	−40	−46	−52	−57	−63
	8	0	0	0	0	0	0	0	0	0	0
		−27	−33	−39	−46	−54	−63	−72	−81	−89	−97
	▼9	0	0	0	0	0	0	0	0	0	0
		−43	−52	−62	−74	−87	−100	−115	−130	−140	−155
	10	0	0	0	0	0	0	0	0	0	0
		−70	−84	−100	−120	−140	−160	−185	−210	−230	−250
	11	0	0	0	0	0	0	0	0	0	0
		−110	−130	−160	−190	−220	−250	−290	−320	−360	−400
j	5	+5	+5	+6	+6	+6	+7	+7	+7	+7	+7
		−3	−4	−5	−7	−9	−11	−13	−16	−18	−20
	6	+8	+9	+11	+12	+13	+14	+16	—	—	—
		−3	−4	−5	−7	−9	−11	−13			
	7	+12	+13	+15	+18	+20	+22	+25	—	+29	+31
		−6	−8	−10	−12	−15	−18	−21		−28	−32

公差带	等级	基本尺寸/mm									
		>10~18	>18~30	>30~50	>50~80	>80~120	>120~180	>180~250	>250~315	>315~400	>400~500
js	5	±4	±4.5	±5.5	±6.5	±7.5	±9	±10	±11.5	±12.5	±13.5
	6	±5.5	±6.5	±8	±9.5	±11	±12.5	±14.5	±16	±18	±20
	7	±9	±10	±12	±15	±17	±20	±23	±26	±28	±31
k	5	+9 +1	+11 +2	+13 +2	+15 +2	+18 +3	+21 +3	+24 +4	+27 +4	+29 +4	+32 +5
	▼6	+12 +1	+15 +2	+18 +2	+21 +2	+25 +3	+28 +3	+33 +4	+36 +4	+40 +4	+45 +5
	7	+19 +1	+23 +2	+27 +2	+32 +2	+38 +3	+43 +3	+50 +4	+56 +4	+61 +4	+68 +5
m	5	+15 +7	+17 +8	+20 +9	+24 +11	+28 +13	+33 +15	+37 +17	+43 +20	+46 +21	+50 +23
	6	+18 +7	+21 +8	+25 +9	+30 +11	+35 +13	+40 +15	+46 +17	+52 +20	+57 +21	+63 +23
	7	+25 +7	+29 +8	+34 +9	+41 +11	+48 +13	+55 +15	+63 +17	+72 +20	+78 +21	+86 +23
n	5	+20 +12	+24 +15	+28 +17	+33 +20	+38 +23	+45 +27	+51 +31	+57 +34	+62 +37	+67 +40
	▼6	+23 +12	+28 +15	+33 +17	+39 +20	+45 +23	+52 +27	+60 +31	+66 +34	+73 +37	+80 +40
	7	+30 +12	+36 +15	+42 +17	+50 +20	+58 +23	+67 +27	+77 +31	+86 +34	+94 +37	+103 +40
p	5	+29 +18	+35 +22	+42 +26	+51 +32	+59 +37	+68 +43	+79 +50	+88 +56	+98 +62	+108 +68
	▼6	+36 +18	+43 22	+51 +26	+62 +32	+72 +37	+83 +43	+96 +50	+108 +56	+119 +62	+131 +68

公差带	等级	基本尺寸/mm									
		>10~18	>18~30	>30~50	>50~65	>65~80	>80~100	>100~120	>120~140	>140~160	>160~180
r	6	+34 +23	+41 +18	+50 +34	+60 +41	+62 +43	+73 +51	+76 +54	+88 +63	+90 +65	+93 +68
	7	+41 +23	+49 +28	+59 +34	+71 +41	+73 +43	+86 +51	+89 +54	+103 +63	+105 +65	+108 +68
s	▼6	+39 +28	+48 +35	+59 +43	+72 +53	+78 +59	+93 +71	+101 +79	+117 +92	+125 +100	+133 +108
	7	+46 +28	+56 +35	+68 +43	+83 +53	+89 +59	+106 +71	+114 +79	+132 +92	+140 +100	+148 +108

公差带	等级	基本尺寸/mm									
		>180~200	>200~225	>225~250	>250~280	>280~315	>315~355	>355~400	>400~450	>450~500	
r	6	+106 +77	+109 +80	+113 +84	+126 +94	+130 +98	+144 +108	+150 +114	+166 +126	+172 +132	
	7	+123 +77	+126 +80	+130 +84	+146 +94	+150 +98	+165 +108	+171 +114	+189 +126	+195 +132	
s	▼6	+151 +122	+159 +130	+169 +140	+190 +158	+202 +170	+226 +190	+244 +208	+272 +232	+292 +252	
	7	+168 +122	+176 +130	+186 +140	+210 +158	+222 +170	+247 +190	+265 +208	+295 +232	+315 +252	

注：标注者▼为优先公差等级，应优先选用。

表 17-6 所示为未注公差尺寸的极限偏差。

表 17-6　未注公差尺寸的极限偏差（摘自 GB/T 1804—2000）　　　　　　（mm）

公差等级	尺 寸 分 段						
	0.5~3	>3~6	>6~30	>30~120	>120~400	>400~1000	>1000~2000
f（精密级）	±0.05	±0.05	±0.1	±0.15	±0.2	±0.3	±0.5
m（中等级）	±0.1	±0.1	±0.2	±0.3	±0.5	±0.8	±1.2
c（粗糙级）	±0.2	±0.3	±0.5	±0.8	±1.2	±2	±3
v（最粗级）	—	±0.5	±1	±1.5	±2.5	±4	±6

注：线性尺寸未注公差值为设备一般加工能力可保证的公差，主要用于较低精度的非配合尺寸，一般不检验。

17.2　形状和位置公差

表 17-7 所示为形位公差的符号。

表 17-7　形位公差的符号（摘自 GB/T 1182—2008）

公差级别	特征项目	被测要素	符号	有无基准	说明		说明	符号
形状公差	直线度	单一要素	─	无	被测要素的标注	直接 ↓	包容要求	Ⓔ
形状公差	平面度	单一要素	▱	无	被测要素的标注	用字母 A	最大实体要求	Ⓜ
形状公差	圆度	单一要素	○	无	被测要素的标注	用字母 A	最小实体要求	Ⓛ
形状公差	圆柱度	单一要素	⌀	无	被测要素的标注	用字母 A	最小实体要求	Ⓛ
形状公差或位置公差	线轮廓度	单一要素或关联要素	⌒	有或无	基准要素的标注	Ⓐ	可逆要求	Ⓡ
形状公差或位置公差	面轮廓度	单一要素或关联要素	⌓	有或无	基准要素的标注	Ⓐ	延伸公差带	Ⓟ
位置公差-方向公差	平行度	关联要素	∥	有	基准目标的标注	φ2 / A1	自由状态（非刚性零件）条件	Ⓕ
位置公差-方向公差	垂直度	关联要素	⊥	有	基准目标的标注	φ2 / A1	自由状态（非刚性零件）条件	Ⓕ
位置公差-方向公差	倾斜度	关联要素	∠	有	基准目标的标注	φ2 / A1	自由状态（非刚性零件）条件	Ⓕ
位置公差-位置公差	位置度	关联要素	⊕	有或无	基准目标的标注	φ2 / A1	自由状态（非刚性零件）条件	Ⓕ
位置公差-位置公差	同轴度（同心度）	关联要素	◎	有或无	基准目标的标注	φ2 / A1	自由状态（非刚性零件）条件	Ⓕ
位置公差-位置公差	对称度	关联要素	═	有或无	基准目标的标注	φ2 / A1	自由状态（非刚性零件）条件	Ⓕ
位置公差-跳动公差	圆跳动 径向	关联要素	↗	有	理论正确尺寸	50	全周（轮廓）	⟲
位置公差-跳动公差	圆跳动 端面	关联要素	↗	有	理论正确尺寸	50	全周（轮廓）	⟲
位置公差-跳动公差	圆跳动 斜向	关联要素	↗	有	理论正确尺寸	50	全周（轮廓）	⟲
位置公差-跳动公差	全跳动 径向	关联要素	⌡	有	理论正确尺寸	50	全周（轮廓）	⟲
位置公差-跳动公差	全跳动 端面	关联要素	⌡	有	理论正确尺寸	50	全周（轮廓）	⟲

（左侧纵向：形位公差的分类与基本符号）

（"有无基准"列右侧纵向："被测要素、基准要素的标注要求及其他附加符号"）

表 17-8 所示为平行度、垂直度和倾斜度公差等级与尺寸公差等级的对应关系。

表 17-8 平行度、垂直度和倾斜度公差等级与尺寸公差等级的对应关系

平行度（线对线、面对面）公差等级	3	4	5	6	7	8	9	10	11	12
尺寸公差等级（IT）				3, 4	5, 6	7, 8, 9	10, 11, 12	12, 13, 14	14, 15, 16	
垂直度和倾斜度公差等级	3	4	5	6	7	8	9	10	11	12
尺寸公差等级（IT）		5	6	7, 8	8, 9	10	11, 12	12, 13	14	15

注：6、7、8、9 级为常用的形位公差等级，6 级为基本级。

表 17-9 所示为圆度和圆柱度公差等级与尺寸公差等级的对应关系。

表 17-9 圆度和圆柱度公差等级与尺寸公差等级的对应关系

尺寸公差等级（IT）	圆度、圆柱度公差等级	公差带占尺寸公差的百分比	尺寸公差等级（IT）	圆度、圆柱度公差等级	公差带占尺寸公差的百分比	尺寸公差等级（IT）	圆度、圆柱度公差等级	公差带占尺寸公差的百分比
01	0	66	5	4	40	9	10	80
0	0	40		5	60		7	15
	1	80		6	95		8	20
1	0	25	6	3	16	10	9	30
	1	50		4	26		10	50
	2	75		5	40		11	70
2	0	16		6	66	11	8	13
	1	33		7	95		9	20
	2	50	7	4	16		10	33
	3	85		5	24		11	46
3	0	10		6	40		12	83
	1	20		7	60	12	9	12
	2	30		8	80		10	20
	3	50	8	5	17		11	28
	4	80		6	28		12	50
4	1	13		7	43	13	10	14
	2	20		8	57		11	20
	3	33		9	85		12	35
	4	53	9	6	16	14	11	11
	5	80		7	24		12	20
5	2	15		8	32	15	12	12
	3	25		9	48			

续表 17-9

	与表面粗糙度对应关系											
主参数	圆度和圆柱度公差等级（7、8、9 为常用等级，7 级为基本级）											
	0	1	2	3	4	5	6	7	8	9	10	11	12
尺寸/mm	Ra 值不大于/μm											
≤3	0.00625	0.0125	0.0125	0.025	0.05	0.1	0.2	0.2	0.4	0.8	1.6	3.2	3.2
>3~18	0.00625	0.0125	0.025	0.05	0.1	0.2	0.4	0.4	0.8	1.6	3.2	6.3	12.5
>18~120	0.0125	0.025	0.05	0.1	0.2	0.2	0.4	0.8	1.6	3.2	6.3	12.5	12.5
>120~500	0.025	0.05	0.1	0.2	0.4	0.8	0.8	1.6	3.2	6.3	12.5	12.5	12.5

表 17-10 所示为同轴度、对称度、圆跳动和全跳动公差等级与尺寸公差等级的对应关系。

表 17-10　同轴度、对称度、圆跳动和全跳动公差等级与尺寸公差等级的对应关系

同轴度、对称度、径向圆跳动、径向全跳动公差等级	1	2	3	4	5	6	7	8	9	10	11	12
尺寸公差等级（IT）	2	3	4	5	6	7，8	8，9	10	11，12	12，13	14	15
端面圆跳动、斜向圆跳动、端面全跳动公差等级	1	2	3	4	5	6	7	8	9	10	11	12
尺寸公差等级（IT）	1	2	3	4	5	6	7，8	8，9	10	11，12	12，13	14

注：6、7、8、9 级为常用的形位公差等级，6 级为基本级。

表 17-11 所示为直线度和平面度公差值。

表 17-11　直线度和平面度公差值（摘自 GB/T 1184—1996）　　　（μm）

主参数 L 图例

公差等级	主参数 L/mm										应用举例
	≤10	>10 ~16	>16 ~25	>25 ~40	>40 ~63	>63 ~100	>100 ~160	>160 ~250	>250 ~400	>400 ~630	
5	2	2.5	3	4	5	6	8	10	12	15	普通精度的机床导轨，柴油机进、排气门导杆直线度，柴油机机体上部结合面等
6	3	4	5	6	8	10	12	15	20	25	
7	5	6	8	10	12	15	20	25	30	40	轴承体的支承面，减速器的壳体，轴系支承轴承的接合面，压力机导轨及滑块
8	8	10	12	15	20	25	30	40	50	60	
9	12	15	20	25	30	40	50	60	80	100	辅助机构及手动机械的支承面，液压管件和法兰的连接面
10	20	25	30	40	50	60	80	100	120	150	

表 17-12 所示为圆度和圆柱度公差。

表 17-12　圆度和圆柱度公差（摘自 GB/T 1184—1996）　　　　（μm）

主参数 d（D）图例

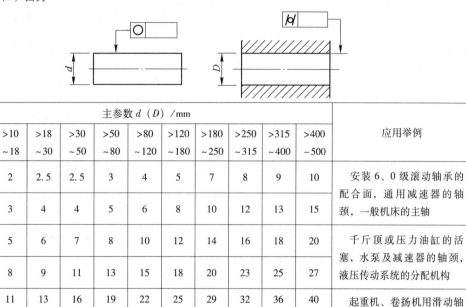

| 公差等级 | 主参数 d（D）/mm | | | | | | | | | | | 应用举例 |
	>6~10	>10~18	>18~30	>30~50	>50~80	>80~120	>120~180	>180~250	>250~315	>315~400	>400~500	
5	1.5	2	2.5	2.5	3	4	5	7	8	9	10	安装 6、0 级滚动轴承的配合面，通用减速器的轴颈，一般机床的主轴
6	2.5	3	4	4	5	6	8	10	12	13	15	
7	4	5	6	7	8	10	12	14	16	18	20	千斤顶或压力油缸的活塞，水泵及减速器的轴颈，液压传动系统的分配机构
8	6	8	9	11	13	15	18	20	23	25	27	
9	9	11	13	16	19	22	25	29	32	36	40	起重机、卷扬机用滑动轴承等
10	15	18	21	25	30	35	40	46	52	57	63	

表 17-13 所示为平行度、垂直度和倾斜度公差。

表 17-13　平行度、垂直度和倾斜度公差（摘自 GB/T 1184—1996）　　　　（μm）

主参数 L、d（D）图例

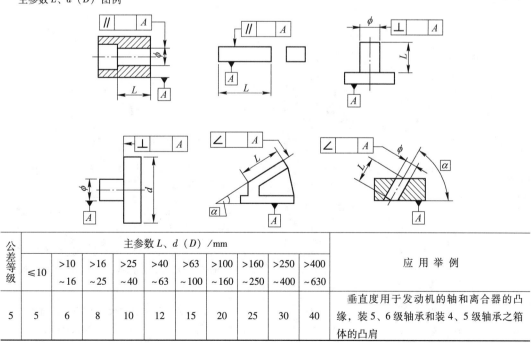

| 公差等级 | 主参数 L、d（D）/mm | | | | | | | | | | 应用举例 |
	≤10	>10~16	>16~25	>25~40	>40~63	>63~100	>100~160	>160~250	>250~400	>400~630	
5	5	6	8	10	12	15	20	25	30	40	垂直度用于发动机的轴和离合器的凸缘，装 5、6 级轴承和装 4、5 级轴承之箱体的凸肩

续表 17-13

公差等级	主参数 L、d（D）/mm										应 用 举 例
	≤10	>10~16	>16~25	>25~40	>40~63	>63~100	>100~160	>160~250	>250~400	>400~630	
6	8	10	12	15	20	25	30	40	50	60	平行度用于中等精度钻模的工作面，7~10 级精度齿轮传动壳体孔的中心线
7	12	15	20	25	30	40	50	60	80	100	垂直度用于装 6、0 级轴承之壳体孔的轴线，按 h6 与 g6 连接的锥形轴减速机的机体孔中心线
8	20	25	30	40	50	60	80	100	120	150	平行度用于重型机械轴承盖的端面、手动传动装置中的传动轴
9	30	40	50	60	80	100	120	150	200	250	垂直度用于手动卷扬机及传动装置中的传动轴承端面。按 f7 和 d8 连接的锥形面减速器箱体孔中心线
10	50	60	80	100	120	150	200	250	300	400	零件的非工作面，卷扬机、运输机上壳体平面

表 17-14 所示为同轴度、对称度、圆跳动和全跳动公差。

表 17-14　同轴度、对称度、圆跳动和全跳动公差（摘自 GB/T 1184—1996）　　（μm）

主参数 d（D）、B、L 图例

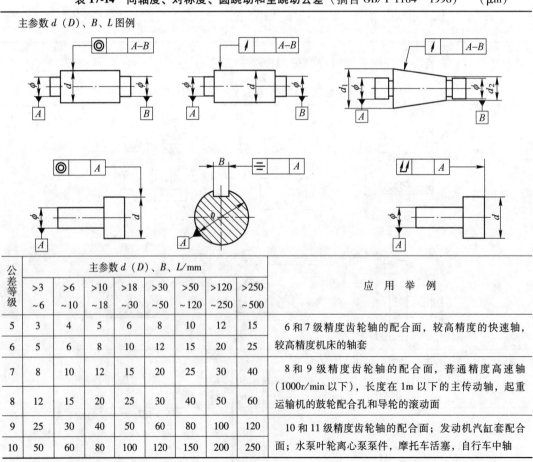

公差等级	主参数 d（D）、B、L/mm								应 用 举 例
	>3~6	>6~10	>10~18	>18~30	>30~50	>50~120	>120~250	>250~500	
5	3	4	5	6	8	10	12	15	6 和 7 级精度齿轮轴的配合面，较高精度的快速轴，较高精度机床的轴套
6	5	6	8	10	12	15	20	25	
7	8	10	12	15	20	25	30	40	8 和 9 级精度齿轮轴的配合面，普通精度高速轴（1000r/min 以下），长度在 1m 以下的主传动轴，起重运输机的鼓轮配合孔和导轮的滚动面
8	12	15	20	25	30	40	50	60	
9	25	30	40	50	60	80	100	120	10 和 11 级精度齿轮轴的配合面；发动机汽缸套配合面；水泵叶轮离心泵泵件，摩托车活塞，自行车中轴
10	50	60	80	100	120	150	200	250	

17.3 表面粗糙度

表 17-15 所示为表面粗糙度 Ra 值的应用范围。

表 17-15 表面粗糙度 Ra 值的应用范围

粗糙度代号	表面形状及特征	加工方法	应 用 范 围
$\sqrt{}$	除净毛刺	铸，锻，冲压，热轧，冷轧	用于保持原供应况的表面
$\sqrt{Ra\,25}$	微见刀痕	粗车，刨，钻	比较精确的粗加工表面。不重要零件的非配合面，如车端面、倒角、钻孔；不重要的安装支承面
$\sqrt{Ra\,12.5}$	可见加工痕迹	车，镗，刨，钻，平铣，立铣，锉，粗铰，铣齿	半精加工表面。不重要零件的非配合面；紧固件的自由表面；不要求定心与配合特性的表面，如螺栓孔、螺钉孔，齿轮及带轮的侧面，平键及键槽的下、下面，轴或孔的退刀槽
$\sqrt{Ra\,6.3}$	微见加工痕迹	车，镗，刨，铣，拉，铣齿，锉，滚压	按 IT10、IT11 制造的零件的结合面。如盖板、套筒等与其他零件联接但不形成配合的表面；齿轮的非工作面；键与键槽的工作面
$\sqrt{Ra\,3.2}$	看不见加工痕迹	车，镗，刨，铣，铰，拉，磨，滚压，铣齿，刮 $1\sim2$ 点/cm^2	按 IT8，IT9 制造的零件的结合面。如带轮的工作面，8 级精度齿轮的齿面，与低精度滚动轴承相配合的箱体孔，轴与毡圈的摩擦面，轴承盖凸肩表面（对中心用），端盖内侧面，定位销压入孔
$\sqrt{Ra\,1.6}$	可辨加工痕迹的方向	车，镗，拉，磨，立铣，铰，滚压，刮 $3\sim10$ 点/cm^2	IT6~IT8 级公差的零件的结合面。与齿轮、蜗轮、套筒等的配合面；锥销、圆柱销的表面，花键的定心表面，与 0 级精度滚动轴承配合的轴颈
$\sqrt{Ra\,0.8}$	微辨加工痕迹的方向	铰，磨，镗，拉，滚压，刮 $3\sim10$ 点/cm^2	按 IT6 级制造的轴与 IT7 级的孔的配合表面。与 6、0 级精度滚动轴承相配合的轴颈；7 级精度大小齿轮的工作面；滑动轴承轴瓦的工作面；7~8 级精度蜗杆的齿面；与橡胶油封相配合的轴颈
$\sqrt{Ra\,0.4}$	不可辨加工痕迹的方向	布轮磨，磨，研磨，超级加工	IT5、IT6 级公差的零件的结合面。与 4、5、6 级精度滚动轴承配合的轴颈；3、4、5 级精度齿轮的工作面；液压油缸和柱塞表面；活塞泵缸套内表面、齿轮泵轴颈

18　齿轮及蜗杆、蜗轮的精度

18.1　渐开线圆柱齿轮的精度（摘自 GB/T 10095.1—2008）

为了保证齿轮传动的质量及其互换性，国家标准管理委员会发布了两项齿轮精度国家标准（GB/T 10095.1～2—2008）和四项国家标准化的指导性技术文件（GB/Z 18620.1～4-2008），对广泛应用的渐开线圆柱齿轮和齿轮副规定了一系列的公差项目。

18.1.1　精度等级及其选择

18.1.1.1　精度等级

（1）GB/T 10095.1 对单个渐开线圆柱齿轮规定了 0 到 12 共 13 个精度等级，0 级的精度最高，第 12 级的精度最低。

（2）GB/T 10095.2 对单个渐开线圆柱齿轮的径向综合偏差（F_i''、f_i'）规定了 4 到 12 共 9 个精度等级，其中 4 级最高，12 级最低。

0～2 级精度的齿轮要求非常高，是有待发展的精度等级。通常把 3～5 级称为高精度等级，6～8 级称为中等精度等级，9～12 级称为低精度等级。

18.1.1.2　精度等级选择

（1）一般情况下，在给定的技术文件中，如所要求的齿轮精度为 GB/T 10095.1（或 GB/T 10095.2）的某个精度等级，则齿距偏差、齿廓偏差、螺旋线偏差（或径向综合偏差、径向跳动）的公差均按该精度等级。然而，按协议，对工作齿面和非工作齿面可规定不同的精度等级，或对于不同的偏差项目可规定不同的精度等级。

（2）选择齿轮的精度时，必须根据其用途、工作条件等来确定。即必须考虑齿轮的工作速度、传递功率、工作持续时间、振动、噪声和使用寿命方面的要求。设计时可用类比法参考表 18-1 与表 18-2 进行精度选择。

表 18-1　各类机械传动中所应用的齿轮精度等级

产品类型	精度等级	产品类型	精度等级	产品类型	精度等级
测量齿轮	2～5	轻型汽车	5～8	轧钢机	6～10
涡轮机齿轮	3～6	载重汽车	6～9	矿用绞车	6～10
金属切削机床	3～8	航空发动机	4～8	起重机械	7～10
内燃机车	6～7	拖拉机	6～9	农业机械	8～10
汽车底盘	5～8	通用减速器	6～9		

表 18-2　各精度等级齿轮的适用范围

精度等级	工作条件与适用范围	圆周速度/m·s⁻¹	
		直齿	斜齿
5	用于高平稳且低噪声的高速传动中的齿轮；精密机构中的齿轮；涡轮机传动的齿轮；检测 8，9 级的测量齿轮	>20	>40
6	用于高速下平稳工作，需要高效率及低噪声的齿轮；航空、汽车用齿轮；读数装置中的齿轮；机床的传动链齿轮；机床传动齿轮	到 15	到 30
7	在中速或大功率下工作的齿轮；机床变速箱进给齿轮；减速器齿轮；起重机齿轮；汽车以及读数装置中的齿轮	到 10	到 15
8	一般机器中无特殊精度要求的齿轮；机床变速齿轮；汽车制造业中不重要齿轮；冶金、起重机械齿轮；通用减速器的齿轮；农业机械中的重要齿轮	到 6	到 10
9	用于不提出精度要求的粗糙工作的齿轮；因结构上考虑，受载低于计算载荷的传动用齿轮；低速不重要工作机械的动力齿轮；农业机械齿轮	到 2	到 4

注：本表不属于国家标准，仅供参考

18.1.2　齿轮检验组的选择

齿轮精度国家标准 GB/T 10095 和 GB/Z 18620 等给出了很多偏差项目，在检验中，测量全部轮齿要素的偏差既不经济也没有必要。一般主要检测只有下列几项，即齿距累计总偏差 F_p、单个齿距偏差 f_{pt}、F_{pk}、齿廓总偏差 F_α、螺旋线总偏差 F_β、齿厚偏差 E_{sn}，其他检验项目，可根据用户要求确定。由于标准没有规定齿轮的公差组和检验组，根据我国的生产实践及现有的生产检验水平，特推荐四组检验组（见表 18-3）供设计者在设计时，按齿轮副的工作要求和生产规模以及用同一仪器检测较多指标的原则，在表 18-3 中选定一个检验组组合和侧隙评定指标来评定和验收齿轮的精度。

表 18-3　推荐的圆柱齿轮和齿轮副检验项目

检验组	检验项目	精度等级	测 量 仪 器	适应的生产规模
1	F_i''、f_i''、E_{sn} 或 E_{bn}	6~9	双啮仪、齿厚卡尺或公法线千分尺	大批
2	F_p、F_α、F_β、F_r、E_{sn} 或 E_{bn}	3~9	齿距仪、齿形仪、摆差测定仪、齿厚卡尺或公法线千分尺	小批
3	F_p、f_{pt}、F_α、F_β、F_r、E_{sn} 或 E_{bn}	3~9	齿距仪、齿形仪、摆差测定仪、齿厚卡尺或公法线千分尺	小批
4	F_i''、f_i''、F_β、E_{sn} 或 E_{bn}	3~6	单啮仪、齿向仪、齿厚卡尺或公法线千分尺	大批

注：本表不属于国家标准，仅供参考。

18.1.3　侧隙、齿厚偏差与齿厚公差

18.1.3.1　侧隙

为了保证齿轮润滑，补偿齿轮的制造误差、安装误差及热变形等造成的误差，必须在非工作面间留有侧隙。在一对装配好的齿轮副中，侧隙 j 是相啮合齿轮齿间的间隙，它是在节圆上齿槽宽度超过相啮合的轮齿齿厚的量。GB/Z 18620.2 给出了渐开线圆柱齿轮侧隙的检验实施规范，并在附录中提供了齿轮啮合时选择齿厚公差和最小侧隙的方法及建议的

数值。表18-4列出了对于中、大模数齿轮传动装置推荐的最小侧隙。

表 18-4　对于中、大模数齿轮最小法向侧隙 j_{bnmin} 的推荐数据　　　　（mm）

模数 m_n	最小中心距 a					
	50	100	200	400	800	1600
1.5	0.09	0.11	—	—	—	—
2	0.10	0.12	0.15	—	—	—
3	0.12	0.14	0.17	0.24	—	—
5	—	0.18	0.21	0.28	—	—
8	—	0.24	0.27	0.34	0.47	—
12	—	—	0.35	0.42	0.55	—
18	—	—	—	0.54	0.67	0.94

18.1.3.2　齿厚偏差

齿厚偏差是指在分度圆柱面上齿厚的实际值与公称值之差。为满足齿轮副侧隙要求，应选择适当的齿厚偏差 E_{sn}（或公法线长度偏差 E_{bn}）和中心距极限偏差 $\pm f_a$ 来保证。

为了获得最小侧隙 j_{bnmin}，齿厚应保证有最小减薄量，它是由分度圆上的上偏差 E_{sns} 形成的，如图18-1所示。对于 E_{sns} 的确定，可以参考下列计算选取。

当两齿轮都做成最大值即做成上偏差时，可获得最小侧隙，通常取两齿轮的齿厚上偏差相等，则可有

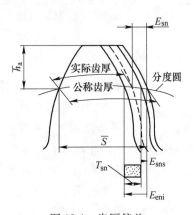

图 18-1　齿厚偏差

$$j_{bnmin} = 2E_{sns}\cos\alpha_n \qquad (18-1)$$
$$E_{sns} = j_{bnmin}/(2\cos\alpha_n) \qquad (18-2)$$

注意：按上式计算的 E_{sns} 值应取负值。

18.1.3.3　齿厚公差 T_{sn}

齿厚公差的选择，基本上与轮齿的精度无关，在很多场合，允许用较宽的齿厚公差或工作侧隙。这样做一般不会影响齿轮的性能和承载能力，却可以获得较经济的制造成本。

齿厚公差可按下式计算，即

$$T_{sn} = \sqrt{F_r^2 + b_r^2}\,2\tan\alpha_n \qquad (18-3)$$

式中　　F_r——径向跳动公差；

b_r——切齿径向进刀公差，可按表18-5选用。

表 18-5　切齿径向进刀公差 b_r 值

齿轮精度等级	4	5	6	7	8	9
b_r 值	1.26IT7	IT8	1.26IT8	IT9	1.26IT9	IT10

注：查IT值的主要参数为分度圆直径尺寸。

这样齿厚下偏差 E_{sni} 由下式求出，即

$$E_{sni} = E_{sns} - T_{sn} \qquad (18-4)$$

18.1.4 齿轮和齿轮副各项误差的公差及极限偏差值（见表18-6~表18-11）

表18-6 单个齿距偏差±f_{pt}和齿距累积总偏差 F_p 值（摘自 GB/T 10095.1—2008） （μm）

分度圆直径 d/mm	模数 m/mm	单个齿距偏差±f_{pt}				齿距累积总偏差 F_p			
		精度等级							
		6	7	8	9	6	7	8	9
0≤d≤20	0.5≤m≤2	6.5	9.5	13.0	19.0	16.0	23.0	32.0	45.0
	2≤m≤3.5	7.5	10.0	15.0	21.0	17.0	23.0	33.0	47.0
20≤d≤50	0.5≤m≤2	7.0	10.0	14.0	20.0	20.0	29.0	41.0	57.0
	2≤m≤3.5	7.5	11.0	15.0	22.0	21.0	30.0	42.0	59.0
	3.5≤m≤6	8.5	12.0	17.0	24.0	22.0	31.0	44.0	62.0
	6≤m≤10	10.0	14.0	20.0	28.0	23.0	33.0	46.0	65.0
50≤d≤125	0.5≤m≤2	7.5	11.0	15.0	21.0	26.0	37.0	52.0	74.0
	2≤m≤3.5	8.5	12.0	17.0	23.0	27.0	38.0	53.0	76.0
	3.5≤m≤6	9.0	13.0	18.0	25.0	28.0	39.0	55.0	78.0
	6≤m≤10	10.0	15.0	21.0	30.0	29.0	41.0	58.0	82.0
125≤d≤280	0.5≤m≤2	8.5	12.0	17.0	24.0	35.0	49.0	69.0	98.0
	2≤m≤3.5	9.0	13.0	18.0	26.0	35.0	50.0	70.0	100.0
	3.5≤m≤6	10.0	14.0	20.0	28.0	36.0	51.0	72.0	102.0
	6≤m≤10	11.0	16.0	23.0	32.0	37.0	53.0	75.0	106.0
280≤d≤560	0.5≤m≤2	9.5	13.0	19.0	27.0	46.0	64.0	91.0	129.0
	2≤m≤3.5	10.0	14.0	20.0	29.0	46.0	65.0	92.0	131.0
	3.5≤m≤6	11.0	16.0	22.0	31.0	47.0	66.0	94.0	133.0
	6≤m≤10	12.0	17.0	25.0	35.0	48.0	68.0	97.0	137.0
560≤d≤1000	0.5≤m≤2	11.0	15.0	21.0	30.0	59.0	83.0	117.0	166.0
	2≤m≤3.5	11.0	16.0	23.0	32.0	59.0	84.0	119.0	168.0
	3.5≤m≤6	12.0	17.0	24.0	35.0	60.0	85.0	120.0	170.0
	6≤m≤10	14.0	19.0	27.0	38.0	62.0	87.0	123.0	174.0

表18-7 齿廓总偏差 F_α 值（摘自 GB/T 10095.1—2008） （μm）

分度圆直径 d/mm	模数 m/mm	精度等级			
		6	7	8	9
5≤d≤20	0.5≤m≤2	6.5	9.0	13.0	18.0
	2<m≤3.5	9.5	13.0	19	26.0
20≤d≤50	0.5≤m≤2	7.5	10.0	15.0	21.0
	2<m≤3.5	10.0	14.0	20.0	29.0
	3.5<m≤6	12.0	18.0	25.0	25.0

分度圆直径 d/mm	模数 m/mm	精 度 等 级			
		6	7	8	9
$50 \leqslant d \leqslant 125$	$0.5 \leqslant m \leqslant 2$	8.5	12.0	17.0	23.0
	$2 < m \leqslant 3.5$	11.0	16.0	22.0	31.0
	$3.5 < m \leqslant 6$	13.0	19.0	27.0	38.0
$125 \leqslant d \leqslant 280$	$0.5 \leqslant m \leqslant 2$	10.0	14.0	20.0	28.0
	$2 < m \leqslant 3.5$	13.0	18.0	25.0	36.0
	$3.5 < m \leqslant 6$	15.0	21.0	30.0	42.0
$280 \leqslant d \leqslant 560$	$0.5 \leqslant m \leqslant 2$	12.0	17.0	23.0	33.0
	$2 < m \leqslant 3.5$	15.0	21.0	29.0	41.0
	$3.5 < m \leqslant 6$	17.0	24.0	34.0	48.0
$560 \leqslant d \leqslant 1000$	$0.5 \leqslant m \leqslant 2$	14.0	20.0	28.0	40.0
	$2 < m \leqslant 3.5$	17.0	24.0	34.0	48.0
	$3.5 < m \leqslant 6$	19.0	27.0	38.0	54.0

表 18-8　齿轮螺旋线总偏差 F_β 值（摘自 GB/T 10095.1—2008）　　　　（μm）

分度圆直径 d/mm	齿轮宽度 b/mm	精 度 等 级			
		6	7	8	9
		齿轮螺旋线总公差 F_β			
$5 \leqslant d \leqslant 20$	$20 < b \leqslant 40$	11.0	16.0	22.0	31.0
	$40 < b \leqslant 80$	13.0	19.0	26.0	37.0
$20 \leqslant d \leqslant 50$	$20 < b \leqslant 40$	11.0	16.0	23.0	32.0
	$40 < b \leqslant 80$	13.0	19.0	27.0	38.0
	$80 < b \leqslant 160$	16.0	23.0	32.0	46.0
$50 \leqslant d \leqslant 125$	$20 < b \leqslant 40$	12.0	17.0	24.0	34.0
	$40 < b \leqslant 80$	14.0	20.0	28.0	39.0
	$80 < b \leqslant 160$	17.0	24.0	33.0	47.0
$125 \leqslant d \leqslant 280$	$20 < b \leqslant 40$	13.0	18.0	25.0	36.0
	$40 < b \leqslant 80$	15.0	21.0	29.0	41.0
	$80 < b \leqslant 160$	17.0	25.0	35.0	49.0
	$160 < b \leqslant 250$	20.0	29.0	41.0	58.0
$280 \leqslant d \leqslant 560$	$20 < b \leqslant 40$	13.0	19.0	27.0	38.0
	$40 < b \leqslant 80$	15.0	22.0	31.0	44.0
	$80 < b \leqslant 160$	18.0	26.0	36.0	52.0
	$160 < b \leqslant 250$	21.0	30.0	43.0	60.0
$560 \leqslant d \leqslant 1000$	$20 < b \leqslant 40$	15.0	21.0	29.0	41.0
	$40 < b \leqslant 80$	17.0	23.0	33.0	47.0
	$80 < b \leqslant 160$	19.0	27.0	39.0	55.0
	$160 < b \leqslant 250$	22.0	32.0	45.0	63.0

表 18-9　径向综合总偏差 F_i'' 与一齿径向综合偏差 f_i''（摘自 GB/T 10095.2—2008）　（μm）

分度圆直径 d/mm	公差项目 精度等级 模数 m/mm	径向综合总偏差 F_i''				一齿径向综合偏差 f_i''			
		5	6	7	8	5	6	7	8
>20~50	≥0.2~0.5	13	19	26	37	2.0	2.5	3.5	5.0
	>0.5~0.8	14	20	28	40	2.5	4.0	5.5	7.5
	>0.8~1.0	15	21	30	42	3.5	5.0	7.0	10
	>1.0~1.5	16	23	32	45	4.5	6.5	9.0	13
	>1.5~2.5	18	26	37	52	6.5	9.5	13	19
>50~125	≥1.0~1.5	19	27	39	55	4.5	6.5	9.0	13
	>1.5~2.5	22	31	43	61	6.5	9.5	13	19
	>2.5~4.0	25	36	51	72	10	14	20	29
	>4.0~6.0	31	44	62	88	15	22	31	44
	>6.0~10	40	57	80	114	24	34	48	67
>125~280	≥1.0~1.5	24	34	48	68	4.5	6.5	9.0	13
	>1.5~2.5	26	37	53	75	6.5	9.5	13	19
	>2.5~4.0	30	43	61	86	10	15	21	29
	>4.0~6.0	36	51	72	102	15	22	31	44
	>6.0~10	45	64	90	127	24	34	48	67
>125~280	≥1.0~1.5	30	43	61	86	4.5	6.5	9.0	13
	>1.5~2.5	33	46	65	92	6.5	9.5	13	19
	>2.5~4.0	37	52	73	104	10	15	21	29
	>4.0~6.0	42	60	84	119	15	22	31	44
	>6.0~10	51	73	103	145	24	34	48	68

表 18-10　径向跳动公差 F_r 和齿形公差 f_f 值（摘自 GB/T 10095.2—2008）　（μm）

分度圆直径 d/mm	模数 m/mm	齿圈径向跳动公差 F_r				齿形公差 f_f 值			
		精　度　等　级							
		6	7	8	9	6	7	8	9
5≤d≤20	0.5≤m≤2	13.0	18.0	25.0	36.0	5.0	7.0	10.0	14.0
	2≤m≤3.5	13.0	19.0	27.0	38.0	7.0	10.0	14.0	20.0
20≤d≤50	0.5≤m≤2	16.0	23.0	32.0	46.0	5.5	8.0	11.0	16.0
	2≤m≤3.5	17.0	24.0	34.0	47.0	8.0	11.0	16.0	22.0
	3.5≤m≤6	17.0	25.0	35.0	49.0	9.5	14.0	19.0	27.0
	6≤m≤10	19.0	26.0	37.0	52.0	12.0	17.0	24.0	34.0
50≤d≤125	0.5≤m≤2	21.0	29.0	42.0	59.0	6.5	9.0	13.0	18.0
	2≤m≤3.5	21.0	30.0	43.0	61.0	8.5	12.0	17.0	24.0
	3.5≤m≤6	22.0	31.0	44.0	62.0	10.0	15.0	21.0	29.0
	6≤m≤10	23.0	33.0	46.0	65.0	13.0	18.0	25.0	36.0

分度圆直径 d/mm	模数 m/mm	齿圈径向跳动公差 F_r				齿形公差 f_f值			
		精 度 等 级							
		6	7	8	9	6	7	8	9
125≤d≤280	0.5≤m≤2	28.0	39.0	55.0	78.0	7.5	11.0	15.0	21.0
	2≤m≤3.5	28.0	40.0	56.0	80.0	9.5	14.0	19.0	28.0
	3.5≤m≤6	29.0	41.0	58.0	82.0	12.0	16.0	23.0	33.0
	6≤m≤10	30.0	42.0	60.0	85.0	14.0	20.0	28.0	39.0
280≤d≤560	0.5≤m≤2	36.0	51.0	73.0	103.0	9.0	13.0	18.0	26.0
	2≤m≤3.5	37.0	52.0	74.0	105.0	11.0	14.0	22.0	32.0
	3.5≤m≤6	38.0	53.0	75.0	106.0	13.0	18.0	26.0	37.0
	6≤m≤10	39.0	55.0	77.0	109.0	15.0	22.0	31.0	43.0
560≤d≤1000	0.5≤m≤2	47.0	66.0	94.0	133.0	11.0	15.0	22.0	31.0
	2≤m≤3.5	48.0	67.0	95.0	134.0	13.0	18.0	26.0	37.0
	3.5≤m≤6	48.0	68.0	96.0	136.0	15.0	21.0	30.0	42.0
	6≤m≤10	49.0	70.0	98.0	139.0	17.0	24.0	34.0	48.0

表 18-11　接触斑点和中心距极限偏差±f_a值（摘自 GB/Z 18620.3—2008）　　　（μm）

项　目		精 度 等 级		
		6	7、8	9、10
接触斑点 /%	b_{c1}占齿宽的百分比	45	35	25
	h_{c1}占有效表面高度的百分比	50（40）	50（40）	50（40）
	b_{c2}占齿宽的百分比	35	35	25
	h_{c2}占有效表面高度的百分比	30（20）	30（20）	30（20）
中心距极限偏差 ±f_a	齿轮副的中心距 /mm	>50~80	15	23	37
		>80~120	17.5	27	43.5
		>120~180	20	31.5	50
		>180~250	23	36	57.5
		>250~315	26	40.5	65
		>315~400	28.5	44.5	70
		>400~500	31.5	48.5	77.5
		>500~630	35	55	87

注：1. 直齿轮和斜齿轮的齿高接触斑点要求不同，括号内的数值用于斜齿轮。

　　2. b_{c1}为接触斑点的较大长度，h_{c1}为接触斑点的较大高度，b_{c2}为接触斑点的较小长度，h_{c2}为接触斑点的较小高度。

　　3. "中心距极限偏差±f_a"一栏中的精度等级为第Ⅱ公差组的精度等级。

18.1.5　齿坯的要求与公差

　　齿坯的加工精度对齿轮的加工、检验及安装精度影响很大。因此，应控制齿坯的精度，以保证齿轮的精度。齿轮在加工、检验和安装时的径向基准面和轴向辅助基准面应尽可能一致，并在零件图上予以标注。齿坯公差见表 18-12。

表 18-12 齿坯公差（摘自 GB/Z 18620.3—2008）

齿轮精度等级	6	7	8	9	10
齿轮基准孔尺寸公差	IT6	IT7		IT8	
齿轮轴轴颈尺寸公差	通常按滚动轴承的公差等级确定，见第 15 章				
齿顶圆直径公差	IT8			IT9	
基准端面圆跳动公差	$0.2(D_d/b)F_\beta$（D_d 为基准端面直径，b 为齿宽）				
基准圆柱面圆跳动公差	$0.3F_p$（F_p 为齿距累积总公差，见表 18-6）				

注：1. 齿顶圆柱面不作为测量齿厚基准面时，齿顶圆直径公差按 IT11 给定，但不得大于 $0.1m_n$。
    2. 齿顶圆柱面不作为基准面时，不必给出圆跳动公差。
    3. 齿轮基准孔尺寸公差和齿顶圆直径公差摘自 GB/T 10095—1988。
    4. 表中 IT 为标准公差，其值查表 17-2。

表 18-13 齿轮副轴线平行度公差 $f_{\Sigma\delta}$、$f_{\Sigma\beta}$ 计算公式（摘自 GB/Z 18620.3—2008）

项　目	计算公式	备　注
垂直平面上的偏差的推荐最大值	$f_{\Sigma\delta} = 0.5(L/b)F_\beta$	F_β—螺旋线总公差，见表 18-8；L—箱体轴承孔跨距；b—齿轮宽度
轴线平面内的偏差的最大值	$f_{\Sigma\beta} = 0.5f_{\Sigma\delta}$	

18.1.6 标注示例

国家标准规定，在文件或图样需要叙述齿轮精度等级要求时，应该注明 GB 10095.1—2008。

齿轮精度等级的标注方法如下：

7 GB 10095.1—2008，此标注表示该齿轮各项偏差项目均为 7 级精度，且符合 GB 10095.1—2008 的要求。

$7F_p$ 6（F_α、F_β）GB 10095.1—2008，此标注表示齿轮各项偏差项目应符合 GB 10095.1—2008 的要求，齿距累积总偏差 F_p 为 7 级，齿廓总偏差 F_α 与齿轮螺旋线总偏差 F_β 为 6 级。

18.2 锥齿轮的精度（摘自 GB 11365—1989）

锥齿轮精度标准 GB 11365—1989 适用于齿宽中点法向模数 $m_{mn} \geqslant 1$mm 的直齿、斜齿、曲线齿锥齿轮和准双曲面齿轮（以下简称齿轮）。

18.2.1 精度等级及其选择

标准对齿轮及其齿轮副规定了 12 个精度等级，第 1 级的精度最高，其余的依次降低。

这里仅介绍课程设计中常用的 7、8、9 级精度。

按照误差特性及其对传动性能的影响，将锥齿轮及其齿轮副的公差项目分成 3 个公差组（表 18-14）。选择精度时，应考虑圆周速度、使用条件及其他技术要求等有关因素。选用时，允许各公差组选用相同或不同的精度等级。但对齿轮副中大、小齿轮的同一公差组，应规定相同的精度等级。

锥齿轮第 II 公差组的精度等级主要根据圆周速度的大小进行选择，见表 18-15。

表 18-14　锥齿轮和齿轮副各项公差与极限偏差分组（摘自 GB 11365—1989）

类别	公差组	公差与极限偏差项目		类别	公差组	公差与极限偏差项目	
		代号	名　称			代号	名　称
齿轮	I	F'_t	切向综合公差	齿轮副	I	F'_{ic}	齿轮副切向综合公差
		$F'_{i\Sigma}$	轴交角综合公差			$F''_{i\Sigma}$	齿轮副轴交角综合公差
		F_p	齿距累积公差			F_{vj}	齿轮副侧隙变动公差
		F_{pk}	K 个齿距累积公差		II	f'_{ic}	齿轮副一齿切向综合公差
		F_r	齿圈跳动公差			$F''_{i\Sigma}$	齿轮副一齿轴交角综合公差
	II	f'_i	一齿切向综合公差			f'_{zkc}	齿轮副周期误差的公差
		$f''_{i\Sigma}$	一齿轴交角综合公差			f'_{zzc}	齿轮副齿频周期误差的公差
		f'_{zk}	周期误差的公差			$\pm f_{AM}$	齿圈轴向位移极限偏差
		$\pm f_{pt}$	齿距极限偏差			$\pm f_a$	齿轮副轴间距极限偏差
		f_c	齿形相对误差的公差		III		接触斑点
	III		接触斑点			$\pm E_{\Sigma}$	齿轮副轴交角极限偏差

表 18-15　齿轮第 II 公差组精度等级与圆周速度的关系（摘自 GB 11365—1989）

类别	齿面硬度 HBS	第 II 公差组精度等级			备　注
		7	8	9	
		圆周速度/m·s⁻¹（≤）			
直齿	≤350	7	4	3	（1）圆周速度按齿宽中点分度圆直径计算；
	>350	6	3	2.5	（2）此表不属于国标，仅供参考
非直齿	≤350	16	9	6	
	>350	13	7	5	

18.2.2　齿轮和齿轮副的检验与公差

齿轮和齿轮副的精度包括 I、II、III 公差组的要求。此外，齿轮副还有对侧隙的要求。当齿轮副安装在实际装置上时，还要检验安装误差项目 Δf_{AM}、ΔF_a、ΔE_{Σ}。根据齿轮和齿轮副的工作要求、生产规模和检验手段，对于 7~9 级直齿锥齿轮，可在表 18-16 中任选一个检验组组合来评定齿轮和齿轮副的精度及验收齿轮。

表 18-16　推荐的直齿锥齿轮、齿轮副检验组组合（摘自 GB 11365—1989）

类　型	齿　　　　轮				齿　轮　副		
公差组	适用精度等级						
	7～8	7～9	7～8	7～9	7～8	7～9	9
Ⅰ	$\Delta F_i'$	$\Delta F_{i\Sigma}''$	ΔF_p	$\Delta F_r^{(1)}$	$\Delta F_{ic}'$	$\Delta F_{i\Sigma c}''$	ΔF_{vj}
Ⅱ	$\Delta f_i'$	$\Delta f_{i\Sigma}''$		Δf_{pt}	$\Delta f_{ic}'$	$\Delta f_{i\Sigma c}''$	
Ⅲ	接触斑点（查表 18-22）						
其他	齿厚公差 $\Delta E_{\bar{s}}$				侧隙 j_t 或 j_n；安装误差 Δf_{AM}、ΔF_a、ΔE_Σ		
公差或极限偏差值	$F_i' = F_p + 1.15 f_c$；$F_{i\Sigma}'' = 0.7 F_{i\Sigma c}''$； $f_i' = 0.8(f_{pt} + 1.15 f_c)$；$f_{i\Sigma}'' = 0.7 f_{i\Sigma c}''$； F_p 查表 18-17；F_r、$\pm f_{pt}$、f_c 查表 18-18； $T_{\bar{s}}$ 查表 18-24；$E_{\bar{s}\bar{s}}$ 查表 18-25				$F_{ic}'^{(2)} = F_{i1}' + F_{i2}'$；$f_{ic}' = f_{i1}' + f_{i2}'$ $F_{i\Sigma c}''$、F_{vj}、$f_{i\Sigma c}''$ 查表 18-19； j_{nmin} 查表 18-23；$\pm f_{AM}$ 查表 18-20； $\pm f_a$、$\pm E_\Sigma$ 查表 18-21		

注：1. 其中 7～8 级用于中点分度圆直径>1600mm 的圆锥齿轮。

2. 当两齿轮的齿数比为不大于 3 的整数，且采用选配时，应将 F_{ic}' 值压缩 25%或更多。

18.2.3　齿轮副的侧隙

标准中规定了齿轮副的最小法向侧隙种类为六种：a、b、c、d、e 和 h，其中以 a 为最大，h 为零。最小法向侧隙种类与精度等级无关。标准中规定了齿轮副的法向侧隙公差种类为五种，即 A、B、C、D 和 H。推荐的法向侧隙公差种类与最小法向侧隙种类的对应关系如图 18-2 所示。最大法向侧隙可按下式计算

$$j_{nmax} = (\,|E_{ss1}^- + E_{ss2}^-| + T_{s1}^- + T_{s2}^- + E_{s\Delta1}^- + E_{s\Delta2}^-\,)\cos\alpha_n$$

式中，E_{ss}^- 为齿厚上偏差；$T_{\bar{s}}^-$ 为齿厚公差；$E_{s\Delta}^-$ 为制造误差的补偿部分；j_{nmin}、$T_{\bar{s}}^-$、$E_{s\Delta}^-$ 和 E_{ss}^- 值分别见表 18-23 ～ 表 18-26。

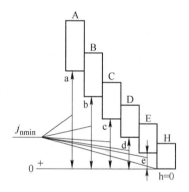

图 18-2　圆锥齿轮副的最小
法向侧隙种类

18.2.4　齿轮和齿轮副各项误差的公差及极限偏差值

表 18-17　齿距累积公差 F_p 和 K 个齿距累积公差 F_{pK} 值（摘自 GB 11365—1989）　（μm）

中点分度圆弧长 L_m/mm	第Ⅰ公差组精度等级		
	7	8	9
≤11.2	16	22	32
>11.2～20	22	32	45
>20～32	28	40	56
>32～50	32	45	63
>50～80	36	50	71
>80～160	45	63	90
>160～315	63	90	125
>315～630	90	125	180
>630～1000	112	160	224

注：F_p 和 F_{pK} 按中点分度圆弧长 L_m 查表：

查 F_p 时，取 $L_m = \dfrac{1}{2}\pi d_m = \dfrac{\pi m_{mn} Z}{2\cos\beta}$；

查 F_{pK} 时，取 $L_m = \dfrac{K\pi m_{mn}}{\cos\beta}$（没有特殊要求时，$K$ 值取 $Z/6$ 或最接近的整齿数），式中，m_{mn} 为中点法向模数，β 为中点螺旋角

表 18-18 齿轮齿圈径向跳动公差 F_r、齿距极限偏差 $\pm f_{pt}$ 及齿形相对误差的公差 f_c 值

（摘自 GB 11365—1989） （μm）

中点分度圆直径 d_m/mm		中点法向模数 m_{mn}/mm	F_r			$\pm f_{pt}$			f_c	
			第Ⅰ组精度等级			第Ⅱ组精度等级				
大于	到		7	8	9	7	8	9	7	8
—	125	≥1~3.5	36	45	56	14	20	28	8	10
		>3.5~6.3	40	50	63	18	25	36	9	13
		>6.3~10	45	56	71	20	28	40	11	17
125	400	≥1~3.5	50	63	80	16	22	32	9	13
		>3.5~6.3	56	71	90	20	28	40	11	15
		>6.3~10	63	80	100	22	32	45	13	19
400	800	≥1~3.5	63	80	100	18	25	36	12	18
		>3.5~6.3	71	90	112	20	28	40	14	20
		>6.3~10	80	100	125	25	36	50	16	24

表 18-19 齿轮副轴交角综合公差 $F''_{i\Sigma c}$、侧隙变动公差 F_{vj} 及一齿轴交角综合公差 $f''_{i\Sigma c}$ 值

（摘自 GB 11365—1989） （μm）

中点分度圆直径 d_m/mm		中点法向模数 m_{mn}/mm	$F''_{i\Sigma c}$			F_{vj}			$f''_{i\Sigma c}$		
			第Ⅰ组精度等级						第Ⅱ组精度等级		
大于	到		7	8	9	9	10	11	7	8	9
—	125	≥1~3.5	67	85	110	75	90	120	28	40	53
		>3.5~6.3	75	95	120	80	100	130	36	50	60
		>6.3~10	85	105	130	90	120	150	40	56	71
125	400	≥1~3.5	100	125	160	110	140	170	32	45	60
		>3.5~6.3	105	130	170	120	150	180	40	56	67
		>6.3~10	120	150	180	130	160	200	45	63	80
400	800	≥1~3.5	130	160	200	140	180	220	36	50	67
		>3.5~6.3	140	170	220	150	190	240	40	56	75
		>6.3~10	150	190	240	160	200	260	50	71	86

表 18-20 齿圈轴向位移极限偏差 $\pm f_{AM}$ 值（摘自 GB 11365—1989） （μm）

中点锥距 R_m/mm		分锥角 δ/(°)		$\pm f_{AM}$								
				Ⅱ组精度等级								
				7			8			9		
				中点法向模数 m_{mn}/mm								
大于	到	大于	到	≥1~3.5	>3.5~6.3	>6.3~10	≥1~3.5	>3.5~6.3	>6.3~10	≥1~3.5	>3.5~6.3	>6.3~10
—	50	—	20	20	11	—	28	16	—	40	22	—
		20	45	17	9.5	—	24	13	—	34	19	—
		45	—	7.1	4	—	10	5.6	—	14	8	—
50	100	—	20	67	38	24	95	53	34	140	75	50
		20	45	56	32	21	80	45	30	120	63	42
		45	—	24	13	8.5	34	17	12	48	26	17

续表 18-20

中点锥距 R_m /mm		分锥角 δ /(°)		$\pm f_{AM}$								
				II组精度等级								
				7			8			9		
				中点法向模数 m_{mn}/mm								
大于	到	大于	到	≥1 ~3.5	>3.5 ~6.3	>6.3 ~10	≥1 ~3.5	>3.5 ~6.3	>6.3 ~10	≥1 ~3.5	>3.5 ~6.3	>6.3 ~10
100	200	—	20	150	80	53	200	120	75	300	160	105
		20	45	130	71	45	180	100	63	260	140	90
		45	—	53	30	19	75	40	26	105	60	38
200	400	—	20	340	180	120	480	250	170	670	360	240
		20	45	280	150	100	400	210	140	560	300	200
		45	—	120	63	40	170	90	60	240	130	85
400	800	—	20	750	400	250	1050	560	360	1500	800	500
		20	45	630	340	210	900	480	300	1300	670	440
		45	—	270	140	90	380	200	125	530	280	180

注：表中 $\pm f_{AM}$ 值用于 $\alpha = 20°$ 的非修形齿轮；对于修形齿轮，允许采用低一级的 $\pm f_{AM}$ 值；当 $\alpha \neq 20°$ 时，表中数值乘以 $\sin20°/\sin\alpha$ 。

表 18-21　轴间距极限偏差 $\pm f_a$ 和轴交角极限偏差 $\pm E_\Sigma$ 值（摘自 GB 11365—1989）（μm）

中点锥距 R_m/mm		$\pm f_a$					$\pm E_\Sigma$					
		分锥角 δ/(°)		III组精度等级			小轮分锥角 δ/(°)		最小法向侧隙种类				
大于	到	大于	到	7	8	9	大于	到	h、e	d	c	b	a
—	50	—	20				—	15	7.5	11	18	30	45
		20	45	18	28	36	15	25	10	16	26	42	63
		45	—				25	—	12	19	30	50	80
50	100	—	20				—	15	10	16	26	42	63
		20	45	20	30	45	15	25	12	19	30	50	80
		45	—				25	—	15	22	32	60	95
100	200	—	20				—	15	12	19	30	50	80
		20	45	25	36	55	15	25	17	26	45	71	110
		45	—				25	—	20	32	50	80	125
200	400	—	20				—	15	15	22	32	60	95
		20	45	30	45	75	15	25	24	36	56	90	140
		45	—				25	—	26	40	63	100	160
400	800	—	20				—	15	20	32	50	80	125
		20	45	36	60	90	15	25	28	45	71	110	180
		45	—				25	—	34	56	85	140	220

注：1. 表中 $\pm f_a$ 值用于无纵向修形的齿轮副；对于纵向修形的齿轮副允许采用低一级的 $\pm f_a$ 值；对准双曲面的齿轮副按大轮中点锥距查表。

　　2. $\pm E_\Sigma$ 的公差带位置相对于零线，可以不对称或取在一侧；表中数值用于 $\alpha = 20°$ 的正交齿轮副；当 $\alpha \neq 20°$ 时，表中数值乘以 $\sin20°/\sin\alpha$ 。

表 18-22　接触斑点（摘自 GB 11365—1989）

第Ⅲ公差组精度等级	7	8、9
沿齿长方向/%	50~70	35~65
沿齿高方向/%	55~75	40~70

注：表中数值用于齿面修形的齿轮；对于齿面不修形的齿轮，其接触斑点不小于其平均值。

表 18-23　最小法向侧隙 j_{nmin} 值（摘自 GB 11365—1989）　　　　（μm）

中点锥距 R_m/mm		小轮分锥角 δ/(°)		最小法向侧隙种类					
大于	到	大于	到	h	e	d	c	b	a
—	50	—	15	0	15	22	36	58	90
		15	25	0	21	33	52	84	130
		25	—	0	25	39	62	100	160
50	100	—	15	0	21	33	52	84	130
		15	25	0	25	39	62	100	160
		25	—	0	30	46	74	120	190
100	200	—	15	0	25	39	62	100	160
		15	25	0	35	54	87	140	220
		25	—	0	40	63	100	160	250
200	400	—	15	0	30	46	74	120	190
		15	25	0	46	72	115	185	290
		25	—	0	52	81	130	210	320
400	800	—	15	0	40	63	100	160	250
		15	25	0	57	89	140	230	360
		25	—	0	70	110	175	280	440

注：1. 表中数值用于正交齿轮副；非正交齿轮副按 R' 查表，其中 $R' = R_m(\sin2\delta_1 + \sin2\delta_2)/2$，式中 R_m 为中点锥距、δ_1 和 δ_2 分别为小、大轮分锥角。

2. 准双曲面的齿轮副按大轮中点锥距查表。

表 18-24　齿厚公差 $T_{\bar{s}}$ 值（摘自 GB 11365—1989）　　　　（μm）

齿圈跳动公差 F_r		法向侧隙公差种类				
大于	到	H	D	C	B	A
25	32	38	48	60	75	95
32	40	42	55	70	85	110
40	50	50	65	80	100	130
50	60	60	75	95	120	150
60	80	70	90	110	130	180
80	100	90	110	140	170	220
100	125	110	130	170	200	260

注：对于标准直齿锥齿轮：齿宽中点分度圆弦齿厚为 $\bar{s}_m = \dfrac{\pi m_m}{2} - \dfrac{\pi^3 m_m}{48Z^2}$；齿宽中点分度圆弦齿高为 $\bar{h}_m = m_m + \dfrac{\pi^2 m_m}{16Z}\cos\delta$，式中 m_m 为中点模数，$m_m = (1 - 0.5\psi_R)m$，ψ_R 为齿宽系数；δ 为分度圆锥角；Z 为齿数。

表 18-25　齿厚上偏差 E_{ss}^- 值（摘自 GB 11365—1989）　　　　　　　　　　　　　　（μm）

基本值	中点法向模数 m_{mn}/mm	中点分度圆直径 d_m/mm									系数	Ⅱ组精度等级	最小法向侧隙种类					
		≤125			>125~400			>400~800					h	e	d	c	b	a
		分锥角 δ/(°)																
		≤20	>20~45	>45	≤20	>20~45	>45	≤20	>20~45	>45		7	1.0	1.6	2.0	2.7	3.8	5.5
	≥1~3.5	−20	−20	−22	−28	−32	−30	−36	−50	−45		8	—	—	2.2	3.0	4.2	6.0
	>3.5~6.3	−22	−22	−25	−32	−32	−30	−36	−55	−45								
	>6.3~10	−25	−25	−28	−36	−36	−34	−40	−55	−50		9	—	—	—	3.2	4.6	6.6

注：最小法向侧隙种类和各精度等级齿轮的 E_{ss}^- 值由基本值一栏查出的数值乘以系数得出。

表 18-26　最大法向侧隙（j_{nmax}）中的制造误差补偿部分 $E_{s\Delta}^-$ 值（摘自 GB 11365—1989）

（μm）

第Ⅱ公差组精度等级			7			8			9		
中点法向模数 m_{mn}/mm			≥1~3.5	>3.5~6.3	>6.3~10	≥1~3.5	>3.5~6.3	>6.3~10	≥1~3.5	>3.5~6.3	>6.3~10
中点分度圆直径 d_m/mm	≤125	≤20	20	22	25	22	24	28	24	25	30
		>20~45	20	22	25	22	24	28	24	25	30
		>45	22	25	28	24	28	30	25	30	32
	>125~400	≤20	28	32	36	30	36	40	32	38	45
	分锥角 δ/(°)	>20~45	32	32	36	36	36	40	38	38	45
		>45	30	30	34	32	32	38	36	36	40
	>400~800	≤20	36	38	40	40	42	45	45	45	48
		>20~45	50	55	55	55	60	60	65	66	65
		>45	45	45	50	50	50	55	55	55	60

18.2.5　齿坯的要求与公差

齿轮在加工、检验和安装时的定位基准面应尽量一致，并在零件图上予以标注。有关齿坯的各项公差值如表 18-27~表 18-29 所示。

表 18-27　齿坯尺寸公差（摘自 GB 11365—1989）

精度等级	7~8	9~12
轴径尺寸公差	IT6	IT7
孔径尺寸公差	IT7	IT8
外径尺寸极限偏差	0 —IT8	0 —IT9

注：1. 当 3 个公差组的精度等级不同时，公差值按最高的精度等级查取。

　　2. 表中 IT 为标准公差，其值查表 17-2。

表18-28 齿坯轮冠距和顶锥角尺寸公差极限偏差值（摘自 GB 11365—1989）

中点法向模数 m_{mn}/mm	轮冠距极限偏差/μm	顶锥角极限偏差分
≤1.2	0 −50	+15 0
>1.2~10	0 −75	+8 0

表18-29 齿坯顶锥母线跳动和基准端面跳动公差值（摘自 GB 11365—1989）   （μm）

公差项目		顶锥母线跳动公差					基准端面跳动公差				
参　数		外径/mm					基准端面直径/mm				
尺寸 范围	大于	—	30	50	120	250	500	—	30	50	120	250	500
	到	30	50	120	250	500	800	30	50	120	250	500	800
精度 等级	7~8	25	30	40	50	60	80	10	12	15	20	25	30
	9~12	50	60	80	100	120	150	15	20	25	30	40	50

注：当3个公差组的精度等级不同时，按最高的精度等级确定公差值。

18.2.6 标注示例

在齿轮工作图上应标注齿轮的精度等级、最小法向侧隙种类及法向侧隙公差种类的数字（字母）代号。标注示例如下：

（1）齿轮的3个公差组精度同为7级，最小法向侧隙种类为b，法向侧隙公差种类为B，其标注为：

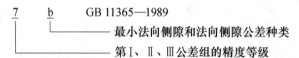

（2）齿轮的3个公差组同为7级，最小法向侧隙为400μm，法向侧隙公差种类为B，其标注为：

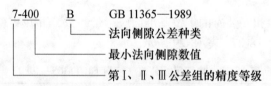

（3）齿轮的第Ⅰ公差组精度为8级，第Ⅱ、Ⅲ公差组精度为7级，最小法向侧隙种类为c，法向侧隙公差种类为B，其标注为：

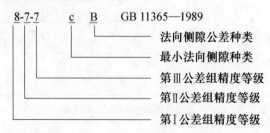

18.3 圆柱蜗杆、蜗轮的精度（摘自 GB 10089—1988）

圆柱蜗杆、蜗轮的精度标准 GB 10089—1988 适用于轴交角 Σ 为 90°、模数 $m \geqslant 1$mm 的圆柱蜗杆、蜗轮及其传动，其蜗杆分度圆直径 $d_1 \leqslant 400$mm，蜗轮分度圆直径 $d_2 \leqslant 4000$mm；基本蜗杆可为阿基米德蜗杆（ZA 蜗杆）、渐开线蜗杆（ZI 蜗杆）、法向直廓蜗杆（ZN 蜗杆）、锥面包络圆柱蜗杆（ZK 蜗杆）和圆弧圆柱蜗杆（ZC 蜗杆）。

18.3.1 精度等级及其选择

GB 10089—1988 对蜗杆、蜗轮和蜗杆传动规定了 12 个精度等级，第 1 级的精度最高，第 12 级的精度最低。蜗杆和配对蜗轮的精度等级一般相同（也允许不同）。对于有特殊要求的蜗杆传动，除 F_r、F_i'、f_r、f_i' 项目外，其蜗杆、蜗轮左右齿面的精度等级也可不同。

按公差特性对传动性能的影响，将蜗杆、蜗轮和蜗杆传动的公差（或极限偏差）分成 3 个公差组，见表 18-30。根据使用要求的不同，允许各公差组选用不同的精度等级组合，但在同一公差组中，各项公差与极限偏差值应保持相同的精度等级。

表 18-30 蜗杆、蜗轮和蜗杆传动公差的分组（摘自 GB 10089—1988）

公差组	类别	公差与极限偏差项目		公差组	类别	公差与极限偏差项目	
		代号	名称			代号	名称
I	蜗轮	F_i'	蜗轮切向综合公差	II	蜗轮	f_i'	蜗轮一齿切向综合公差
		F_i''	蜗轮径向综合公差			f_i''	蜗轮一齿径向综合公差
		F_p	蜗轮齿距累积公差			$\pm f_{pt}$	蜗轮齿距极限偏差
		F_{pK}	蜗轮 K 个齿距累积公差		传动	f_{ic}'	传动一齿切向综合公差
		F_r	蜗轮齿圈径向跳动公差	III	蜗杆	f_{f1}	蜗杆齿形公差
	传动	F_{ic}'	传动切向综合公差		蜗轮	f_{f2}	蜗轮齿形公差
II	蜗杆	f_h	蜗杆一转螺旋线公差				接触斑点
		f_{hL}	蜗杆螺旋线公差			$\pm f_a$	传动中心距极限偏差
		$\pm f_{px}$	蜗杆轴向齿距极限偏差		传动	$\pm f_\Sigma$	传动轴交角极限偏差
		f_{pxL}	蜗杆轴向齿距累积公差			$\pm f_x$	传动中间平面极限偏差
		f_r	蜗杆齿槽径向跳动公差				

蜗杆、蜗轮的精度等级可参考表 18-31 进行选择。

表 18-31 蜗杆、蜗轮精度等级与圆周速度的关系（摘自 GB 10089—1988）

精度等级	7	8	9
适用范围	用于运输和一般工业中的中等速度的动力传动	用于每天只有短时工作的次要传动	用于低速传动或手动机构
蜗轮圆周速度 $v/\mathrm{m \cdot s^{-1}}$	$\leqslant 7.5$	$\leqslant 3$	$\leqslant 1.5$

18.3.2 蜗杆、蜗轮和蜗杆传动的检验与公差

对于 7~9 级精度的圆柱蜗杆传动，推荐的蜗杆、蜗轮和蜗杆传动的检验项目见表 18-32。

表 18-32　推荐的圆柱蜗杆、蜗轮和蜗杆传动的检验项目（摘自 GB 10089—1988）

公差组		I	II		III		
类别		蜗轮	蜗杆	蜗轮	蜗杆	蜗轮	传动
精度等级	7~9	ΔF_p	Δf_{px}、Δf_{pxL} 或 Δf_{px}、	Δf_{pt}	Δf_{f1}	Δf_{f2}	接触斑点 Δf_a、Δf_x、Δf_Σ
	9	ΔF_r	Δf_{pxL}、Δf_r				

注：当对蜗杆副的接触斑点有要求时，蜗轮的齿形误差 Δf_{f2} 可不进行检验。

表 18-33　蜗杆的公差和极限偏差值（摘自 GB 10089—1988）　　　　　　（μm）

第 II 公差组													第 III 公差组		
蜗杆齿槽径向跳动公差 f_r					模数 m /mm	蜗杆轴向齿距极限偏差 $\pm f_{px}$			蜗杆轴向齿距累积公差 f_{pxL}			蜗杆齿形公差 f_{f1}		
分度圆直径 d_1/mm	模数 m/mm	精度等级				精度等级									
		7	8	9		7	8	9	7	8	9	7	8	9	
>31.5~50	≥1~10	17	23	32	≥1~3.5	11	14	20	18	25	36	16	22	32	
>50~80	≥1~16	18	25	36	>3.5~6.3	14	20	25	24	34	48	22	32	45	
>80~125	≥1~16	20	28	40	>6.3~10	17	25	32	32	45	63	28	40	53	
>125~180	≥1~25	25	32	45	>10~16	22	32	46	40	55	80	36	53	75	

表 18-34　蜗轮的公差和极限偏差值（摘自 GB 10089—1988）　　　　　　（μm）

第 I 公差组						第 II 公差组			第 II 公差组			第 III 公差组		
分度圆弧长 L /mm	蜗轮齿距累积公差 F_p			分度圆直径 d_2/mm	模数 m /mm	蜗轮齿圈径向跳动公差 F_r			蜗轮齿距极限偏差 $\pm f_{pt}$			蜗轮齿形公差 f_{f2}		
	精度等级					精度等级								
	7	8	9			7	8	9	7	8	9	7	8	9
>11.2~20	22	32	45	≤125	≥1~3.5	40	50	63	14	20	28	11	14	22
>20~32	28	40	56		>3.5~6.3	50	63	80	18	25	36	14	20	32
>32~50	22	45	63		>6.3~10	56	71	90	20	28	40	17	22	36
>50~80	36	50	71	>125~400	≥1~3.5	45	56	71	16	22	32	13	18	28
>80~160	45	63	90		>3.5~6.3	56	71	90	18	25	36	16	22	36
>160~315	63	90	125		>6.3~10	63	80	100	22	32	45	19	28	45
>315~630	90	125	180		>10~16	71	90	112	25	36	50	22	32	30
>630~1000	112	160	224	>400~800	≥1~3.5	63	80	100	18	25	36	17	25	40
>1000~1600	140	200	280		>3.5~6.3	71	90	112	20	28	40	20	28	45
>1600~2500	160	224	315		>6.3~10	80	100	125	25	36	50	24	36	56
					>10~16	100	125	160	28	40	55	26	40	63

注：1. F_p 按分度圆弧长查表，查 F_p 时，取 $L = \dfrac{1}{2}\pi d_2 = \dfrac{1}{2}\pi m Z_2$。

　　2. 当基本蜗杆齿形角 $\alpha \neq 20°$ 时，F_r 的公差值应为表中公差值乘以 $\sin20°/\sin\alpha$。

表 18-35　传动接触斑点（摘自 GB 10089—1988）

精度等级	接触面积的百分比/%		接 触 位 置
	沿齿高不小于	沿齿长不小于	
7~8	55	50	接触斑点的痕迹应偏于啮出端，但不允许在齿顶和啮入、啮出端的棱边接触处
9	45	40	

注：对于采用修形齿面的蜗杆传动，接触斑点的要求可不受本表的限制。

表 18-36　与传动有关的极限偏差 f_a、f_x 及 f_Σ 值（摘自 GB 10089—1988）　　　（μm）

传动中心距 a /mm	传动中心距极限偏差 $\pm f_a$			传动中间平面极限偏差 $\pm f_x$			蜗轮宽度 B /mm	传动轴交角极限偏差 $\pm f_\Sigma$		
	精度等级			精度等级				精度等级		
	7	8	9	7	8	9		7	8	9
>30~50	31	50		25	40		≤30	12	17	24
>50~80	37	60		30	48		>30~50	14	19	28
>80~120	44	70		36	56		>50~80	16	22	32
>120~180	50	80		40	64		>80~120	19	24	36
>180~250	58	92		47	74		>120~180	22	28	42
>250~315	65	105		52	85		>180~250	25	32	48
>315~400	70	115		56	92		>250	28	36	53

18.3.3　蜗杆传动副的侧隙

蜗杆传动副的侧隙种类按传动的最小法向侧隙大小分为八种：a、b、c、d、e、f、g 和 h，其中以 a 为最大，h 为零，如图 18-3 所示。侧隙种类与精度等级无关。传动的最小法向侧隙由蜗杆齿厚的减薄量来保证，有关侧隙的各项内容见表 18-37~表 18-40。

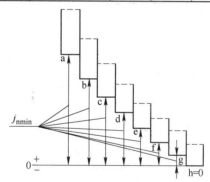

图 18-3　蜗杆副的最小法向侧隙种类

表 18-37　齿厚偏差计算公式（摘自 GB 10089—1988）

项 目 名 称		计 算 公 式
蜗杆	齿厚上偏差	$E_{ss1} = -(j_{nmin}/\cos\alpha_n + E_{s\Delta})$
	齿厚下偏差	$E_{si1} = E_{ss1} - T_{s1}$
蜗轮	齿厚上偏差	$E_{ss2} = 0$
	齿厚下偏差	$E_{si2} = -T_{s2}$

注：$E_{s\Delta}$ 为制造误差的补偿部分。

表 18-38　传动的最小法向侧隙 j_{nmin} 值（摘自 GB 10089—1988）　　　（μm）

传动中心距 a/mm	侧 隙 种 类							
	h	g	f	e	d	c	b	a
>30~50	0	11	16	25	39	62	100	160
>50~80	0	13	19	30	46	74	120	190

续表 18-38

传动中心距 a/mm	侧 隙 种 类							
	h	g	f	e	d	c	b	a
>80~120	0	15	22	35	54	87	140	220
>120~180	0	18	25	40	63	100	160	250
>180~250	0	20	29	46	72	115	185	290
>250~315	0	23	32	52	81	130	210	320
>315~400	0	25	36	57	89	140	230	360
第 I 组精度等级 *	1~6				3~8	3~9	5~12	

注：1. *一行不属于 GB 10089—88，仅供参考。

　　2. 表中数值系蜗杆传动在工作温度 20°C 的情况下，未计入传动发热和传动弹性变形的影响。

　　3. 传动最小周向侧隙 $j_{tmin} \approx \dfrac{j_{nmin}}{\cos\gamma'\cos\alpha_n}$，式中 γ' 为蜗杆节圆柱导程角；α_n 为蜗杆法向齿形角。

表 18-39　蜗杆齿厚公差 T_{s1} 和蜗轮齿厚公差 T_{s2} 值（摘自 GB 10089—1988）　　（μm）

模数 m /mm	蜗杆齿厚公差 T_{s1}			蜗轮分度圆直径 d_2/mm	模数 m/mm	蜗轮齿厚公差 T_{s2}		
	II 组精度等级					II 组精度等级		
	7	8	9			7	8	9
≥1~3.5	45	53	67	≤125	≥1~3.5	90	110	130
					>3.5~6.3	110	130	160
>3.5~6.3	56	71	90		>6.3~10	120	140	170
				>125~400	≥1~3.5	100	120	140
>6.3~10	71	90	110		>3.5~6.3	120	140	170
					>6.3~10	130	160	190
>10~16	95	120	150		>10~16	140	170	210
注：(1) 对传动最大法向侧隙 j_{nmax} 无要求时，				>400~800	≥1~3.5	110	130	160
允许 T_{s1} 增大，但最大不超过两倍。					>3.5~6.3	120	140	170
(2) 在 j_{nmin} 能保证的条件下，T_{s2} 公差带允					>6.3~10	130	160	190
许采用对称分布。					>10~16	160	190	230

表 18-40　蜗杆齿厚上偏差（E_{ss1}）中的制造误差补偿部分 $E_{s\Delta}$ 值
（摘自 GB 10089—1988）　　（μm）

传动中心距 a /mm	II 组精度等级											
	7				8				9			
	模数 m/mm											
	≥1 ~3.5	>3.5 ~6.3	>6.3 ~10	>10 ~16	≥1 ~3.5	>3.5 ~6.3	>6.3 ~10	>10 ~16	≥1 ~3.5	>3.5 ~6.3	>6.3 ~10	>10 ~16
>50~80	50	58	65	—	58	75	90	—	90	100	120	—
>80~120	56	63	71	80	63	78	90	110	95	105	125	160
>120~180	60	68	75	85	68	80	95	115	100	110	130	165
>180~250	71	75	80	90	75	85	100	115	110	120	140	170
>250~315	75	80	85	95	80	90	100	120	120	130	145	180
>315~400	80	85	90	100	85	95	105	125	120	140	155	185

18.3.4 蜗杆、蜗轮齿坯的要求与公差

蜗杆、蜗轮在加工、检验、安装时的径向、轴向基准面应尽可能一致，并应在相应的零件工作图上标注。其具体公差值见表 18-41 和表 18-42。

表 18-41 蜗杆、蜗轮齿坯尺寸和形状公差（摘自 GB 10089—1988）

精度等级		7	8	9
孔	尺寸公差	IT7		IT8
	形状公差	IT6		IT7
轴	尺寸公差	IT6		IT7
	形状公差	IT5		IT6
齿顶圆直径公差		IT8		IT9

注：1. 当 3 个公差组的精度等级不同时，按最高的精度等级确定公差值。
2. 当齿顶圆不作为测量齿厚的基准时，尺寸公差按 IT11 确定，但不得大于 0. 1mm。
3. 表中 IT 为标准公差，其值查表 17-2。

表 18-42 蜗杆、蜗轮齿坯基准面径向和端面跳动公差值（摘自 GB 10089—1988）（μm）

基准面直径 d/mm	精度等级	
	7～8	9
≤31. 5	7	10
>31. 5～63	10	16
>63～125	14	22
>125～400	18	28
>400～800	22	36

注：1. 当 3 个公差组的精度等级不同时，按最高的精度等级确定公差值。
2. 当齿顶圆不作为测量齿厚的基准时，齿顶圆也即为蜗杆、蜗轮的齿坯基准面。

18.3.5 标注示例

（1）在蜗杆和蜗轮的工作图上，应分别标注精度等级、齿厚极限偏差或相应的侧隙种类代号和标准代号，其标注示例如下：

1）蜗杆的第Ⅱ、Ⅲ公差组的精度等级为 5 级，齿厚极限偏差为标准值，相配的侧隙种类为 f，其标注为：

蜗杆 5 f GB 10089—1988

f —— **侧隙种类代号**

5 —— **第Ⅱ、Ⅲ公差组的精度等级**

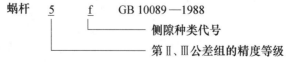

2）若 a 中蜗杆的齿厚极限偏差为非标准值，如上偏差为 -0. 27mm、下偏差为 -0. 40mm，则标注为：

蜗杆 $5\left(^{-0.27}_{-0.40}\right)$ GB 10089—1988

3）蜗轮的 3 个公差组精度同为 5 级，齿厚极限偏差为标准值，相配的侧隙种类为 f，

其标注为：

4）蜗轮的第Ⅰ公差组的精度为 5 级，第Ⅱ、Ⅲ公差组的精度为 6 级，齿厚极限偏差为标准值，相配的侧隙种类为 f，其标注为：

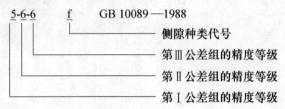

5）若 d 中蜗轮的齿厚极限偏差为非标准值，如上偏差为 + 0.10mm、下偏差为 −0.10mm，则标注为：

$$5\text{-}6\text{-}6 \left({}_{-0.10}^{+0.10} \right) \quad GB\ 10089\text{—}1988$$

（2）对蜗杆传动应标注出相应的精度等级、侧隙种类代号和本标准代号，其标注示例如下：

1）传动的第Ⅰ公差组的精度为 5 级，第Ⅱ、Ⅲ公差组的精度为 6 级，侧隙种类为 f，其标注为：

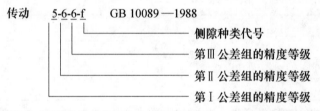

2）若 a 中的侧隙为非标准值，如 $j_{n\min} = 0.03$mm，$j_{n\max} = 0.06$mm，则标注为：

$$\text{传动}\quad 5\text{-}6\text{-}6 \left({}_{0.06}^{0.03} \right) \quad GB\ 10089\text{—}1988$$

减速器附件

19.1　轴承盖与套杯

表 19-1 所示为凸缘式轴承盖尺寸。

表 19-1　凸缘式轴承盖　　　　　　　　　（mm）

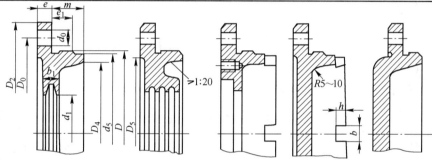

$d_0 = d_3 + 1$；　$d_5 = D - (2 \sim 4)$；

$D_0 = D + 2.5d_3$；　$D_5 = D_0 - 3d_3$；

$D_2 = D_0 + 2.5d_3$；　b_1、d_1 由密封尺寸确定；

$e = (1 \sim 1.2)d_3$；　$b = 5 \sim 10$；

$e_1 \geqslant e$；　$h = (0.8 \sim 1)b$；　m 由结构确定；

$D_4 = D - (10 \sim 15)$；

　　d_3 为端盖的联接螺钉直径，尺寸见右表；

当端盖与套杯相配时，图中 D_0 和 D_2 应与

套杯相一致（见表 19-3 中的 D_0 和 D_2）

轴承盖联接螺钉直径 d_3		
轴承外径 D	螺钉直径 d_3	螺钉数目
45 ~ 65	8	4
70 ~ 100	10	4
110 ~ 140	12	6
150 ~ 230	16	6

注：材料为 HT150。

表 19-2 所示为嵌入式轴承盖尺寸。

表 19-2　嵌入式轴承盖　　　　　　　　　（mm）

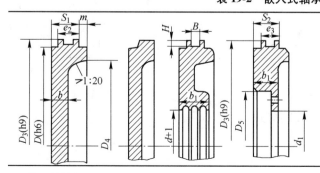

$e_2 = 8 \sim 12$；　$S_1 = 15 \sim 20$；

$e_3 = 5 \sim 8$；　$S_2 = 10 \sim 15$；

m 由结构确定；　$b = 8 \sim 10$；

$D_3 = D + e_2$，装有 O 形圈的，按 O 形圈外

径取整（见表 20-12）；

　　D_5、d_1、b_1 等由密封尺寸确定；H、B

按 O 形圈的沟槽尺寸确定（见表 20-13）

注：材料为 HT150。

表 19-3 所示为套杯尺寸。

表 19-3　套杯　　　　　　　　　　　　　　　　　　　　　　（mm）

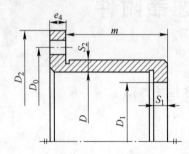

D 为轴承外径；

$S_1 \approx S_2 \approx e_4 = 7 \sim 12$；

m 由结构确定；

$D_0 = D + 2 S_2 + 2.5 d_3$；

$D_2 = D_0 + 2.5 d_3$；

D_1 由轴承安装尺寸确定；

d_3 见表 19-1

注：材料为 HT150。

19.2　窥视孔及视孔盖

表 19-4 所示为窥视孔及视孔盖尺寸。

表 19-4　窥视孔及视孔盖　　　　　　　　　　　　　　（mm）

l_1	l_2	l_3	l_4	b_1	b_2	b_3	d 直径	d 孔数	δ	R	可用的减速器中心距 a_Σ
90	75	60	—	70	55	40	7	4	4	5	单级 $a \leqslant 150$
120	105	90	—	90	75	60	7	4	4	5	单级 $a \leqslant 250$
180	165	150	—	140	125	110	7	8	4	5	单级 $a \leqslant 350$
200	180	160	—	180	160	140	11	8	4	10	单级 $a \leqslant 450$
220	200	180	—	200	180	160	11	8	4	10	单级 $a \leqslant 500$
270	240	210	—	220	190	160	11	8	6	15	单级 $a \leqslant 700$
140	125	110	—	120	105	90	7	4	4	5	两级 $a_\Sigma \leqslant 250$，三级 $a_\Sigma \leqslant 350$
180	165	150	—	140	125	110	7	8	4	5	两级 $a_\Sigma \leqslant 425$，三级 $a_\Sigma \leqslant 500$
220	190	160	—	160	130	100	11	8	4	15	两级 $a_\Sigma \leqslant 500$，三级 $a_\Sigma \leqslant 650$
270	240	210	—	180	150	120	11	8	6	15	两级 $a_\Sigma \leqslant 650$，三级 $a_\Sigma \leqslant 825$
350	320	290	—	220	190	160	11	8	10	15	两级 $a_\Sigma \leqslant 850$，三级 $a_\Sigma \leqslant 1000$
420	390	350	—	260	230	200	13	10	10	15	两级 $a_\Sigma \leqslant 1100$，三级 $a_\Sigma \leqslant 1250$
500	460	420	—	300	260	220	13	10	10	20	两级 $a_\Sigma \leqslant 1150$，三级 $a_\Sigma \leqslant 1650$

注：视孔盖材料为 Q235A。

19.3　油面指示装置

表 19-5 所示为压配式圆形油标尺寸。

表 19-5　压配式圆形油标（摘自 JB/T 7941.1—1995）　　　　　　（mm）

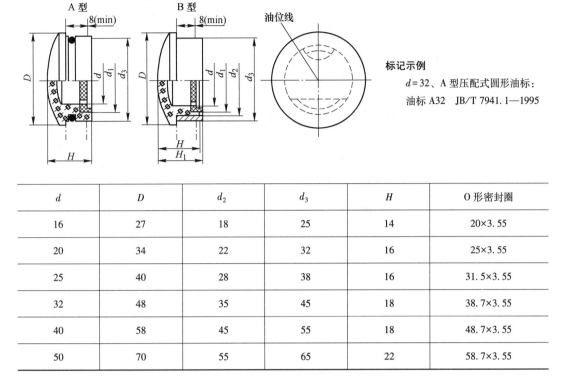

标记示例

$d=32$、A 型压配式圆形油标：

油标 A32　JB/T 7941.1—1995

d	D	d_2	d_3	H	O 形密封圈
16	27	18	25	14	20×3.55
20	34	22	32	16	25×3.55
25	40	28	38	16	31.5×3.55
32	48	35	45	18	38.7×3.55
40	58	45	55	18	48.7×3.55
50	70	55	65	22	58.7×3.55

表 19-6 所示为管状油标尺寸。

表 19-6　管状油标（摘自 GB 1162—1989）　　　　　　（mm）

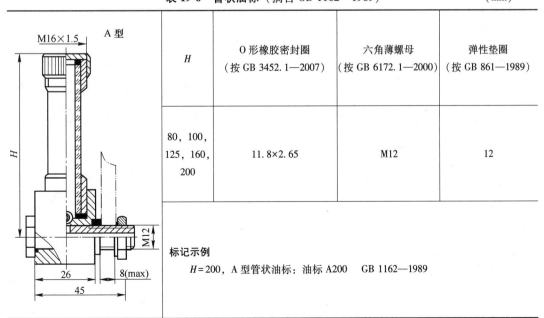

H	O 形橡胶密封圈 （按 GB 3452.1—2007）	六角薄螺母 （按 GB 6172.1—2000）	弹性垫圈 （按 GB 861—1989）
80，100， 125，160， 200	11.8×2.65	M12	12

标记示例

$H=200$，A 型管状油标：油标 A200　GB 1162—1989

表 19-7 所示为长形油标尺寸。

表 19-7　长形油标（摘自 JB/T 7941.1—1995）　　　（mm）

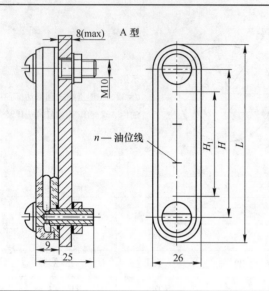

A 型

n — 油位线

H	H_1	L	n（条数）
80	40	110	2
100	60	130	3
125	80	155	4
160	120	190	5

标记示例

A80 JB/T 7941.1—1995

表 19-8 所示为油标尺寸。

表 19-8　油标尺寸　　　　　　（mm）

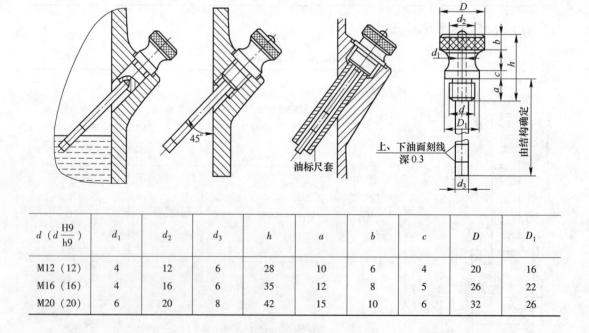

油标尺套

上、下油面刻线深 0.3

由结构确定

d（$d\frac{H9}{h9}$）	d_1	d_2	d_3	h	a	b	c	D	D_1
M12（12）	4	12	6	28	10	6	4	20	16
M16（16）	4	16	6	35	12	8	5	26	22
M20（20）	6	20	8	42	15	10	6	32	26

19.4　通　气　孔

表 19-9 所示为通气塞及提手式通气器尺寸。

表 19-9 通气塞及提手式通气器 (mm)

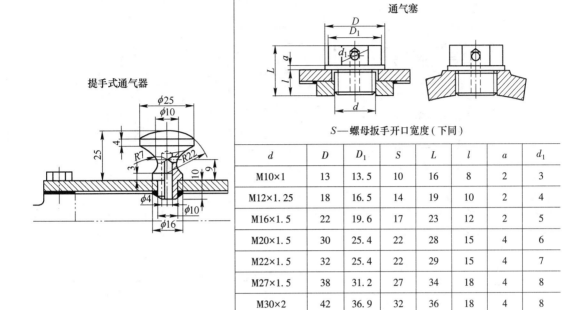

通气塞

提手式通气器

S—螺母扳手开口宽度(下同)

d	D	D_1	S	L	l	a	d_1
M10×1	13	13.5	10	16	8	2	3
M12×1.25	18	16.5	14	19	10	2	4
M16×1.5	22	19.6	17	23	12	2	5
M20×1.5	30	25.4	22	28	15	4	6
M22×1.5	32	25.4	22	29	15	4	7
M27×1.5	38	31.2	27	34	18	4	8
M30×2	42	36.9	32	36	18	4	8

表 19-10 所示为通气罩尺寸。

表 19-10 通气罩 (mm)

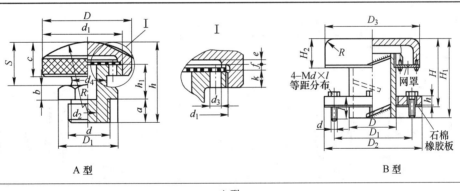

A 型

B 型

A 型																
d	d_1	d_2	d_3	d_4	D	h	a	b	c	h_1	R	D_1	S	k	e	f
M18×1.5	M33×1.5	8	3	16	40	40	12	7	16	18	40	26.4	22	6	2	2
M27×1.5	M48×1.5	12	4.5	24	60	54	15	10	22	24	60	36.9	32	7	2	2
M36×1.5	M64×1.5	16	6	30	80	70	20	13	28	32	80	53.1	41	7	3	3

B 型									
D	D_1	D_2	D_3	H	H_1	H_2	R	h	d×l
60	100	125	125	77	95	35	20	6	M10×25
114	200	250	260	165	195	70	40	10	M20×50

表 19-11 所示为通气帽尺寸。

表 19-11　通气帽　　　　　　　　　　（mm）

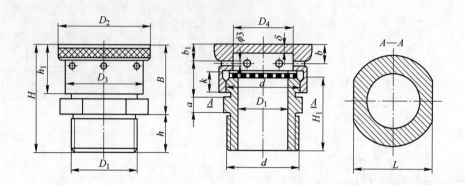

d	D_1	B	h	H	D_2	H_1	a	δ	k	b	h_1	b_1	D_3	D_4	L	孔数
M27×1.5	15	≈30	15	≈45	36	32	6	4	10	8	22	6	32	18	32	6
M36×2	20	≈40	20	≈60	48	42	8	4	12	11	29	8	42	24	41	6
M48×3	30	≈45	25	≈70	62	52	10	5	15	13	32	10	56	36	55	8

19.5　起 吊 装 置

表 19-12 所示为吊耳和吊钩尺寸。

表 19-12　吊耳和吊钩

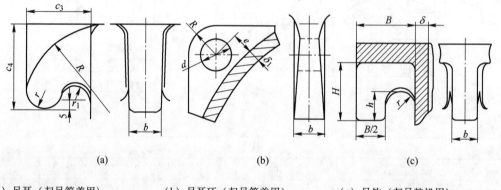

（a）　　　　　　　　　　　　　　　　（b）　　　　　　　　　　　　　　　　（c）

（a）吊耳（起吊箱盖用）
$c_3 = (4 \sim 5)\delta_1$；
$c_4 = (1.3 \sim 1.5)c_3$；
$b = 2\delta_1$；
$R = c_4$；$r_1 = 0.225c_3$；
$r = 0.275c_3$；
δ_1 为箱盖壁厚

（b）吊耳环（起吊箱盖用）
$d = (1.8 \sim 2.5)\delta_1$；
$R = (1 \sim 1.2)d$；
$e = (0.8 \sim 1)d$；
$b = 2\delta_1$

（c）吊钩（起吊整机用）
$B = c_1 + c_2$；
$H \approx 0.8B$；
$h \approx 0.8H$；
$r \approx 0.25B$；
$b = 2\delta$；
δ 为箱座壁厚；
c_1、c_2 为扳手空间尺寸

表 19-13 所示为吊环螺钉尺寸。

表 19-13　吊环螺钉（摘自 GB 825—1988）　　　　　　　（mm）

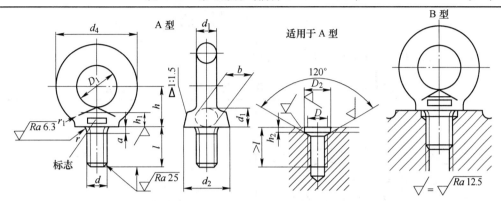

标记示例　螺纹规格 d= M20，材料为 20 钢，经正火处理、不经表面处理的 A 型吊环螺钉　GB 825—1988　M20

螺纹规格 d		M8	M10	M12	M16	M20	M24	M30
d_1 最大		9.1	11.1	13.1	15.2	17.4	21.4	25.7
D_1 公称		20	24	28	34	40	48	56
d_2 最大		21.1	25.1	29.1	35.2	41.4	49.4	57.7
h_1 最大		7	9	11	13	15.1	19.1	23.2
h		18	22	26	31	36	44	53
d_1 参考		36	44	52	62	72	88	104
r_1		4	4	6	6	8	12	15
r 最小		1	1	1	1	1	2	2
l 公称		16	20	22	28	35	40	45
a 最大		2.5	3	3.5	4	5	6	7
b		10	12	14	16	19	24	28
D_2 公称最小		13	15	17	22	28	32	38
h_2 公称最大		2.5	3	3.5	4.5	5	7	8
最大起吊重量 /kN	单螺钉起吊	1.6	2.5	4	6.3	10	16	25
	双螺钉起吊 90°（最大）	0.8	1.25	2	3.2	5	8	12.5

减速器质量 W（kN）与中心距 a 的关系（供参考）（软齿面减速器）									
一级圆柱齿轮减速器					二级圆柱齿轮减速器				
a	100	160	200	250	315	a	100×140	140×200	180×250	200×280	250×355
W	0.26	1.05	2.1	4	8	W	1	2.6	4.8	6.8	12.5

注：1. 螺钉采用 20 或 25 钢制造，螺纹公差为 8g。

　　2. 表中 M8~M30 均为商品规格。

19.6 螺塞及封油垫

表 19-14 所示为外六角螺塞、封油垫等尺寸。

表 19-14 外六角螺塞（摘自 JB/ZQ 4450—2006）、**封油垫**   （mm）

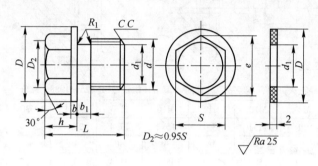

$D_2 \approx 0.95S$

标记示例

d 为 M20×1.5 的外六角螺塞：

螺塞   M20×1.5   JB/ZQ 4450—2006

$\sqrt{Ra\ 25}$

d	d_1	D	e	S 基本尺寸	S 极限偏差	L	h	b	b_1	C	可用减速器的中心距 as
M14×1.5	11.8	23	20.8	18		25	12	3		1.0	单级 $a=100$
M18×1.5	15.8	28	24.2	21	$\begin{array}{c}0\\-0.28\end{array}$	27	15		3		单级 $a \leqslant 300$ 两级 $a_\Sigma \leqslant 425$ 三级 $a_\Sigma \leqslant 450$
M20×1.5	17.8	30	24.2	21		30	15		3		
M22×1.5	19.8	32	27.7	24		30	15		3		
M24×2	21	34	31.2	27		32	16	4			
M27×2	24	38	34.6	30		35	17		4	1.5	单级 $a \leqslant 450$ 两级 $a_\Sigma \leqslant 750$ 三级 $a_\Sigma \leqslant 950$
M30×2	27	42	29.3	34		38	18		4		
M33×2	30	45	41.6	36	$\begin{array}{c}0\\-0.34\end{array}$	42	20	5			
M42×2	39	56	53.1	46		50	25	5			

表 19-15 所示为管螺纹外六角螺塞、封油垫等尺寸。

表 19-15 管螺纹外六角螺塞（摘自 GB/ZQ 4451—2006）、**封油垫**   （mm）

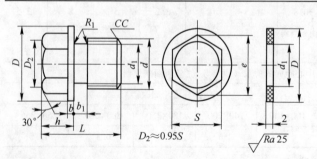

$D_2 \approx 0.95S$

标记示例

d 为 G1/2A 的管螺纹外六角螺塞：

螺塞   G1/2A   GB/ZQ 4451—2006

$\sqrt{Ra\ 25}$

续表 19-15

d	d_1	D	e	S		L	h	b	b_1	C	可用减速器的中心距 a_Σ
				基本尺寸	极限偏差						
G1/2A	18	30	24.2	21	0 −0.28	28	13	4	3	2	单级 $a=100$
G3/4A	23	38	31.2	27		33	15				单级 $a \leqslant 300$
G1A	29	45	39.3	34	0 −0.34	37	17				两级 $a_\Sigma \leqslant 425$ 三级 $a_\Sigma \leqslant 450$
G1 1/4A	38	55	47.3	41		48	23	5	4	2.5	单级 $a \leqslant 450$
G1 1/2A	44	62	53.1	46		50	25				两级 $a_\Sigma \leqslant 750$ 三级 $a_\Sigma \leqslant 950$
G1 3/4A	50	68	57.7	50		57	27				单级 $a \leqslant 700$
G2A	56	75	63.5	55	0 −0.40	60	30	6			两级 $a_\Sigma \leqslant 1300$ 三级 $a_\Sigma \leqslant 1650$

注：螺塞材料为 Q235，经发蓝处理；封油垫材料为耐油橡胶、石棉橡胶纸、工业用皮革。

20 润滑与密封

20.1 润 滑 剂

20.1.1 闭式齿轮传动、蜗杆传动中润滑油黏度的荐用值

表 20-1 所示为齿轮传动中润滑油黏度的荐用值。

表 20-1　齿轮传动中润滑油黏度的荐用值　　　　　　　　　　（mm²/s）

齿轮材料	齿面硬度	圆周速度/m·s⁻¹						
		<0.5	0.5~1	1~2.5	2.5~5	5~12.5	12.5~25	>25
调质钢	<280HBS	266（32）	177（21）	118（11）	82	59	44	32
	280~350HBS	266（32）	266（32）	177（21）	118（11）	82	59	44
渗碳或表面淬火钢	40~64HRC	444（52）	266（32）	266（32）	177（21）	118（11）	82	59
塑料、青铜、铸铁		177	118	82	59	44	32	—

注：1. 多级齿轮传动，润滑油黏度按各级传动的圆周速度平均值来选取。

2. 表内数值为温度 50℃ 的黏度，而括号内的数值为温度 100℃ 时的黏度。

表 20-2 所示为蜗杆传动中润滑油黏度的荐用值。

表 20-2　蜗杆传动中润滑油黏度的荐用值　　　　　　　　　　（mm²/s）

滑动速度 v_s/m·s⁻¹	≤1	≤2.5	≤5	>5~10	>10~15	>15~25	>25
工作条件	重	重	中	—	—	—	—
运动黏度	444（52）	266（32）	177（21）	118（11）	82	59	44
润滑方法	油池润滑			油池或喷油润滑	喷油润滑，喷油压力/N·mm⁻²		
					0.07	0.2	0.3

注：括号外的为温度 $t=50℃$ 时的黏度值，括号内的为 $t=100℃$ 时的黏度值。

20.1.2 常用润滑剂的主要性能和用途

表 20-3 所示为常用润滑油的主要性能和用途。

表 20-3　常用润滑油的主要性能和用途

名　称	代号	运动黏度/mm²·s⁻¹		凝点 /℃（≤）	闪点（开口）/℃（≥）	主 要 用 途
		40℃	50℃			
全损耗系统用油（GB 443—1989）	AN46	41.4~50.6	26.1~31.3	−5	160	用于一般要求的齿轮和轴承的全损耗系统润滑，不适用于循环润滑系统（新标准的黏度按 40℃ 取值）
	AN68	61.2~74.8	37.1~44.4	−5	160	
	AN100	90.0~110	52.4~56.0	−5	180	
	AN150	135~165	75.9~91.2	−5	180	

名　称	代号	运动黏度/mm² · s⁻¹		凝点 /℃（≤）	闪点（开口）/℃（≥）	主　要　用　途
		40℃	50℃			
中负荷工业齿轮油（GB 5903—1986）	CKC68	61. 2~74. 8	37. 1~44. 4	−8	180	用于化工、陶瓷、水泥、造纸、冶金工业部门中负荷齿轮传动装置的润滑
	CKC100	90. 0~110	52. 4~63. 0	−8	180	
	CKC150	135~165	75. 9~91. 2	−8	200	
	CKC220	198~242	108~129	−8	200	
	CKC320	288~352	151~182	−8	200	
重负荷工业齿轮油	CKD68	61. 2~74. 8	37. 1~44. 4	−8	180	用于高负荷齿轮（齿面力大于 1100N/mm²）如采矿、冶金、轧钢机械中的齿轮的润滑
	CKD100	90~110	52. 4~63. 0	−8	180	
	CKD150	135~165	75. 9~91. 2	−8	200	
	CKD220	198~242	108~129	−8	200	
	CKD320	288~352	151~182	−8	200	
	CKD460	414~506	210~252	−8	200	
	CKD680	612~748	300~360	−8	220	
蜗杆蜗轮油 SH 0094—1991	CKE220，CKE/P220	198~242	108~129	−6	200	用于蜗杆蜗轮传动的润滑
	CKE320，CKE/P320	288~352	151~182	−6	200	
	CKE460，CKE/P460	414~506	210~252	−6	220	
	CKE680，CKE/P680	612~748	300~360	−6	220	
	CKE1000，CKE/P1000	900~1100	425~509	−6	220	

表 20-4 所示为常用润滑脂的主要性能和用途。

表 20-4　常用润滑脂的主要性能和用途

名　称	代号	针入度（25℃，150g）1/10mm	滴点/℃（≥）	主　要　用　途
钙基润滑脂（GB 491—1991）	1 号	310~340	80	耐水性能好。适用于工作温度≤55~60℃的工业、农业和交通运输等机械设备的轴承润滑，特别适用于有水或潮湿的场合
	2 号	265~295	85	
	3 号	220~250	90	
	4 号	175~205	95	
钠基润滑脂（GB 492—1991）	2 号	265~295	160	耐水性能差。适用于工作温度≤110℃的一般机械设备的轴承润滑
	3 号	220~250	160	
钙钠基润滑脂（SH 0368—1992）	1 号	250~290	120	用在工作温度 80~100℃、有水分或较潮湿环境中工作的机械的润滑，多用于铁路机车、列车、小电动机、发电机的滚动轴承（温度较高者）润滑，不适于低温工作
	2 号	200~240	135	

名　称	代号	针入度（25℃，150g）1/10mm	滴点/℃（≥）	主 要 用 途
滚珠轴承脂（SH 0386—1992）	ZG69-2	250~290 -40℃时为 30	120	用于各种机械的滚动轴承润滑
通用锂基润滑脂（GB 7324—1991）	1 号	310~340	170	用于工作温度在 -20~120℃范围内的各种机械滚动轴承、滑动轴承的润滑
	2 号	265~295	175	
	3 号	220~250	180	
7407 号齿轮润滑脂（SH 0469—1992）		75~90	160	用于各种低速齿轮、中或重载齿轮、链和联轴器等的润滑，使用温度 ≤120℃，承受冲击载荷 ≤25000MPa

20.2　常用润滑装置

表 20-5 所示为直通式压注油杯尺寸。

表 20-5　直通式压注油杯（摘自 JB/T 7940.1—1995）　　　（mm）

d	H	h	h_1	S	钢球
M6	13	8	6	$8_{-0.22}^{0}$	
M8×1	16	9	6.5	$10_{-0.22}^{0}$	3
M10×1	18	10	7	$11_{-0.22}^{0}$	

标记示例　联接螺纹 M8×1、直通式压注油杯的标记为：
　　　　　油杯 M8×1　JB/T 7940.1—1995

表 20-6 所示为压配式压注油杯尺寸。

表 20-6　压配式压注油杯（摘自 JB/T 7940.4—1995）　　　（mm）

d		H	钢球
基本尺寸	极限偏差		（按 GB 308—1989）
6	+0.040 +0.028	6	4
8	+0.049 +0.034	10	5
10	+0.058 +0.040	12	6
16	+0.063 +0.045	20	11

标记示例

d=8mm、压配式压注油杯的标记为：
油杯 8　JB/T 7940.4—1995

表 20-7 所示为旋盖式油杯尺寸。

表 20-7　旋盖式油杯（摘自 JB/T 7940.3—1995）　　　　　　（mm）

A 型

标记示例

最小容量 18cm³、A 型旋盖式油杯的标记为：

油杯 A18　JB/T 7940.3—1995

最小容量/cm³	d	l	H	h	h_1	d_1	D	L_{max}	S
1.5	M8×1	8	14	22	7	3	16	33	$10_{-0.22}^{0}$
3	M10×1		15	23	8	4	20	35	$13_{-0.27}^{0}$
6	M10×1		17	26			26	40	
12	M14×1.5	12	20	30	10	5	32	47	$18_{-0.27}^{0}$
18	M14×1.5		22	32			36	50	
25	M14×1.5		24	34			41	55	
50	M16×1.5		30	44			51	70	$21_{-0.33}^{0}$
100	M16×1.5		38	52			68	85	

20.3　密　封　装　置

20.3.1　接触式密封

表 20-8 所示为毡圈油封及槽等尺寸。

表 20-8　毡圈油封及槽（摘自 JB/ZQ 4606—1997）　　　　　　（mm）

$B=10\sim12$（钢制端盖）

$B=12\sim15$（铸铁制端盖）

标记示例

轴径　$d=40$mm 的毡圈油封：

毡圈 40　JB/ZQ 4406—1997

轴径 d	毡圈			沟槽		
	D	d_1	b_1	D_0	d_0	b
15	29	14	6	28	16	5
20	33	19	6	32	21	5
25	39	24	7	38	26	6
30	45	29	7	44	31	6
35	49	34	7	48	36	6
40	53	39	7	52	41	6
45	61	44	8	60	46	7
50	69	49	8	68	51	7
55	74	53	8	72	56	7
60	80	58	8	78	61	7
65	84	63	8	82	66	7
70	90	68	8	88	71	7
75	94	73	8	92	77	7
80	102	78	9	100	82	8
85	107	83	9	105	87	8

表 20-9 所示为 J 形无骨架橡胶油封尺寸。

表 20-9　J 形无骨架橡胶油封（摘自 HG 4-338—1986）　　　（mm）

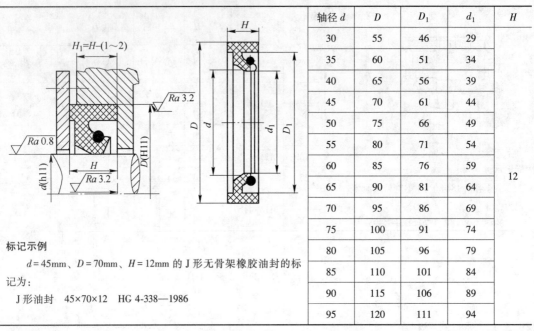

轴径 d	D	D_1	d_1	H
30	55	46	29	
35	60	51	34	
40	65	56	39	
45	70	61	44	
50	75	66	49	
55	80	71	54	
60	85	76	59	
65	90	81	64	12
70	95	86	69	
75	100	91	74	
80	105	96	79	
85	110	101	84	
90	115	106	89	
95	120	111	94	

标记示例

$d = 45\text{mm}$、$D = 70\text{mm}$、$H = 12\text{mm}$ 的 J 形无骨架橡胶油封的标记为：

J 形油封　45×70×12　HG 4-338—1986

表 20-10 所示为 U 形无骨架橡胶油封尺寸。

表 20-10　U 形无骨架橡胶油封（摘自 GB 13871.1—2007）　　　（mm）

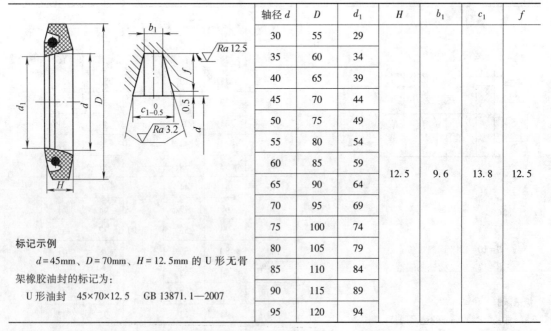

轴径 d	D	d_1	H	b_1	c_1	f
30	55	29				
35	60	34				
40	65	39				
45	70	44				
50	75	49				
55	80	54				
60	85	59	12.5	9.6	13.8	12.5
65	90	64				
70	95	69				
75	100	74				
80	105	79				
85	110	84				
90	115	89				
95	120	94				

标记示例

$d = 45\text{mm}$、$D = 70\text{mm}$、$H = 12.5\text{mm}$ 的 U 形无骨架橡胶油封的标记为：

U 形油封　45×70×12.5　GB 13871.1—2007

表 20-11 所示为内包骨架旋转轴唇形密封圈尺寸。

表 20-11　内包骨架旋转轴唇形密封圈（摘自 GB 13871.1—2007）　　　　（mm）

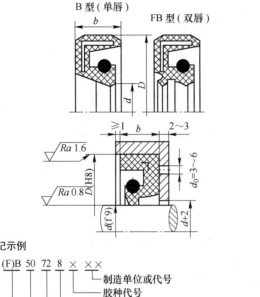

d	D	b
20	35, 40, (45)	
22	35, 40, 47	
25	40, 47, 52	7
28	40, 47, 52	
30	42, 47, (50), 52	
32	45, 47, 52	
35	50, 52, 55	
38	55, 58, 62	
40	55, (60), 62	
42	55, 62	8
45	62, 65	
50	68, (70), 72	
55	72, (75), 80	
60	80, 85	
65	85, 90	
70	90, 95	
75	95, 100	10
80	100, 110	
85	110, 120	
90	(115), 120	12
95	120	

标记示例

(F)B 50 72 8 × ××
- 制造单位或代号
- 胶种代号
- $b=8mm$
- $D=72mm$
- $d=50mm$
- （有副唇）内包骨架旋转轴唇型密封圈

注：1. 括号内尺寸尽量不采用。

　　2. 为便于拆卸密封圈，在壳体上应有 d_0 孔 3~4 个。

　　3. 在一般情况下（中速），采用胶种为 B-丙烯酸酯橡胶（ACM）。

表 20-12 所示为 O 形橡胶密封圈尺寸。

表 20-12　O 形橡胶密封圈（摘自 GB 3452.1—2007）　　　　（mm）

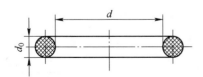

标记示例

　　通用 O 形圈内径 $d=50mm$，截面直径 $d_0=3.55mm$，普通系列 G，一般等级 N 的标记为：

　　O 形圈　50×3.55—G—N　GB 3452.1—2007

续表 20-12

内径	截面直径 d_0			内径	截面直径 d_0		
d	2.65±0.09	3.55±0.10	5.30±0.13	d	2.65±0.09	3.55±0.10	5.30±0.13
45.0	√	√	√	67.0	√	√	√
46.2	√	√	√	69.0	√	√	√
47.5	√	√	√	71.0	√	√	√
48.7	√	√	√	73.0	√	√	√
50.0	√	√	√	75.0	√	√	√
51.5	√	√	√	77.5		√	√
53.0	√	√	√	80.0	√	√	√
54.5	√	√	√	82.5		√	√
56.0	√	√	√	85.0	√	√	√
58.0	√	√	√	87.5		√	√
60.0	√	√	√	90.0	√		√
61.5	√	√	√	92.5		√	√
63.0	√	√	√	95.0	√	√	√
65.0	√	√	√	97.5	√	√	√

注：1. d 的极限偏差：45.0～50.0 为±0.30；51.5～63.0 为±0.44；65.0～80.0 为±0.53；82.5～97.5 为±0.65。

　　2. 有"√"者为适合选用。

　　3. 标记中的"G"代表普通系列，A 为航空系列；N 是一般级，S 为较高外观质量。

20.3.2　非接触式密封

表 20-13 所示为油沟式密封槽尺寸。

表 20-13　油沟式密封槽（摘自 JB/ZQ 4245—2006）　　　　（mm）

轴径 d	25～80	>80～120	>120～180	>180
R	1.5	2	2.5	3
t	4.5	6	7.5	9
b	4	5	6	7
d_1	$d_1 = d+1$			
a_{min}	$a_{min} = nt+R$			

注：1. 表中 R、t、b 尺寸，在个别情况下可用于与表中不相对应的轴径上。

　　2. 一般油沟数 $n=2～4$ 个，使用 3 个的较多。

表 20-14 所示为迷宫密封槽尺寸。

表 20-14　迷宫密封槽（摘自 JB/ZQ 4245—1997）　　　　（mm）

轴径 d	e	f
15～50	0.2	1
50～80	0.3	1.5
80～110	0.4	2
110～180	0.5	2.5

20.3.3　组合式密封

表 20-15 所示为组合式密封示例。

表 20-15　组合式密封

结构形式示例	说　明
	这是一种油沟式加离心式的组合密封形式，能充分发挥各自的优点，提高密封效果。这种组合密封，适用于轴承采用油润滑、轴的转速较高的场合

第3篇

减速器零、部件的结构及参考图例

减速器零、部件的结构

21.1 传动零件的结构尺寸

21.1.1 普通 V 带轮

21.1.1.1 带轮的典型结构及尺寸（见图 21-1）

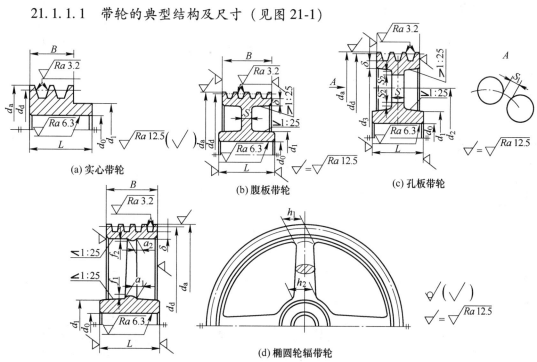

(a) 实心带轮 (b) 腹板带轮 (c) 孔板带轮 (d) 椭圆轮辐带轮

$d_1=(1.8\sim2)d_0$；S 查表 21-1；d_0、L、B 查表 21-2；$S_1\geq1.5S$；$S_2\geq0.5S$；

$h_1=290\sqrt[3]{\dfrac{P}{nA}}$(mm)，式中，$P$ 为传递的功率 (kW)，n 为带轮的转速 (r/min)，A 为轮辐数；

$h_2=0.8h_1$；$a_1=0.4h_1$；$a_2=0.8a_1$；$f_1=0.2h_1$；$f_2=0.2h_2$；$d_2=\dfrac{d_1+d_3}{2}$

图 21-1 V 带轮的典型结构

表 21-1 所示为 V 带轮辐板厚度 S 尺寸。

表 21-1 V 带轮辐板厚度 S （mm）

V 带型号	A	B	C
辐板厚度 S	10~18	14~24	18~30

注：带轮槽数多时取大值，槽数少时取小值。

表 21-2 所示为 V 带轮轮缘宽度 B、轮毂孔径 d_0 与轮毂长度 L 等尺寸。

表 21-2　V 带轮轮缘宽度 B、轮毂孔径 d_0 与轮毂长度 L（摘自 GB 10412—2002）　（mm）

槽型 A

槽数 Z	2		3		4		5	
轮缘宽 B	35		50		65		80	
基准直径 d_d	孔径 d_0	轮毂长 L	孔径 d_0	轮毂长 L	孔径 d_0	轮毂长 L	孔径 d_0	轮毂长 L
75	32	45						
(80)								
(85)						38	45	38	50
90	33							
(95)					42		42	
100								
(106)	38					50		
112			42		48		48	
(118)								
125	42	50						
(132)			48					60
140	48			50	55	60	55	
150			50					
160			55					
180	55							
200			60		60		60	65
224	60		60	60	65	65	65	
250	60	60	65	65	70	70		70
280	65	65						

槽型 B

槽数 Z	2		3		4		5		6	
轮缘宽 B	44		63		82		101		120	
基准直径 d_d	孔径 d_0	轮毂长 L	孔径 d_0	轮毂长 L	孔径 d_0	轮毂长 L	孔径 d_0	轮毂长 L	孔径 d_0	轮毂长 L
175										
(132)	38	45	42		43	50	42	50		
140									48	60
150										
160	42			50	48	55	48	60		
(170)										
180			48				55		55	65
200	48	50	50		50					
224			55		55		60		60	70
250										
280	55		55	55	60	60	65	65	65	
315	60	60	60	65	65	65	70	70	75	80
355	65	65	65	75	70	70	75	75	80	
400			70	85	75		80	80	90	90
450			75	90	80	85				
500					90	105	90	90	100	100
560					90	115	100	100	110	110
(600)								115		125
630										140

槽型 C

槽数 Z	3		4		5		6		7	
轮缘宽 B	85		110.5		136		161.5		187	
基准直径 d_d	孔径 d_0	轮毂长 L	孔径 d_0	轮毂长 L	孔径 d_0	轮毂长 L	孔径 d_0	轮毂长 L	孔径 d_0	轮毂长 L
200	55	70	60	70	65	80	70	90	75	100
212										
224	60		65	80	70	90	75	100	80	
236			70	90						
250	65	80			75	100	80	110	85	110
(265)										
280	70	90	75	100	80	110	85	120	90	
300					85	120	90		95	120
315	75		80	110	90		95		100	140
(335)									105	
355	80	110	85		95	140	100	140	110	
400	85		90	120	100		105		115	160
450	90	120	95		105		110	160		
500			100	140	110	160	115		120	180
560			105		115		120	180	125	200
600			110	160	120	180	125		130	
630					125		130	200	135	220
710			115		130	200	135	220	140	
750			120							
800					130		135			

注：1. 表中毂孔的值为系最大值，其具体数值可根据需要按标准直径选择。
　　2. 括号内的基准直径尽量不予选用。

21.1.1.2 带轮的技术要求

（1）带轮的平衡按 GB 11357—2008 的规定进行，轮槽表面粗糙度值 $Ra=1.6\mu m$ 或 $3.2\mu m$，轮槽的棱边要倒圆或倒钝。

（2）带轮外圆的径向圆跳动和基准圆的斜向圆跳动公差 t 不得大于表 21-3 的规定（标注方法见第 23 章中的带轮零件工作图示例）。

（3）带轮各轮槽间距的累积误差不得超过±0.8mm。

（4）轮槽槽形的检验按 GB 11356 的规定进行。

表 21-3　带轮的圆跳动公差 t　　　　　　　　　（mm）

带轮基准直径 d_d	径向圆跳动	斜向圆跳动	带轮基准直径 d_d	径向圆跳动	斜向圆跳动
≥20~100	0.2		≥425~630	0.6	
≥106~160	0.3		≥670~1000	0.8	
≥170~250	0.4		≥1060~1600	1.0	
≥265~400	0.5		≥1800~2500	1.2	

21.1.2　滚子链链轮

21.1.2.1　链轮结构（见图 21-2~图 21-4）。

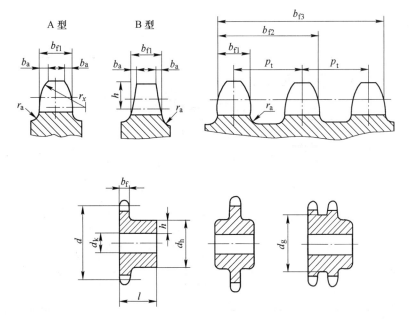

图 21-2　整体式钢制小链轮结构图

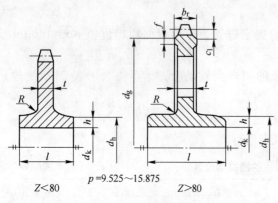

$Z<80$　　　　　$p=9.525\sim15.875$　　　$Z>80$

图 21-3　腹板式单排铸造链轮的结构

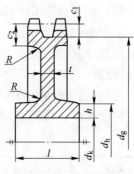

图 21-4　腹板式多排铸
造链轮的结构

表 21-4 为链轮轴向齿廓参数及尺寸。

表 21-4　链轮轴向齿廓参数及尺寸（摘自 GB/T 1243—2006）　　　　　（mm）

名　称		符号	计算公式		备　注
			$p\leqslant12.7$	$p>12.7$	
齿宽	单排	b_{f1}	$0.93b_1$	$0.95b_1$	$p>12.7$ 时，经制造厂同意，亦可使用 $p\leqslant$
	双排、三排		$0.91b_1$	$0.93b_1$	12.7 时的齿宽。b_1 为内链节内宽
齿侧倒角		b_a	$b_{a公称}=0.06p$		适用于 081、083、084 规格链条
			$b_{a公称}=0.13p$		适用于其他 A 和 B 系列链条
齿侧半径		r_x	$r_{x公称}=p$		
倒角深		h	$h=0.5p$		仅适于 B 型
齿侧凸缘（或排间槽）圆角半径		r_a	$r_a\approx0.04p$		
链轮总齿宽		b_{fm}	$b_{fm}=(m-1)p_t+b_{f1}$		m 为排数

表 21-5 为整体式钢制小链轮的主要结构尺寸。

表 21-5　整体式钢制小链轮的主要结构尺寸　　　　　　（mm）

名　称	符号	结构尺寸（参考）			
轮毂厚度	h	常数 K	$h=K+\dfrac{d_k}{6}+0.01d$		
			d	<50	$50\sim100$	$100\sim150$	>150
			K	3.2	4.8	6.4	9.5
轮毂长度	l	$l=3.3h$;　　$l_{min}=2.6h$			
轮毂直径	d_h	$d_h=d_k+2h$;　　$d_{hmax}<d_g$，式中 d_g 为排间槽底直径			
齿宽	b_f	见表 21-4			

表 21-6 为腹板式铸造链轮的主要结构尺寸。

表 21-7 为腹板式铸造链轮腹板厚度尺寸。

表 21-6 腹板式铸造链轮的主要结构尺寸 （mm）

名　称	符号	结 构 尺 寸	
		单　排	多　排
轮毂厚度	h	$h = 9.5 + \dfrac{d_k}{6} + 0.01d$	
轮毂长度	l	$l = 4h$	
轮毂直径	d_h	$d_h = d_k + 2h$；$d_{h, max} < d_g$	
齿侧凸缘宽度	b_r	$b_r = 0.625p + 0.93b_1$，b_1为内链节内宽	
轮缘部分尺寸	c_1	$c_1 = 0.5p$	同单排链轮 $R = 0.5t$
	c_2	$c_2 = 0.9p$	
	f	$f = 4 + 0.25p$	
	g	$g = 2t$	
圆角半径	R	$R = 0.04p$	

表 21-7 腹板式铸造链轮腹板厚度 t （mm）

节距 p		9.525	12.7	15.875	19.05	25.4	31.75	38.1	44.45	50.8
腹板厚度 t	单排	7.9	9.5	10.3	11.1	12.7	14.3	15.9	19.1	22.2
	多排	9.5	10.3	11.1	12.7	14.3	15.9	19.1	22.2	25.4

21.1.2.2 链轮公差（摘自 GB/T 1243—2006）

对于一般用途的滚子链链轮，其轮齿经机械加工后，表面粗糙度 $Ra \leqslant 6.3\mu m$。

表 21-8 为滚子链链轮齿根圆直径极限偏差及量柱测量距极限偏差。

表 21-8 滚子链链轮齿根圆直径极限偏差及量柱测量距极限偏差（摘自 GB/T 1243—2006）

（mm）

项　目	尺寸段	上偏差	下偏差	备　注
齿根圆极限偏差量柱测量距极限偏差	$d_f \leqslant 127$	0	−0.25	链轮齿根圆直径下偏差为负值。它可以用量柱法间接测量，量柱测量距 M_R 的公称尺寸如下
	$127 < d_f \leqslant 250$	0	−0.30	
	$d_f > 250$	0	h_{11}	

项目	极限偏差	检 验 方 法	
		偶数齿	奇数齿
齿根圆直径	h_{11}		
		$M_R = d + d_R$	$M_R = d\cos\dfrac{\pi}{2z} + d_R$

注：1. 量柱直径 $d_R = d_{r0}^{+0.01}$（d_r为滚子外径）；量柱表面粗糙度 $Ra \leqslant 1.6\mu m$，表面硬度为 55~60HRC。

2. M_R 的极限偏差为 h_{11}。

表 21-9 为滚子链链轮齿根圆径向圆跳动和端面圆跳动。

表 21-9　滚子链链轮齿根圆径向圆跳动和端面圆跳动（摘自 GB/T 1243—2006）

项　目	要　求
链轮孔和齿根圆径向圆跳动量	不应超过下列两数值中的较大值 $0.0008d_f+0.08mm$ 或 $0.15mm$，最大到 $0.76mm$
轴孔到链轮齿侧平直部分的端面圆跳动量	不应超过下列计算值 $0.0009d_f+0.08mm$，最大到 $1.14mm$

表 21-10 为齿坯公差。

表 21-10　齿坯公差（摘自 GB/T 1243—2006）

项　目	代　号	公差带
孔　径	d_k	H8
齿顶圆直径	d_a	h11
齿　宽	b_f	h14

21.1.3　圆柱齿轮

图 21-5～图 21-9 为各种圆柱齿轮结构尺寸示例。

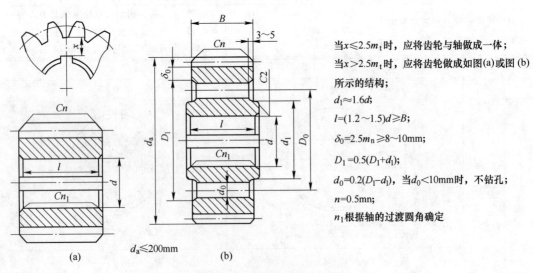

当 $x \leqslant 2.5m_t$ 时，应将齿轮与轴做成一体；
当 $x > 2.5m_t$ 时，应将齿轮做成如图 (a) 或图 (b) 所示的结构；
$d_1 \approx 1.6d$；
$l=(1.2 \sim 1.5)d \geqslant B$；
$\delta_0=2.5m_n \geqslant 8 \sim 10mm$；
$D_1=0.5(D_1+d_1)$；
$d_0=0.2(D_1-d_1)$，当 $d_0 < 10mm$ 时，不钻孔；
$n=0.5mn$；
n_1 根据轴的过渡圆角确定

图 21-5　锻造实体圆柱齿轮

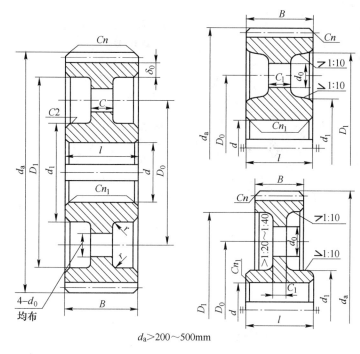

$d_1=1.6d$；

$l=(1.2\sim1.5)d\geqslant B$；

$D_0=0.5(D_1+d_1)$；

$d_0=0.25(D_1-d_1)\geqslant10\text{mm}$；

$\delta_0=(2.5\sim4)m_n\geqslant8\sim10\text{mm}$；

$C=0.3B$；

$C_1=(0.2\sim0.3)B$；

$n=0.5m_n;r=5$；

n_1 根据轴的过渡圆角确定

$D_1=d_f-2\delta_0$；

左图为自由锻：所有表面都需机械加工；

右图为模锻：轮缘内表面、轮毂外表面
及辐板表面都不需机械加工

$d_a>200\sim500\text{mm}$

图 21-6　锻造腹板圆柱齿轮

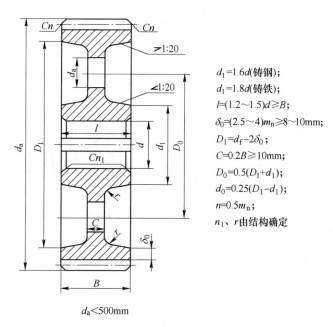

$d_1=1.6d$(铸钢)；

$d_1=1.8d$(铸铁)；

$l=(1.2\sim1.5)d\geqslant B$；

$\delta_0=(2.5\sim4)m_n\geqslant8\sim10\text{mm}$；

$D_1=d_f-2\delta_0$；

$C=0.2B\geqslant10\text{mm}$；

$D_0=0.5(D_1+d_1)$；

$d_0=0.25(D_1-d_1)$；

$n=0.5m_n$；

n_1、r 由结构确定

$d_a<500\text{mm}$

图 21-7　铸造圆柱大齿轮（1）

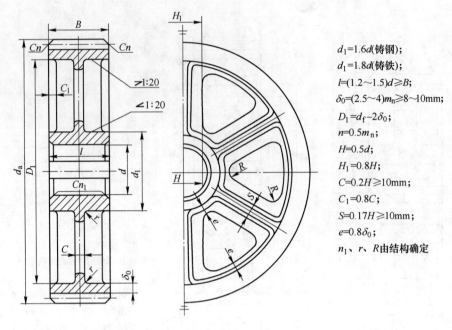

$d_1=1.6d$(铸钢)；

$d_1=1.8d$(铸铁)；

$l=(1.2\sim1.5)d\geqslant B$；

$\delta_0=(2.5\sim4)m_n\geqslant8\sim10mm$；

$D_1=d_f-2\delta_0$；

$n=0.5m_n$；

$H=0.5d$；

$H_1=0.8H$；

$C=0.2H\geqslant10mm$；

$C_1=0.8C$；

$S=0.17H\geqslant10mm$；

$e=0.8\delta_0$；

n_1、r、R由结构确定

$d_a\geqslant400\sim1000mm,B\leqslant200mm$

图 21-8　铸造圆柱大齿轮（2）

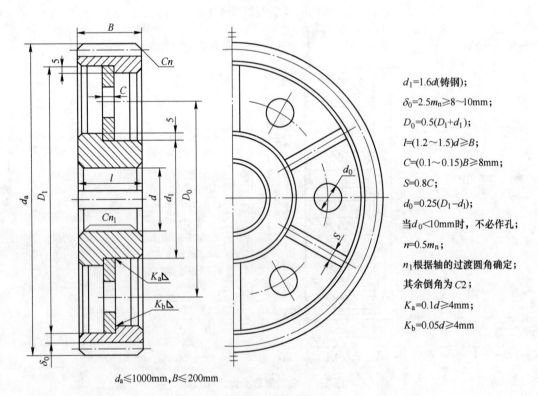

$d_1=1.6d$(铸钢)；

$\delta_0=2.5m_n\geqslant8\sim10mm$；

$D_0=0.5(D_1+d_1)$；

$l=(1.2\sim1.5)d\geqslant B$；

$C=(0.1\sim0.15)B\geqslant8mm$；

$S=0.8C$；

$d_0=0.25(D_1-d_1)$；

当$d_0<10mm$时，不必作孔；

$n=0.5m_n$；

n_1根据轴的过渡圆角确定；

其余倒角为$C2$；

$K_a=0.1d\geqslant4mm$；

$K_b=0.05d\geqslant4mm$

$d_a\leqslant1000mm,B\leqslant200mm$

图 21-9　焊接齿轮

21.1.4 锥齿轮

图 21-10～图 21-12 为各种锥齿轮结构尺寸示例。

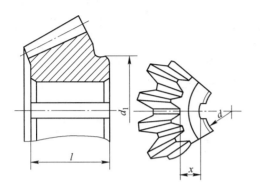

当 $x \leqslant 1.6m_t$ 时，应将齿轮与轴做成一体；
$l=(1～1.2)d$

图 21-10 小锥齿轮

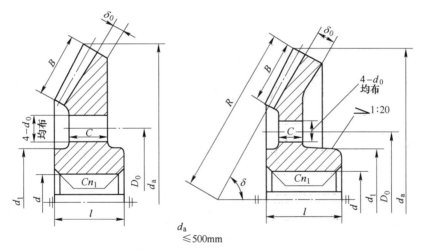

$d_a \leqslant 500mm$

$d_1=1.6d$；$l=(1.0～1.2)d$；$\delta_0=(3～4)m_n$；$C=(0.1～0.17)R \geqslant 10mm$；

D_0、d_0、n_1 由结构确定；左图为自由锻；右图为模锻

图 21-11 锻造大锥齿轮

21.1.5 蜗轮与蜗杆

图 21-13 为蜗轮结构尺寸示例。图 21-14 为蜗杆结构尺寸示例。

蜗杆一般与轴做成一体，如图 21-14 所示，只在 $d_{f1}/d_1 \geqslant 1.7$ 时才采用套装式蜗杆。铣制的蜗杆，轴径 d 可大于 d_{f1}，如图 21-14（a）所示；车制的蜗杆，轴径 $d=d_{f1}-（2～4）mm$，如图 21-14（b）所示。蜗杆螺纹部分长度 L 见表 21-11。

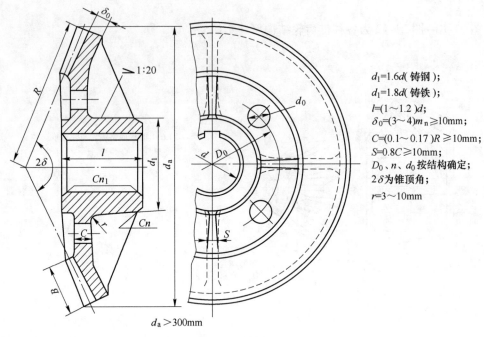

$d_1=1.6d$（铸钢）；
$d_1=1.8d$（铸铁）；
$l=(1\sim1.2)d$；
$\delta_0=(3\sim4)m_n\geqslant10mm$；
$C=(0.1\sim0.17)R\geqslant10mm$；
$S=0.8C\geqslant10mm$；
D_0、n、d_0 按结构确定；
2δ 为锥顶角；
$r=3\sim10$

图 21-12　铸造锥齿轮

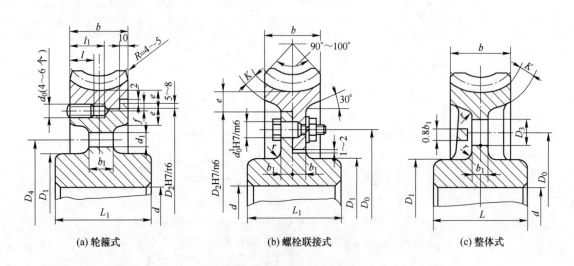

(a) 轮箍式　　　　　　　(b) 螺栓联接式　　　　　　　(c) 整体式

$D_1=(1.6\sim2)d$；$d_0\approx(1.2\sim1.5)m$；$L_1=(1.2\sim1.8)d$；$l\approx3d_0\approx(0.3\sim0.4)b$；$l_1\approx l+0.5d_0$；

$b_1\geqslant1.7m$；$f\approx2\sim3mm$；$K=e=2m\geqslant10mm$；$D_0\approx\dfrac{D_2+D_1}{2}$；$d_0'$ 由螺栓组的计算确定；$D_3\approx\dfrac{D_0}{4}$；

D_2、D_4、d_1、r 由结构确定。

　　对于轮箍式的蜗轮，轴向力的方向尽量与装配时轮缘压入的方向一致。轮缘和轮芯的结合形式及轮芯辐板的结构形式可根据具体情况选择。
　　整体式蜗轮适用于直径＜100mm 的青铜蜗轮和任意直径的铸铁蜗轮。

图 21-13　蜗轮

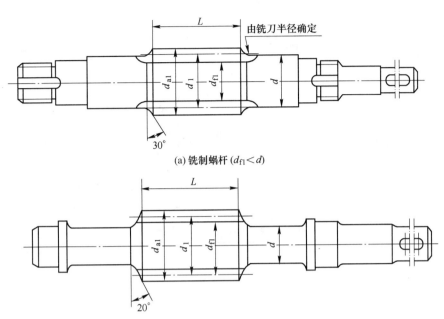

(a) 铣制蜗杆 ($d_{f1} < d$)

(b) 车制蜗杆 ($d_{f1} > d$)

图 21-14　蜗杆

表 21-11　蜗杆螺纹部分长度 L

变位系数 x	$z = 1 \sim 2$	$z = 3 \sim 4$
-1	$L \geqslant (10.5+z)m$	$L \geqslant (10.5+z)m$
-0.5	$L \geqslant (8+0.06z)m$	$L \geqslant (9.5+0.09z)m$
0	$L \geqslant (11+0.06z)m$	$L \geqslant (12.5+0.09z)m$
0.5	$L \geqslant (11+0.1z)m$	$L \geqslant (12.5+0.1z)m$
1	$L \geqslant (13+0.1z)m$	$L \geqslant (13+0.1z)m$

注：1. 当变位系数 x 为中间值时，L 按相邻两值中的较大者确定，单位为 mm。

　　2. 表中 z、m 分别表示蜗杆的头数、轴面模数。

21.2　常用滚动轴承的组合结构

各种常用滚动轴承的组合结构如表 21-12~表 21-16 所示。

表 21-12　直齿圆柱齿轮轴的轴承部件

序号	结　构　形　式	特点与应用
1		采用深沟球轴承，两轴承内圈一侧用轴肩定位，外圈靠轴承盖作轴向固定。右端轴承的外圈与轴承盖间留有间隙 c（$0.2 \sim 0.4$mm），供受热后轴可自由伸长。采用 U 形无骨架橡胶油封密封。用于剖分机座，密封处圆周速度 $v \leqslant 7$m/s 的场合

续表 21-12

序号	结 构 形 式	特点与应用
2	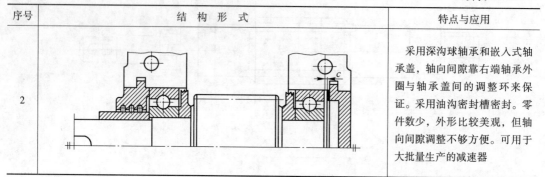	采用深沟球轴承和嵌入式轴承盖，轴向间隙靠右端轴承外圈与轴承盖间的调整环来保证。采用油沟密封槽密封。零件数少，外形比较美观，但轴向间隙调整不够方便。可用于大批量生产的减速器

表 21-13　斜齿圆柱齿轮轴的轴承部件

序号	结 构 形 式	特点与应用
1	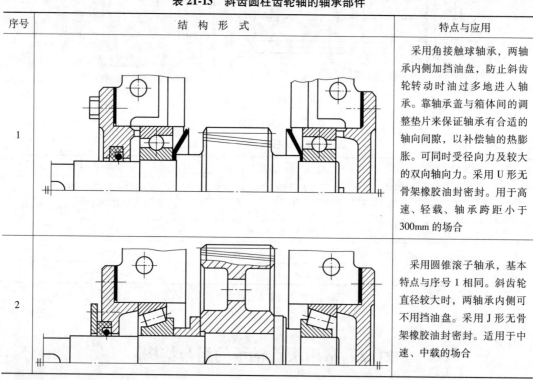	采用角接触球轴承，两轴承内侧加挡油盘，防止斜齿轮转动时油过多地进入轴承。靠轴承盖与箱体间的调整垫片来保证轴承有合适的轴向间隙，以补偿轴的热膨胀。可同时受径向力及较大的双向轴向力。采用 U 形无骨架橡胶油封密封。用于高速、轻载、轴承跨距小于 300mm 的场合
2		采用圆锥滚子轴承，基本特点与序号 1 相同。斜齿轮直径较大时，两轴承内侧可不用挡油盘。采用 J 形无骨架橡胶油封密封。适用于中速、中载的场合

表 21-14　人字齿齿轮轴的轴承部件

结 构 形 式	特点与应用
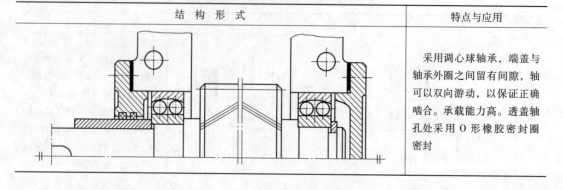	采用调心球轴承，端盖与轴承外圈之间留有间隙，轴可以双向游动，以保证正确啮合。承载能力高。透盖轴孔处采用 O 形橡胶密封圈密封

表 21-15   小锥齿轮轴的轴承部件

序号	结　构　形　式	特点与应用
1	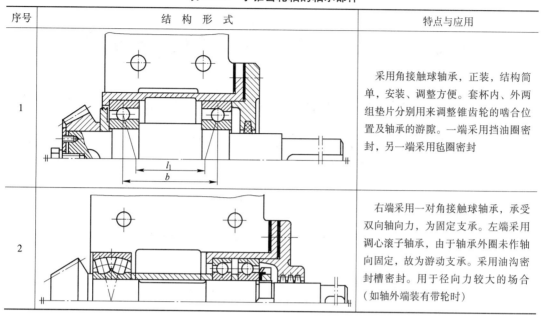	采用角接触球轴承，正装，结构简单，安装、调整方便。套杯内、外两组垫片分别用来调整锥齿轮的啮合位置及轴承的游隙。一端采用挡油圈密封，另一端采用毡圈密封
2		右端采用一对角接触球轴承，承受双向轴向力，为固定支承。左端采用调心滚子轴承，由于轴承外圈未作轴向固定，故为游动支承。采用油沟密封槽密封。用于径向力较大的场合（如轴外端装有带轮时）

表 21-16   蜗杆轴的轴承部件

序号	结　构　形　式	特点与应用
1	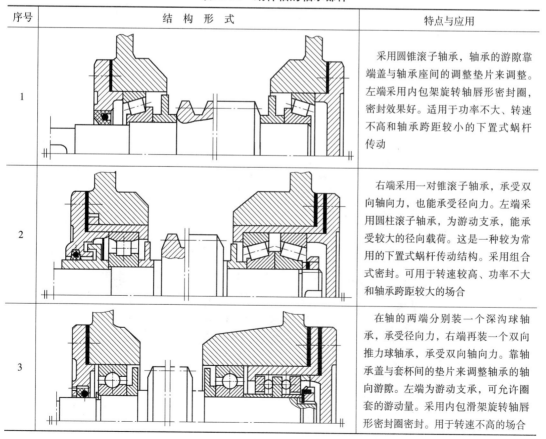	采用圆锥滚子轴承，轴承的游隙靠端盖与轴承座间的调整垫片来调整。左端采用内包架旋转轴唇形密封圈，密封效果好。适用于功率不大、转速不高和轴承跨距较小的下置式蜗杆传动
2		右端采用一对锥滚子轴承，承受双向轴向力，也能承受径向力。左端采用圆柱滚子轴承，为游动支承，能承受较大的径向载荷。这是一种较为常用的下置式蜗杆传动结构。采用组合式密封。可用于转速较高、功率不大和轴承跨距较大的场合
3		在轴的两端分别装一个深沟球轴承，承受径向力，右端再装一个双向推力球轴承，承受双向轴向力。靠轴承盖与套杯间的垫片来调整轴承的轴向游隙。左端为游动支承，可允许圈套的游动量。采用内包滑架旋转轴唇形密封圈密封。用于转速不高的场合

22　减速器装配图的参考图例

22.1　单级圆柱齿轮减速器装配图

图 22-1 所示为单级圆柱齿轮减速器装配图。

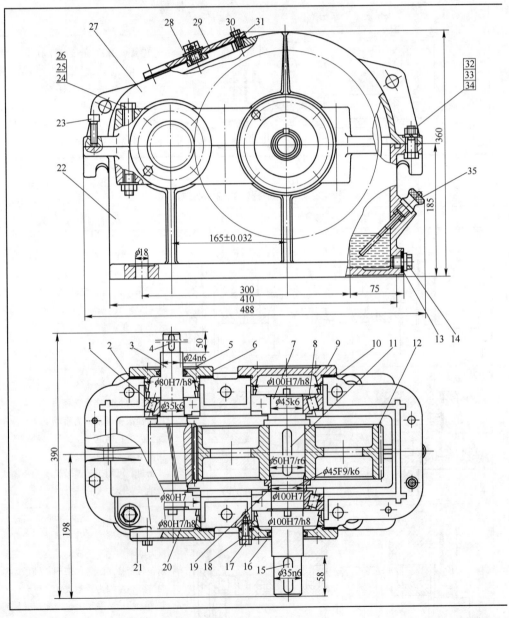

图 22-1　单级圆柱

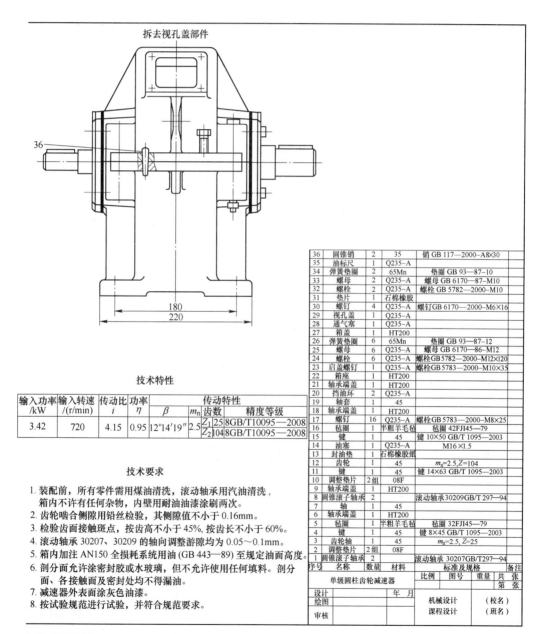

拆去视孔盖部件

技术特性

输入功率/kW	输入转速/(r/min)	传动比 i	功率 η	传动特性			
				β	m_n	齿数	精度等级
3.42	720	4.15	0.95	12°14′19″	2.5	Z_1 25	8GB/T10095—2008
						Z_2 104	8GB/T10095—2008

技术要求

1. 装配前，所有零件需用煤油清洗，滚动轴承用汽油清洗，箱内不许有任何杂物，内壁用耐油油漆涂刷两次。
2. 齿轮啮合侧隙用铅丝检验，其侧隙值不小于 0.16mm。
3. 检验齿面接触斑点，按齿高不小于 45%，按齿长不小于 60%。
4. 滚动轴承 30207、30209 的轴向调整游隙均为 0.05～0.1mm。
5. 箱内加注 AN150 全损耗系统用油 (GB 443—89) 至规定油面高度。
6. 剖分面允许涂密封胶或水玻璃，但不允许使用任何填料。剖分面、各接触面及密封处均不得漏油。
7. 减速器外表面涂灰色油漆。
8. 按试验规范进行试验，并符合规范要求。

36	圆锥销	2	35	销 GB 117—2000—A8×30
35	油标尺	1	Q235—A	
34	弹簧垫圈	2	65Mn	垫圈 GB 93—87-10
33	螺母	2	Q235—A	螺母 GB 6170—87-M10
32	螺栓	2	Q235—A	螺栓 GB 5782—2000-M10
31	垫片	1	石棉橡胶	
30	螺钉	4	Q235—A	螺钉GB 6170—2000-M6×16
29	视孔盖	1	Q235—A	
28	通气塞	1	Q235—A	
27	箱盖	1	HT200	
26	弹簧垫圈	6	65Mn	垫圈 GB 93—87-12
25	螺母	6	Q235—A	螺母 GB 6170—86-M12
24	螺栓	6	Q235—A	螺栓GB5782—2000-M12×120
23	启盖螺钉	1	Q235—A	螺栓GB5783—2000-M10×35
22	箱座	1	HT200	
21	轴承端盖	1	HT200	
20	挡油环	2	Q235—A	
19	轴套	1	45	
18	轴承端盖	1	HT200	
17	螺钉	16	Q235—A	螺栓GB 5783—2000-M8×25
16	毡圈	1	半粗羊毛毡	毡圈 42FJ45—79
15	键	1	45	键 10×50 GB/T 1095—2003
14	油塞	1	Q235—A	M16×1.5
13	封油垫	1	石棉橡胶纸	
12	齿轮	1	45	$m_n=2.5$, $Z=104$
11	键	1	45	键 14×63 GB/T 1095—2003
10	调整垫片	2组	08F	
9	轴承端盖	1	HT200	
8	圆锥滚子轴承	2		滚动轴承30209GB/T 297—94
7	轴	1	45	
6	轴承端盖	1	HT200	
5	毡圈	1	半粗羊毛毡	毡圈 32FJ45—79
4	键	1	45	键 8×45 GB/T 1095—2003
3	齿轮轴	1	45	$m_n=2.5$, $Z=25$
2	调整垫片	2组	08F	
1	圆锥滚子轴承	2		滚动轴承30207GB/T297—94
序号	名称	数量	材料	标准及规格 备注

单级圆柱齿轮减速器		比例	图号	重量	共 张 第 张
设计		年 月	机械设计		(校名)
绘图			课程设计		(班名)
审核					

齿轮减速器装配图

22.2　双级圆柱齿轮减速器（展开式）装配图

图 22-2 所示为双级圆柱齿轮减速器（展开式）装配图。

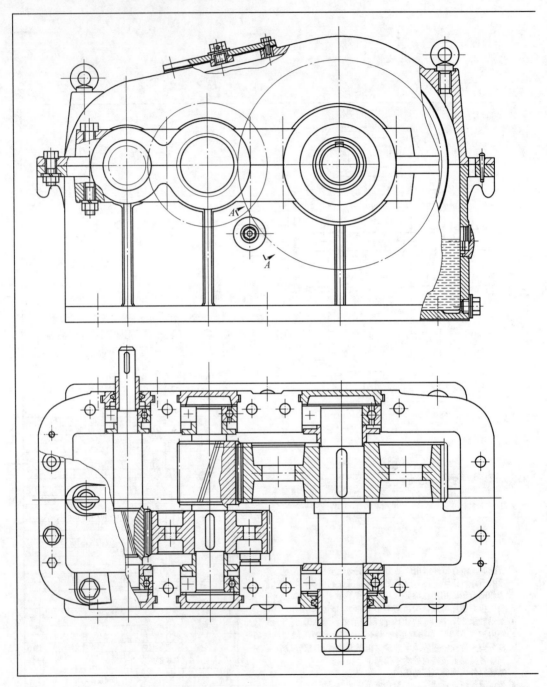

图 22-2　双级圆柱齿轮

拆去视孔盖部件

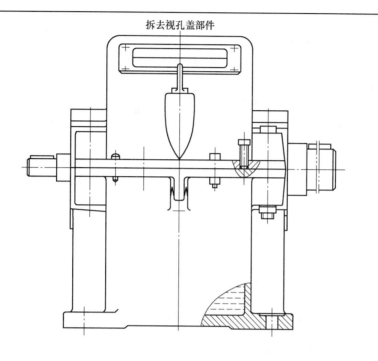

A—A 旋转

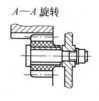

结构特点

　　本图所示为展开式双级圆柱齿轮减速器。双级圆柱
齿轮减速器的不同分配方案，将影响减速器的质量、外
观尺寸及润滑状况。本图所示结构能实现较大的传动比。
A—A 剖视图上的小齿轮是为第一级两个齿轮的润滑而
设置的。采用嵌入式端盖，结构简单。用垫片调整轴承
的间隙。各轴承采用油脂润滑，用挡油盘防止稀油溅入
轴承。

减速器（展开式）装配图

22.3　双级圆柱齿轮减速器（分流式）装配图

图 22-3 所示为双级圆柱齿轮减速器（分流式）装配图。

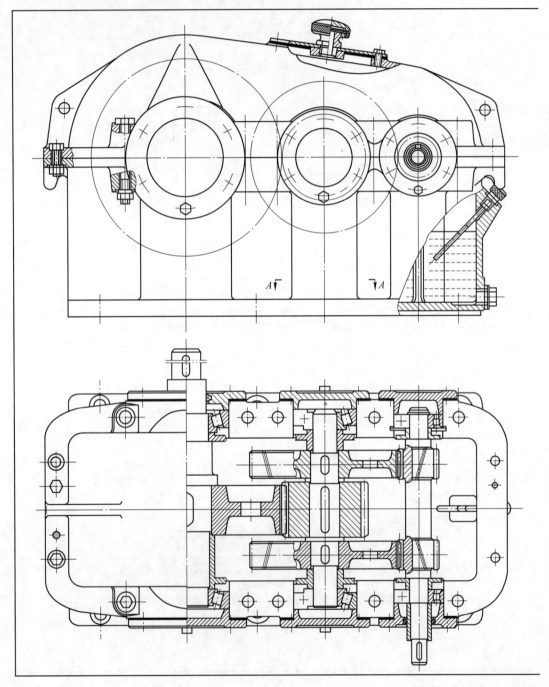

图 22-3　双级圆柱齿轮

拆去视孔盖部件

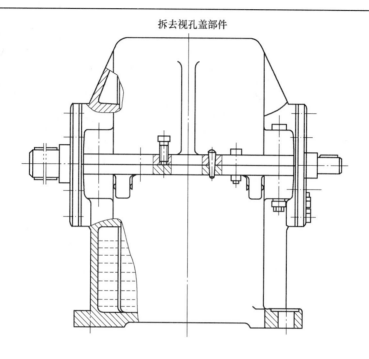

A—A

结构特点

　　本图为分流式双斜齿轮传动。这种传动轴向受力是对称的，可以改善齿的接触状况。在双斜齿轮传动中，只能将一根轴上的轴承作轴向固定，其他轴上的轴承做成游动支点，以保证轮齿的正确位置。本图中将中间轴固定，高速轴游动。轴承采用油脂润滑，为了防止油池中稀油的溅入，各轴承处都加上了挡油盘。

减速器（分流式）装配图

22.4　圆锥-圆柱齿轮两级减速器装配图

图 22-4 所示为圆锥-圆柱齿轮两级减速器装配图。

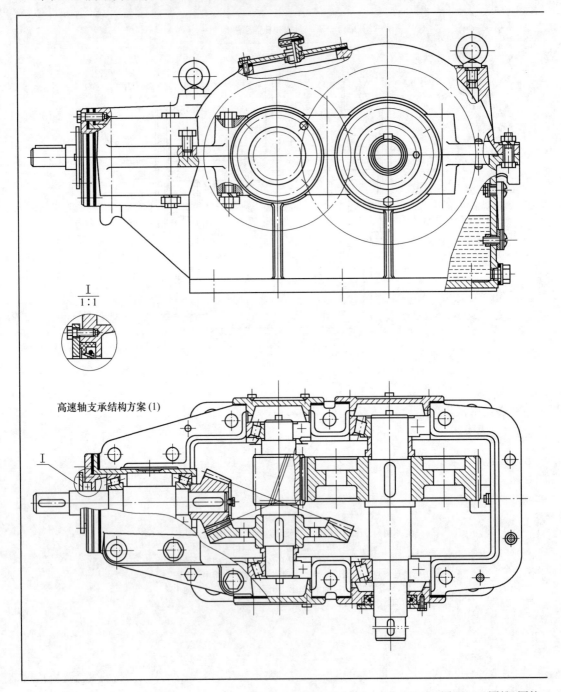

$\dfrac{\text{I}}{1:1}$

高速轴支承结构方案(1)

I

图 22-4　圆锥-圆柱

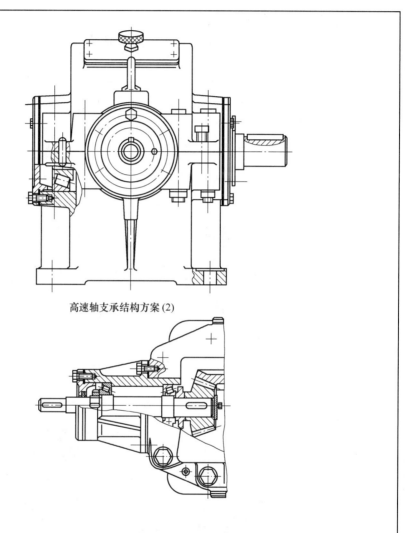

高速轴支承结构方案 (2)

结构特点

1. 结构方案 (1) 图中高速轴轴承装在轴承套杯内，支承部分与箱体联为整体，支承刚性好。
2. 轴承利用齿轮转动时飞溅起的油进行润滑，在箱盖内壁上制有斜口，箱体部分面上开有导油沟，用来收集并输送沿箱盖斜口流入的润滑油。轴承盖上开有十字形缺口，油经此缺口流入轴承。为防止斜齿轮啮合时挤出的润滑油冲向轴承，带入杂质，故在小斜齿轮处的轴承前面安装了挡油盘。
3. 箱体内的最低、最高油面。通过安装在箱体上的长形油标观察，既直观又方便。
4. 高速轴的支承也可采用结构方案 (2) 所示结构，高速轴承部分做成独立部件。用螺钉与减速器的机体联接。此种结构既减小了机体尺寸，又可简化机体结构，但刚性较差。

齿轮两级减速器装配图

22.5　蜗杆减速器（下置式）装配图

图 22-5 所示为蜗杆减速器（下置式）装配图。

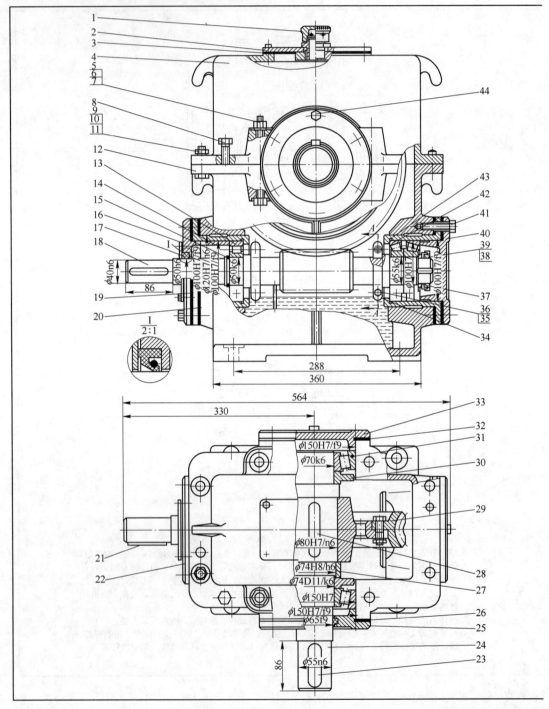

图 22-5　蜗杆减速器

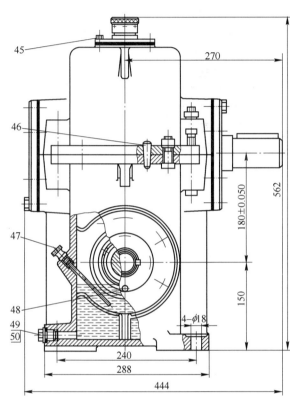

A—A

技术特性

输入功率/kW	输入转速/(r/min)	传动比 i	效率 η	传动特性			
				γ	m	头数齿数	精度等级
6	970	19.5	0.81	14°2'10"	8	$\frac{Z_1}{Z_2}$ $\frac{2}{39}$	传动8cGB10089—88

技术要求

1. 装配之前，所有零件均用煤油清洗，滚动轴承用汽油清洗，
   未加工表面涂灰色油漆，内表面涂红色耐油油漆。
2. 啮合侧隙用铅丝检查，侧隙值应不小于0.10mm。
3. 用涂色法检查齿面接触斑点，按齿高不得小于55%，按
   齿长不得小于50%。
4. 30211A 轴承的轴向游隙为0.05~0.10mm，30314 轴承的轴向
   游隙为0.08~0.15mm。
5. 箱盖与箱座的接触面涂密封胶或水玻璃，不允许使用任何填料。
6. 箱座内装 CKE320 蜗轮蜗杆油至规定高度。
7. 装配后进行空载试验时，高速轴转速为1000r/min，正、反各运转
   一小时，运转平稳，无撞击声，不漏油。负载试验时，油池温升
   不超过60℃。

序号	名称	数量	材料	标准及规格	备注
50	封油垫	1	工业用革	油封30×20 ZB 70—62	
49	油塞	1	Q235—A	M20×1.5	
48	螺栓	4	Q235—A	螺栓GB 5782—86—M6×16	
47	油尺	1	Q235—A		
46	圆锥销	2	35	销GB 117—86—B8×40	
45	螺栓	6	Q235—A	螺栓GB 5782—86—M6×20	
44	螺栓	12	Q235—A	螺栓GB 5782—86—M8×25	
43	套杯	2	HT150		
42	圆锥滚子轴承	2		滚动轴承30211 GB/T 297—94	
41	螺栓	12	Q235—A	螺栓GB 5782—86—M8×35	
40	轴承端盖	1	HT200		
39	止动垫圈	1	Q235—A	垫圈GB 858—88—50	
38	圆螺母	1	Q235—A	螺母GB 812—86—M50×1.5	
37	挡圈	1	Q235—A		
36	螺母	4	Q235—A	螺母GB 6170—86—M6	
35	螺栓	4	Q235—A	螺栓GB 5782—86—M6×20	
34	甩油板	4	Q235—A		
33	轴承端盖	1	HT200		
32	调整垫片	2组	08F		
31	圆锥滚子轴承	2		滚动轴承30314 GB/T 297—94	
30	挡油盘	2	HT150		
29	蜗轮	1			组合件
28	键	1	45	键22×100 GB/T 1096—2003	
27	套筒	1	Q235—A		
26	毡圈	1	半粗羊毛毡	毡圈65 JB/ZQ 4606—86	
25	轴承端盖	1	HT200		
24	轴	1	45		
23	键	1	45	键16×80 GB/T 1096—2003	
22	轴承端盖	1	HT200		
21	键	1	45	键12×70 GB/T 1096—2003	
20	调整垫片	2组	08F		
19	调整垫片	2组	08F		
18	蜗杆轴	1	45		
17	J形油封	1	橡胶I—I	50×75×12 HG4-338-66	
16	密封盖	1	Q235—A		
15	弹性挡圈	1	65Mn	GB 894.1—86-55	
14	套筒	1	Q235—A		
13	圆柱滚子轴承	1		滚动轴承N211E GB/T 283—94	
12		1	HT200		
11	弹簧垫圈	4	65Mn	垫圈GB 93—87-12	
10	螺母	4	Q235—A	螺母GB 6170—86—M12	
9	螺栓	4	Q235—A	螺栓GB 5782—86—M12×45	
8	启盖螺钉	1	Q235—A	螺栓GB 5782—86—M12×30	
7	弹簧垫圈	4	65Mn	垫圈GB 93—87-16	
6	螺母	4	Q235—A	螺母GB 6170—86—M16	
5	螺栓	4	Q235—A	螺栓GB 5782—86—M16×120	
4	箱盖	1	HT200		
3	垫片	1	软钢纸板		
2	视孔盖	1	Q235—A		
1	通气器	1			组合件
序号	名称	数量	材料	标准及规格	备注

蜗杆减速器		比例	图号	重量	共 张
					第 张
设计		年 月	机械设计	(校名)	
绘图			课程设计	(班名)	
审核					

（下置式）装配图

22.6   蜗杆减速器（上置式）装配图

图 22-6 所示为蜗杆减速器（上置式）装配图。

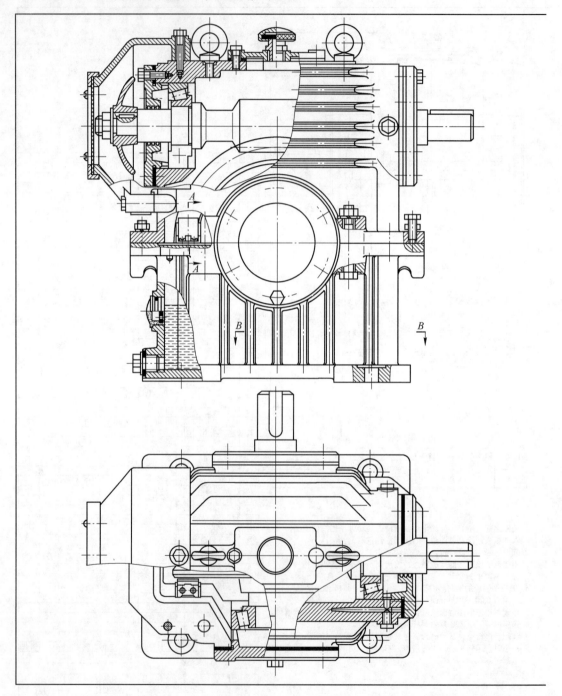

图 22-6   蜗杆减速器

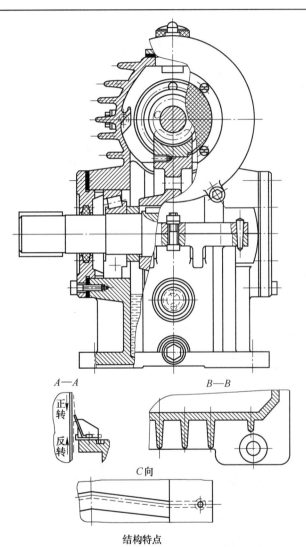

A—A
正转
反转

B—B

C向

结构特点

图示为蜗杆上置式减速器结构。当蜗杆圆周速度较高时，蜗杆上置可减少搅油损失。图中蜗杆轴端装有风扇，以加速空气流通，提高散热能力。箱体外壁铸有散热片，箱盖上的散热片水平布置，与气流方向一致，而箱座上的散热片垂直布置，以利热传导。由于蜗杆轴跨距较小，所以采用两端固定式支承结构，但安装时轴承应留有适当的热补偿间隙。上置式蜗杆减速器的缺点是蜗杆轴承润滑困难，需设计特殊的导油结构，如左视图及 C 向视图所示，蜗杆将油甩到箱盖内壁上的铸造油沟内流入轴承。蜗轮轴轴承的润滑油是靠刮油板将油引入箱座上的油沟而进入轴承的，无论蜗轮转向如何，刮油板都能起作用（见 A—A 剖视图）。为使油量充足，应在箱体对角方向设置两块刮油板。

（上置式）装配图

零件工作图的参考图例

23.1 轴的零件工作图（见图 23-1）

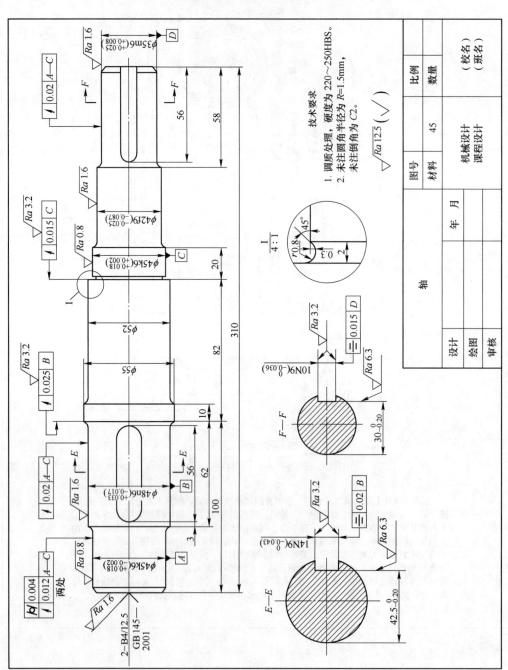

图 23-1 轴的零件工作图

23.2 斜齿圆柱齿轮零件工作图（见图 23-2）

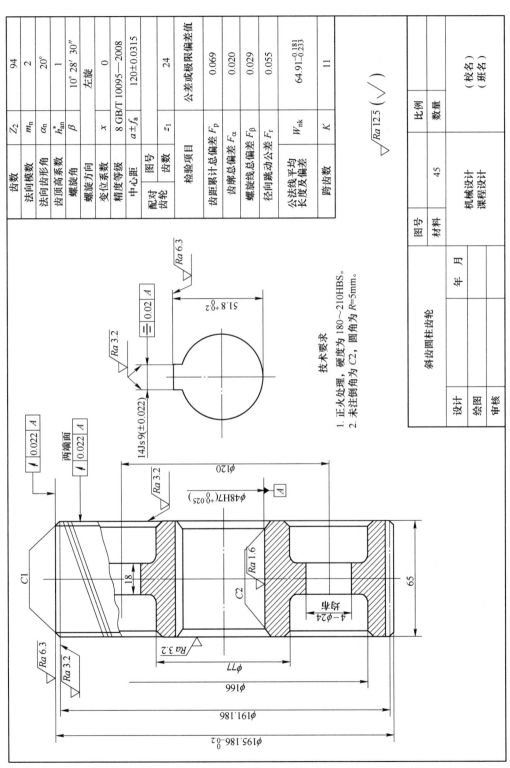

齿数	Z_2	94
法向模数	m_n	2
法向齿形角	α_n	20°
齿顶高系数	h_{an}^*	1
螺旋角	β	10° 28′ 30″
螺旋方向		左旋
变位系数	x	0
精度等级	8 GB/T 10095—2008	
中心距	$a \pm f_a$	120±0.0315
配对齿轮	图号	
	齿数	z_1	24
检验项目	公差或极限偏差值	
齿距累计总偏差 F_p	0.069	
齿廓总偏差 F_α	0.020	
螺旋线总偏差 F_β	0.029	
径向跳动公差 F_r	0.055	
公法线平均长度及偏差	W_{nk}	$64.91^{-0.181}_{-0.233}$
跨齿数	K	11

$\sqrt{Ra\ 12.5}\ (\ \sqrt{}\ )$

技术要求
1. 正火处理，硬度为 180～210HBS。
2. 未注倒角为 C2，圆角为 R=5mm。

斜齿圆柱齿轮		比例		（校名）
		数量		（班名）
	材料	45		
	图号			
设计	机械设计课程设计		年 月	
绘图				
审核				

图 23-2 斜齿圆柱齿轮零件工作图

23.3   普通 V 带轮零件工作图（见图 23-3）

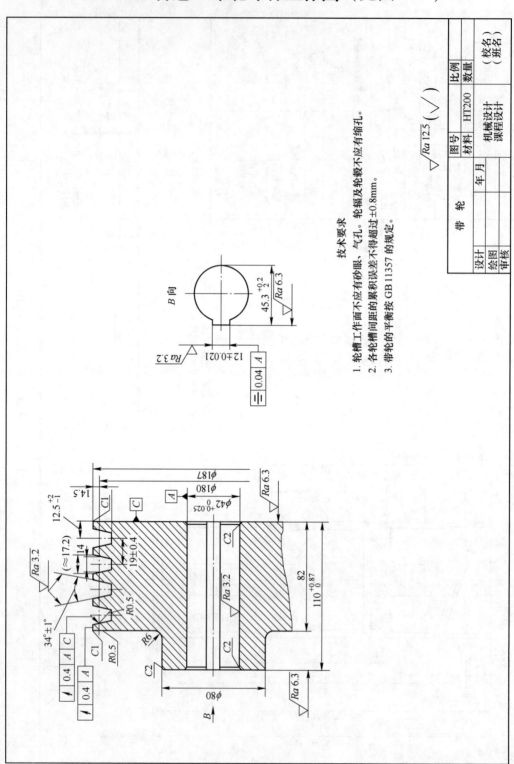

图 23-3   普通 V 带轮零件工作图

技术要求

1. 轮槽工作面不应有砂眼、气孔。轮辐及轮毂不应有缩孔。
2. 各轮槽间距的累积误差不得超过 ±0.8mm。
3. 带轮的平衡按 GB 11357 的规定。

23.4　滚子链链轮零件工作图（见图23-4）

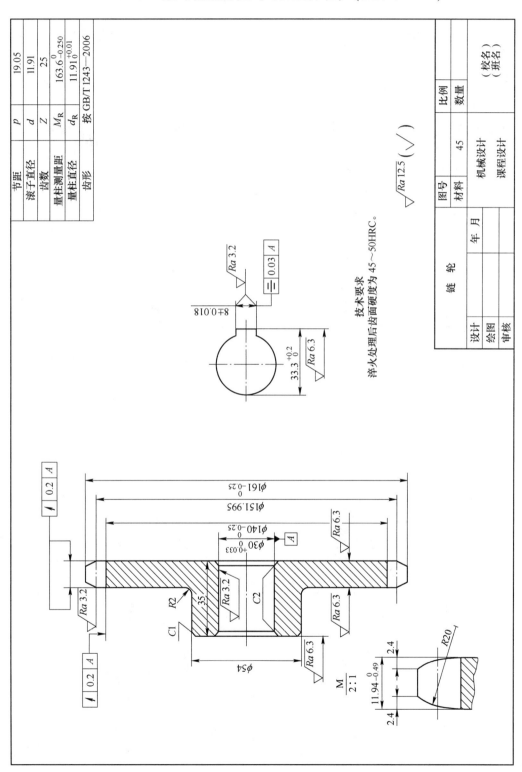

图 23-4　滚子链链轮零件工作图

节距	P	19.05
滚子直径	d	11.91
齿数	Z	25
量柱测量距	M_R	$163.6_{-0.250}^{0}$
量柱直径	d_R	$11.91_{0}^{+0.01}$
齿形	按 GB/T 1243—2006	

技术要求

淬火处理后齿面硬度为 45~50HRC。

$\sqrt{Ra\,12.5}\,(\sqrt{\ })$

			（校名）
比例			（班名）
数量			
图号		机械设计	
材料	45	课程设计	
链　轮			
年　月			
设计			
绘图			
审核			

23.5　普通圆柱蜗杆轴零件工作图（见图 23-5）

蜗杆类型	ZA				
模数	m	8			
头数	Z_1	1			
轴向齿形角	α	$20°$			
齿顶高系数	h_{a1}^*	1			
螺旋方向		右旋			
导程	P_x	25.12			
导程角	γ	$5°42'38''$			
配对齿轮	图号				
	齿数 Z_2	40			
精度等级	8c GB 10089—1988				
公差组	检验项目	公差或极限偏差			
Ⅱ	f_{px}	±0.025			
	f_{pxL}	0.045			
Ⅲ	f_{f1}	0.040			
法向齿厚及偏差		$12.504^{-0.201}_{-0.291}$			

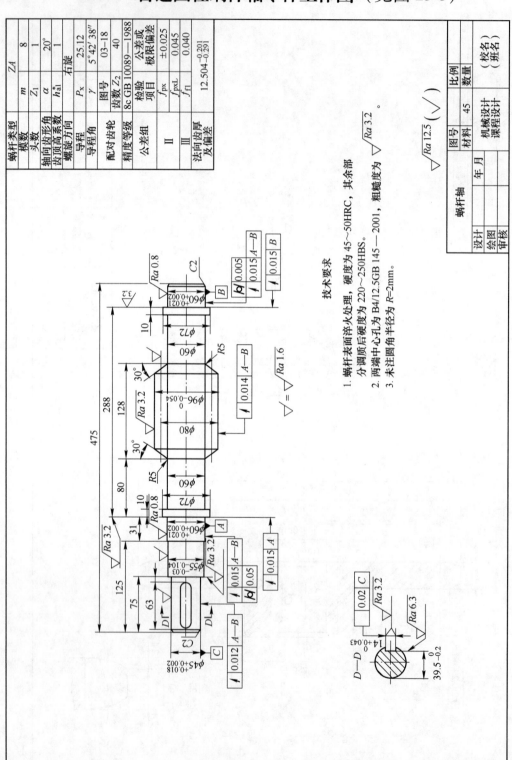

技术要求

1. 蜗杆表面淬火处理，硬度为 45～50HRC，其余部分调质后硬度为 220～250HBS。
2. 两端中心孔为 B4/12.5GB 145—2001，粗糙度为 $\sqrt{Ra\,3.2}$。
3. 未注圆角半径为 $R=2$mm。

$$\sqrt{Ra\,12.5}\,(\sqrt{\ \ })$$

蜗杆轴		图号		
		材料	45	
		比例		
		数量		
设计	年 月	机械设计课程设计		（校名）（班名）
绘图				
审核				

图 23-5　普通圆柱蜗杆轴零件工作图

23.6 蜗轮零件工作图（见图 23-6）

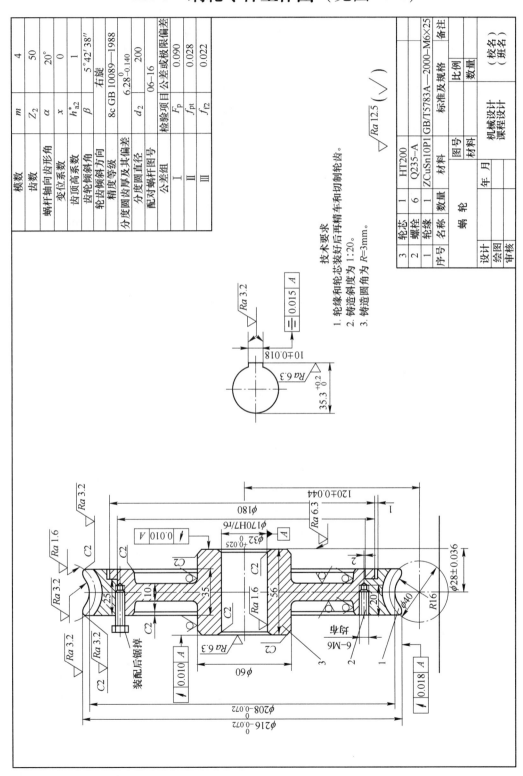

模数	m	4
齿数	Z_2	50
蜗杆轴向齿形角	α	20°
变位系数	x	0
齿顶高系数	h_{a2}^*	1
齿轮倾斜角	β	5°42'38"
轮齿倾斜方向		右旋
精度等级		8c GB 10089—1988
分度圆齿厚及其偏差	d_2	$6.28_{-0.140}^{0}$
配对蜗杆图号		200
公差组	Ⅰ	检验项目公差或极限偏差
		F_p 06—16
	Ⅱ	f_{pt} 0.090
		0.028
	Ⅲ	f_{r2} 0.022

$\sqrt{Ra\ 12.5}\ (\sqrt{\ })$

技术要求
1. 轮缘和轮芯装好后再精车和切制轮齿。
2. 铸造斜度为 1:20。
3. 铸造圆角为 $R=3\text{mm}$。

序号	名称	数量	材料	标准及规格	备注
3	轮芯	1	HT200		
2	螺栓	6	Q235-A	GB/T5783A—2000-M6×25	
1	轮缘	1	ZCuSn10P1		

蜗轮			
设计		图号	机械设计
绘图		材料	课程设计
审核	年 月		比例
			数量
			（校名）（班名）

图 23-6 蜗轮零件工作图

参 考 文 献

［1］银金光，刘扬．机械设计课程设计［M］.2版．北京：北京交通大学出版社，2013．

［2］银金光，刘扬．机械设计［M］.2版．北京：北京交通大学出版社，2016．

［3］刘扬，银金光．机械设计基础［M］.2版．北京：北京交通大学出版社，2014．

［4］杨光．机械设计课程设计［M］.2版．北京：高等教育出版社，2010．

［5］陈秀宁，施高义．机械设计课程设计［M］.4版．浙江：浙江大学出版社，2012．

［6］李兴华．机械设计课程设计［M］.北京：清华大学出版社，2012．

［7］濮良贵，陈国定，吴立言．机械设计［M］.9版．北京：高等教育出版社，2013．

［8］杨可桢，程光蕴，李仲生，等．机械设计基础［M］.6版．北京：高等教育出版社，2013．

［9］王旭，王秀叶，王积森．机械设计课程设计［M］.3版．北京：机械工业出版社，2014．

［10］寇尊权，王多．机械设计课程设计［M］.2版．北京：机械工业出版社，2011．

［11］贾北平，韩贤武．机械设计基础课程设计［M］.2版．湖北：华中科技出版社，2012．

［12］机械设计实用手册编委会．机械设计实用手册［M］.2版．北京：机械工业出版社，2010．

［13］杨家军，张卫国．机械设计基础［M］.2版．湖北：华中科技大学出版社，2014．

［14］王军，何晓玲．机械设计基础［M］.北京：机械工业出版社，2013．

［15］陈晓南，杨培林．机械设计基础［M］.2版．北京：科学出版社，2015．

［16］苗淑杰，刘喜平．机械设计基础［M］.北京：北京大学出版社，2012．

［17］郭润兰，马蓉．机械设计基础［M］.湖北：华中科技大学出版社，2013．

［18］李威，王小群．机械设计基础［M］.北京：机械工业出版社，2009．

［19］王德伦，马雅丽．机械设计［M］.北京：机械工业出版社，2015．

［20］王军，田同梅．机械设计［M］.北京：机械工业出版社，2015．

［21］沈萌红．机械设计［M］.湖北：华中科技大学出版社，2012．

［22］李建功．机械设计［M］.4版．北京：机械工业出版社，2008．

［23］王黎钦，陈铁鸣．机械设计［M］.黑龙江：哈尔滨工业大学出版社，2015．

［24］王为，汪建晓．机械设计［M］.2版．湖北：华中科技大学出版社，2011．

［25］王宁侠，魏引焕．机械设计基础［M］.2版．北京：机械工业出版社，2013．

［26］同济大学，东北大学，中国石油大学．机械设计基础［M］.4版．北京：高等教育出版社，2010．